滇东南海相火山岩型铜矿成矿规律与深部找矿预测

——以杨万铜矿为例

DIAN DONGNAN HAIXIANG HUOSHANYANXING TONGKUANG CHENGKUANG GUILÜ YU SHENBU ZHAOKUANG YUCE

——YI YANGWAN TONGKUANG WEI LI

韩世礼　童道达　廖荣君　唐振平
申广君　王　升　曹　霞　著

图书在版编目(CIP)数据

滇东南海相火山岩型铜矿成矿规律与深部找矿预测:以杨万铜矿为例/韩世礼等著.—武汉:中国地质大学出版社,2024.9. —ISBN 978-7-5625-5918-4

Ⅰ.P618.41

中国国家版本馆 CIP 数据核字第 20247JD738 号

滇东南海相火山岩型铜矿成矿规律与深部预测找矿——以杨万铜矿为例

韩世礼　童道达　廖荣君　唐振平　申广君　王　升　曹　霞　著

责任编辑:韩　骑　　选题策划:韩　骑　　责任校对:胡　萌

出版发行:中国地质大学出版社(武汉市洪山区鲁磨路 388 号)　　邮编:430074
电　　话:(027)67883511　　传　　真:(027)67883580　　E-mail:cbb@cug.edu.cn
经　　销:全国新华书店　　http://cugp.cug.edu.cn

开本:787 毫米×1092 毫米　1/16　　字数:256 千字　　印张:10
版次:2024 年 9 月第 1 版　　印次:2024 年 9 月第 1 次印刷
印刷:湖北睿智印务有限公司

ISBN 978-7-5625-5918-4　　定价:68.00 元

前　言

滇东南地区构造运动复杂、岩浆活动强烈、成矿地质条件优越，一直是我国重要的资源勘查基地之一。对滇东南海相火山岩型铜矿的深部系统研究尚不充分，其潜在的找矿价值巨大。该地区发现了数量众多、分布广泛的铜矿床，其中以火山岩为赋矿围岩的铜及铜多金属矿床规模较大、品位较高，成为该地区重要的矿床类型。杨万、龙脖河、老-卡铜等典型铜及铜多金属矿床与海相火山岩相关，为火山沉积改造型铜矿床。这些矿床受地层层位和中三叠世含矿变基性火山岩系控制，同时也受后期构造和热液改造影响，经历了强烈的变质作用。因此，区内的火山岩具有成为矿源层的潜力，仅成岩微构造环境略有不同。该地区的找矿潜力巨大，除了加强深部勘探外，还应着重进行火山岩的系统综合研究，以选定新靶区。其中云南麻栗坡杨万铜矿处于滇东南喀斯特高原南部边缘的斜坡地带，属海相火山岩型铜矿系统。

由于过去基础地质工作不足，对研究区的火山旋回、火山机构及其对矿床形成的控制作用，矿床的矿化-蚀变过程及其时空变化，构造形迹的空间分布、活动期次、应力场，以及它们与成矿的关系了解甚少，并且缺乏有效的地质和物探信息支持。本书的主要研究内容是对赋矿地层杨万组的古火山机构进行恢复，分析铜成矿构造并研究成矿规律，旨在阐明成矿矿床的成因、控矿要素、储矿空间类型及其定位规律，建立铜矿成矿模式和深部勘查模式，开展深部成矿的定位预测。

本书取得的主要成果如下：

(1)查明了云南麻栗坡杨万铜矿的3种矿体产出类型，分别为就位于杨万组下段第二亚段中上部的层状(扁平透镜状)黄铁矿型铜矿体，穿插于杨万组下段第一～第三亚段、呈NNW向右行雁列的压剪性断裂充填型脉状黄铁矿黄铜矿矿体，就位于杨万组下段第二亚段层间(压剪)破碎带充填交代型辉铜矿斑铜矿矿体。

(2)经过以现场地质调查和岩矿鉴定及综合分析为基础的矿床成因矿相学(含黄铁矿成因矿物学)研究，厘定了杨万铜矿的成矿作用类型，包括喷流(气)沉积成矿作用、次火山热液成矿作用及变质热液成矿作用以及表生淋滤(淋积)成矿作用，并划分了相应的成矿期、成矿阶段及矿物生成顺序，恢复了该矿床矿化作用演化过程。

(3)在成因矿相学系统研究的基础上，结合3种原生硫化物矿体产出类型的矿化特征、成矿地质条件、控矿因素组合及矿化空间定位规律，系统查明了杨万铜矿的成因类型、成矿地质条件、控矿因素组合及成矿时空规律，构建了原生硫化物矿床的3阶段递进成矿模式。

(4)矿区内火山岩组合类型以基性岩(玄武岩)为主,岩石类型属于碱性—钠质系列火山岩。杨万火山岩形成于异常型洋中脊玄武岩环境,玄武岩岩浆的部分熔融作用是岩石形成的主要控制因素。

(5)系统开展并完成了杨万铜矿含矿火山岩系岩性岩相学研究,结合钻孔地球化学数据,利用多元统计因子分析,不仅有效划分了含矿火山岩系火山旋回,还有效判别了旋回中的韵律,综合确定了赋矿火山岩系旋回韵律特点。杨万含矿火山岩系从下而上依次为溢流相、爆发相、沉积相,含矿火山岩系共划分出1个主火山旋回、3个亚旋回、7个韵律。

(6)利用数字矿山软件系统,结合矿区地质矿化信息构建了矿床三维地质模型,基于该模型可以从三维的角度分析矿床的控矿因素和成矿地质条件,帮助预测深边部矿体的空间位置。

(7)基于杨万组及其内部辉绿岩脉的节理统计,在区域构造应力场分析的基础上,结合矿区构造,尤其是断裂产状、力学性质、运动方向、切割关系及其成矿控制功能,恢复了中三叠世火山岩期以来所经历的3次较明显的构造活动的区域应力场。

(8)以杨万矿区原生铜矿床3阶段递进成矿模式为指导,根据各成因类型矿体的矿化特征、成矿地质条件、控矿因素组合及矿化空间定位规律与机制,建立了地质、地球物理、地球化学综合找矿标志体系,进而构建了该矿区原生铜矿床的多元信息综合找矿模型。

(9)通过高精度磁法工作,矿区内不同地质体的磁性特征及褶皱构造反映明显,共推断出2个火山机构中心及22条断裂。2个火山机构中心推断为局部喷流沉积凹陷中心,即喷(气)裂隙密集部位。已有地质资料显示,F13断层与头道河矿体反映位置一致,F19反映了6号和7号坑矿体位置,推断靠近火山机构的近SN向断裂是寻找热液脉型铜矿体的有利位置,NE向F15和F16断裂是进一步寻找黄铁矿型和层间破碎带铜矿体的有利部位。

(10)通过综合研究分析,杨万含矿火山岩系共圈定了17个找矿靶区,并对深部找矿靶区进行了优选评价。

本书在编写过程中,受到了中南大学张术根教授、南华大学谢焱石副教授的专业指导,得到了文山州润丰矿业有限公司、南华大学、湖南省稀有金属矿产开发与废物地质处置技术重点实验室、湖南省煤炭科学研究院、中化地质矿山总局湖南地质勘查院的大力支持,得到了湖南省自然科学基金项目(2023JJ30506)、南华大学科研项目(210KHX012)的资助,肖健、邓梓翔、柳位参与了本书部分内容的撰写,在此表示衷心的感谢!

由于笔者水平有限,书中难免有不足之处,恳请读者批评指正。

笔者
2024年4月

目 录

第一章 绪 论

滇东南地区成矿构造复杂、岩浆侵入活动剧烈、成矿地质条件十分优越,属于我国重要的矿产勘查基地(张磊,2014;崔东豪,2019;吴帆等,2020)。滇东南地区已经发现许多著名的大型—超大型锡多金属矿床(崔银亮,2007;刘仕玉等,2021),云南麻栗坡杨万铜矿也位于滇东南地区,为海相火山岩型铜矿系统(杨昌平,2012)。滇东南地区已发现数量较多且分布广泛的铜矿床(韦文彪等,2016;吴帆等,2020),其中以火山岩为主要赋矿围岩的铜多金属矿床规模较大、品位较高,是滇东南地区重要的矿床类型,并引起了众多学者的广泛关注(崔银亮,2008;杨光树等,2020)。

杨万-八布火山岩区出露面积达110余平方千米,区内分布有杨万铜多金属矿、水头寨铅锌多金属矿、湾子第铅锌铁铜多金属矿、南庄钴镍铜多金属矿等。本书研究区为杨万铜多金属矿区,研究区地质矿化面貌比较复杂,基础地质和矿产地质工作程度较低,对矿床成因、定位机制、定位规律的把握较困难,严重影响已知矿化地段深边部找矿勘查部署及外围成矿预测,故迫切需要强化杨万铜矿矿床成因机制、成矿地质条件及矿化定位研究。

第一节 滇东南地质构造格架

一、滇东南构造基本格架

滇东南地区经历了多期构造运动,形成了NW向、NE向、EW向和SN向构造断裂,这些断裂呈区域性交织贯穿,将区域分割为不同规模的块体,构成了区域构造的基本格架(图1-1),这种构造特点使区域整体呈现出块带拼合的明显组构特征(陈国达等,1998)。区域中最为显著的构造单元是南温河变质核杂岩构造,对地层分布、岩浆活动、变质作用以及区域矿产起到不同程度的控制和改造作用(刘书生,2009)。文山-麻栗坡断裂和马关断裂构成了主要的构造格局,走向分别为NW向和NE向。这2个断裂展现出不同的形态和时代特征,在地质上相互重叠并相互作用。

二、滇东南地质块、带特征

从图1-1中得知,麻栗坡杨万铜矿位于文山-麻栗坡断裂以东,所在区域地质受到文山-麻栗坡断裂的影响。其中澜沧江断裂和哀牢山断裂将整个区域由北东至南西划分为不同规模的块状区域,每个区域具有独特的地质特征。以下重点描述麻栗坡周边构造领域的块状和带状特征(主要指A_1、A_2、A_3及A/B)。

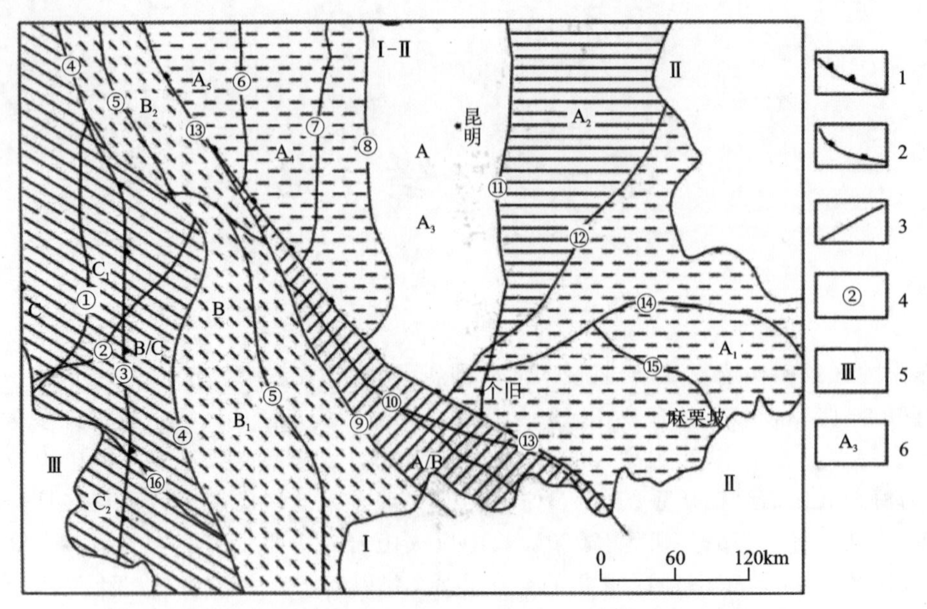

1. 区域地质演化运动主分区界线；2. 区域地球物理场主分区界线；
3. 块体内部次级分界线；4. 断裂编号；5. 块体分区；6. 次级块体分区。
①柯街断裂；②南汀河断裂；③昌宁-澜沧断裂；④澜沧江断裂；⑤普洱断裂；⑥程海断裂；⑦渡口-楚雄隐伏断裂；⑧绿汁江断裂；⑨李仙江断裂；⑩哀牢山断裂；⑪小江-个旧断裂；⑫弥勒-师宗断裂；⑬红河-元江断裂；⑭开远-丘北-广南隐伏断裂；⑮文山-麻栗坡断裂；⑯黑河断裂。

图 1-1　滇东南区域构造基本格架

1. 区域地质的块、带特征

(1)红河-元江断裂(图 1-1 中⑬)以东的滇中至滇东南地区(A)。该地区震旦纪至中生代海陆相沉积岩发育完整，广泛出露，并向东延伸至川黔桂地区，受早中生代连续、宽展型褶皱和断裂构造改造的影响。部分地区东南部有晚中生代花岗岩侵入，但出露面积较小；岩浆活动以火山活动为主，主要形成时代为前震旦纪和二叠纪。

弥勒-师宗断裂(图 1-1 中⑫)以东，早—中三叠世海相沉积岩层广泛分布于滇东南地区(A_1)，位于古生界基底的褶皱区。该地区地层齐全，从前寒武系到第四系均有出露，仅缺乏侏罗系、白垩系。上古生界至三叠系发育，尤其是三叠系分布广泛且厚度较大，在南盘江一带可达 2500m 左右。早期地层主要为海相沉积，晚三叠世后逐渐转为陆相沉积。滇东南地区发育有 NE 向、EW 向的褶皱和断裂，包括部分深大断裂。该区域岩浆活动呈多期、多阶段特征，元古宙至新生代各主要构造活动时期，均伴随有不同强度的岩浆活动。

小江-个旧断裂(图 1-1 中⑪)与弥勒-师宗断裂之间(A_2)，古生界广泛分布于滇东北地区，以 NE 向准线状褶皱和断裂构造为主，岩浆活动较弱。在滇中小江-个旧断裂西部和红河断裂北东地带(A_3)，地层完整出露，主要以新元古界—古生界为特征，SN 向断裂发育，岩浆活动微弱。

(2)哀牢山构造带(A/B)。它是滇东、滇西块体间重要的地质分界线，在我国西部大陆壳体的形成演化中具有特殊位置。该区域位于扬子地块(云南部分)的西南边缘，沿李仙江断裂

(图 1-1 中⑨)向北西延伸,以红河-元江断裂(图 1-1 中⑬)为界,与中部哀牢山断裂(图 1-1 中⑩)共同形成呈 NW—SN 向展布的楔状体。根据哀牢山断裂的位置,可将该区域划分为深、浅两个变质岩带,深带的变质原岩为元古宇,浅带的变质原岩主要为古生界。区域的北部和西部(元江以北)主要分布元古宙深变质岩系和石炭纪—二叠纪浅变质岩系,形成狭长带状出露区,与北东侧滇中与南西侧兰坪-思茅中新生代盆地沉积岩系相接。元江以南的东南部,展布有元古宙深变质岩系、志留纪—泥盆纪沉积岩、古生代沉积岩及二叠纪火山岩等岩石,以及晚三叠世火山沉积岩和磨拉石岩等,这些岩石呈现被断裂切割成 NW—NWW 向透镜状块体的特征,沿墨江一带还出露变橄榄岩、辉长辉绿岩和玄武岩。哀牢山构造变质带的形成并非一次构造变动的结果,而是多次强烈的改造与重建过程的产物,经历了多期岩浆作用、变质作用和变形作用的演化历程。

2. 区域块体物质组成的特点

壳体的形成和发展,具有其自身陆-海演化运动构造域的地域特点。通过对区域块、带的沉积、变质、岩浆及变形构造等物质组成特征的分析,可以进行壳体大地构造演化与运动史的复原。在块体物质组成分析与研究中,沉积建造及其所属构造层中古生物区系特点的鉴别对区分大陆壳体的生长地域和演化运动史过程具有重要意义。

块体 A 地区(主要涉及滇东南 A_1、滇东北 A_2 及滇中 A_4 块体)存在强磁场的前震旦纪结晶基底。据有关资料,该强磁场的西部边界延至金沙江断裂,其西为低磁场块体。基底结晶岩系被称为康定杂岩,属于新太古代—古元古代具有花岗-绿岩组合的杂岩系,其组成包括变基性岩形成的二辉斜长片麻岩,以及奥长花岗岩-英云闪长岩,同位素年龄为 2500～1700Ma。此外,还存在中元古代昆阳群陆源碎屑沉积岩和古元古代大红山群火山-陆源碎屑岩。这些岩石被新元古界震旦系作为沉积盖层不整合覆盖,其后的下寒武统以发育含磷岩系为特点。

这些结晶基底岩系出露于元谋、新平一带,呈近 SN 向展布,片麻岩的片麻构造多呈 EW 向。区域上,震旦纪—古生代沉积盖层发育,并且向东连续扩展到整个华南地区,属于统一的构造、岩相古地理区,即扬子区。该区域东部总体上为陆源沉积较少、碳酸盐岩呈面状、大范围稳定的大陆架浅海相沉积区。寒武系含有属扬子型动物群的三叶虫。志留纪区域性的隆升仅在局部产生浅海碎屑沉积。晚古生代在升隆夷平的隆起区背景上,沉积有上古生界泥盆系、石炭系—二叠系,与下伏各时代地层呈不整合接触。早—中三叠世该区出现大范围隆升,但在局部地段由于地壳的拉张作用,在地台背景上也存在各种构造型相。其中就有对个旧矿集区起决定作用的、以个旧—开远为中心的、平面上呈“L”形展布的相对活动性较强的断拉谷生成。晚中生代以后,该区整体进入后地台活化造山区构造体制阶段,叠置了中—新生代断陷陆相盆地,陆相碎屑岩建造替代了古生代海相碳酸盐岩建造。

在块体 A 的形成和发展过程中,由于块体内部演化的不均一性,导致在物质组成、岩浆活动、变质变形、构造等方面形成了 A_1 至 A_2 块体小区间的差异性。尤其是 A_1 块体,位于华南扬子壳块主体的西南边缘,是早古生代末期扬子主壳块(云南部分)西南缘自增扩展的褶皱基底和晚古生代地台范围扩大的地区。在构造、岩浆活动、变质变形方面,A_1 块体相较其他块体表现出更强烈的特征,而在物质组成上则缺失了部分年代的地层。

三、构造带演化运动特征

如前所述，区域构造的基本格局由线性构造带和块体共同构成。从壳体构造观点看，大陆壳体的组成特征与构造带发生的引张裂离或会聚拼合作用的运动过程密不可分。因此，区域壳体演化与运动历程的复原以及区域壳体大地构造区划，需要研究区域各块体间构造带的演化过程，岩浆事件历经的地质时代以及构造属性。哀牢山构造带的演化与运动特征简述如下。

(1)此带有多期变质作用叠加发生，如代表中深变质的出露于哀牢山断裂两侧呈NW-SE向条带状延伸的古元古界哀牢山群和出露于构造带南部屏边一带的古元古界瑶山群，中等变质的出露于老厂—大红山一带的大红山群(崔军文，1987；刘焰和钟大赉，1998)，以及浅变质(绿片岩相)古生界及变质三叠系。角闪岩相岩系中普遍记录到约800Ma、204Ma和194Ma(早中生代)构造热事件，表明构造带的活动深度达到地壳深层，且具有长期性和多期次的特点，经历了地台体制和后地台体制的构造活动。

(2)在构造带南部绿春、金平等地区，发育有早奥陶世浅海相砂泥质建造和志留纪砂泥质碳酸盐岩建造，含有过渡型扬子生物区系的底栖和浮游生物化石。另在金平及金沙江畔可见晚古生代至三叠纪扬子型沉积盖层岩系；泥盆系发育完整，由下泥盆统少量的粗碎屑建造逐渐过渡为碳酸盐岩建造和硅质建造，并夹少量含磷、含锰灰岩；二叠系由基性火山岩建造、含煤建造组成，上部为碳酸盐岩建造。以上地区的沉积建造组合、岩浆活动特点与大理海东地区极其相似，其构造背景应属于大陆稳定边缘斜坡。再者，该构造带的主体部分为古元古界苍山群和哀牢山群，为扬子壳块的结晶基底岩系，因此，该构造带从物质组成上表现为扬子壳块的一部分。

(3)中—晚三叠世至早侏罗世构造环境从挤压转为拉张，浅海台地碳酸盐岩和滨海沼泽相向陆相湖盆转化。在该时期，由于印支等后期构造运动的影响及在扬子地台边缘扩展、扩张作用下，哀牢山构造带逐渐从扬子地台中分离出来，并受极性向东的挤压逆冲推覆，以及晚中生代至新生代引张和走滑构造的叠加、改造，其构造延伸方向总体上呈现出与西部昌都-兰坪-思茅褶皱带协调一致性。

(4)在该构造带的形成和发展过程中，几乎每一构造阶段都有或强或弱的岩浆活动。吕梁期、海西期、印支期、燕山期、喜马拉雅期在该区的岩浆活动都较活跃。吕梁期所见多为火山岩，夹于哀牢山群、苍山群和大红山群中，为海底中基性火山岩。海西期岩浆活动主要发生于晚二叠世，在西缘墨江、江城等地出露有龙潭组的类复理石碎屑岩系夹多层中酸性凝灰岩和长兴组火山碎屑岩、火山角砾岩及凝灰岩。在哀牢山浅变质带以西则出露有厚度大于3800m的晚二叠世玄武岩、安山岩、凝灰岩、碳质板岩、硅质岩等。印支期在绿春地区有上三叠统，夹有英安岩、流纹岩和局部的玄武岩。燕山期沿哀牢山构造带有辉绿玢岩呈岩墙、岩株状产出。喜马拉雅期墨江地区有陆相基性—超基性火山喷发等。上述岩浆活动表明该构造带一直处于或强或弱的构造活动中，证明哀牢山构造带为扬子地台边缘构造带属性。

(5)在构造带南段的哀牢山浅变质带内，发现了变橄榄岩、辉长-辉绿岩和玄武岩等岩石。这些岩石产出于稳定陆源型上古生界，外来岩块为晚石炭世至早二叠世的灰岩。辉长岩的

Ar/Ar 坪年龄为 339.2Ma。另外，在该区尚产出拉张型五素玄武岩，在其中发现早石炭世化石，且其岩石化学特征与大陆溢流玄武岩类同（刘焰和钟大赉，1998）。早石炭世存在深海相沉积，在晚三叠世砾岩中见有蛇绿岩砾石。其次，构造带北部金沙江地段出露蛇绿岩和拉张型镁铁质火山岩——霞石玄武岩，蛇绿岩中含有石炭纪、早二叠世灰岩岩块（周德进等，1995），产于绿片岩和绢英岩片岩基质中，构成构造混杂岩，并被晚三叠世红层不整合覆盖。以上表明该构造带在石炭纪—二叠纪发生过地台体制时期的陆源扩张作用，形成具有断拉谷属性的小洋盆构造，于中—晚三叠世前合并封闭。

综上所述，该构造带是由元古宙变质基底，古生代稳定沉积盖层及晚古生代断拉谷，规模大小不同的变质岩系和沉积岩、火山-沉积岩、变超镁铁质岩的断块，花岗岩类侵入体等，共同混杂组成的巨大规模的 NW 向变质变形的混杂构造带，各种尺度的构造变形及变质记录叠加、交错复杂，是演化史较长的构造带。它应是扬子壳块西南缘在其复合型自增型发展、扩展过程中的壳体内部边缘的裂离-并合-活化造山“三位一体”的构造活动带，现今处于云南区域洼地构造体制初动-剧烈期阶段。

第二节　海相火山岩型铜矿

海相火山岩型铜矿，又名黄铁矿型铜矿，其含铜量通常大于 1%，品质中等。在国外，它被称为硫化物矿床。这种矿床的形成主要是由火山活动引起的，在火山活动的过程中，在交接处容易形成这种类型的矿床。它含有大量的黄铁矿和一定量的铜、铅、锌等硫化物，是在海底堆积或沉积形成的（陈建平等，2013）。海相火山岩型铜矿是世界上 4 种主要铜矿床类型（斑岩型、砂页岩型、海相火山岩型、铜镍硫化物型）之一，主要分布在前寒武纪和古生代的海相火山岩发育区。这种矿床常出现在火山口附近或一定距离处，矿体呈层状、似层状或透镜状，与拉张会聚或局部拉张会聚环境有关。

海相火山岩型铜矿是中国重要的铜矿类型之一，大多数矿床的含铜量在 1%以上，伴生有多种有用成分，具有较高的开发经济价值。这种矿床的矿体和地层产状一致，呈层状、透镜状，成群分布，主要分布在元古宙和古生代的海相火山岩中。在中国的“三江”（金沙江、澜沧江、怒江）地区，这种矿床普遍存在，大多为大—中型矿床。海相火山岩型铜矿相对组成简单，经常与铁矿床共存。与海相砂页岩型铜矿相比，矿体呈现层状分布。其中一些著名的大—中型矿床，例如新疆北部的阿舍勒、青海的德尔尼、甘肃的白银厂、四川的拉拉厂和李伍，以及云南的大红山等矿床，都属于同生源积成因。此外，江西的铁砂街海相火山岩型铜矿、陕西的铜峪式和小镇式海相火山岩型铜矿、内蒙古的奥尤特式和小坝梁式海相火山岩型铜矿、吉林的汪清红太平海相火山岩型和磐石石咀海相火山岩型铜矿、河南的刘山岩式海相火山岩型铜矿等也是这类矿床（刘婷，2013）。这类矿床常与铁矿伴生，如云南的大红山和甘肃的陈家庙矿床，其上部为含铜（磁）铁矿，下部为含铁铜矿床。这些矿床主要分布在大陆边缘、陆内裂谷或陆内深大断裂带，是拉张环境中地幔岩浆上涌的产物。这种情况与铜镍硫化物型铜矿有一定相似之处，只是成矿方式略有不同。因此，在产有铜镍硫化物型铜矿床的深大断裂的延伸地区，常会出现成矿时代不同于其的海相火山岩型铜矿床，例如在额尔齐斯超岩石圈断裂中，东南部有早二叠世的喀拉通克铜镍硫化物矿床，西北部有中泥盆世的阿舍勒海相火山岩型铜矿床；又如北祁连海相火山岩型铜矿带的北侧有中元古代的金川铜镍硫化物矿床。

第三节　杨万铜矿勘查简史与成果简评

杨万铜矿位于文山州麻栗坡县北东80°方向，直距24km，至麻栗坡县城里程67km，交通便利，均为柏油路面。区域处于滇东南喀斯特高原南部边缘的斜坡地带（杜胜江等，2022）。矿区地势北高南低，最高点是江界梁子，海拔1068m，最低点是那竜村旁的铜厂河底，海拔538m，相对高差530m。山脉多呈南北方向延伸，与水系方向一致。其微地貌特征为斜坡地形，东、西侧山体向铜厂河倾斜，坡体陡峻，坡度20°～45°，局部呈缓坡地形，铜厂河自矿区由北东流向南西，汇入八布河，属于红河水系、泸江流域。

杨万铜矿分新寨、那竜、老厂坡、无底洞-头道河、小梅丹矿段。其中，新寨矿段有1条矿体，那竜、老厂坡矿段分别有3条矿体，无底洞-头道河矿段有4条矿体，小梅丹矿段有2条矿体。新寨矿段、那竜矿段为火山喷流沉积型，为呈层状、似层状的黄铜矿铁矿、含铜磁铁矿、含铜磁黄铁矿；那竜、老厂坡矿段深部、无底洞-头道河矿段、小梅丹矿段为次火山热液断裂充填型的富黄铜矿体；老厂坡矿段为变质热液型成矿矿体，矿石类型以斑铜矿、辉铜矿、自然铜为主。

1.勘查简史

1998年，云南省有色地质局地质地球物理化学勘查院滇中院完成《云南省麻栗坡县杨万铜矿地质专项报告》，后期在采矿权证区范围内委托云南伟力达地球物理勘测有限公司先后完成了《云南省麻栗坡县杨万铜矿“两润”矿区物探勘查报告》《云南省麻栗坡县杨万铜矿生产勘探报告》《云南省麻栗坡县杨万矿区那竜矿段铜矿生产勘探报告》《云南省麻栗坡县小梅丹铜矿生产勘探报告》，主要完成工作如下。

(1)杨万铜矿“两润”矿区：2016年云南伟力达地球物理勘测有限公司提交完成了《云南省麻栗坡县杨万铜矿“两润”矿区物探勘查报告》，于2015年11月16日至2016年1月8日完成了1∶1万激电中梯测量面积4.2km^2，网度为100m×20m；大地电磁测深测点22个。通过本次物探工作，共发现了9个具有找矿意义的异常，其异常形态及强度较好，异常视极化率值与区内已知铜、硫铁等矿化体有较好的对应关系。

(2)那竜矿段：2017年云南伟力达地球物理勘测有限公司提交完成了《云南省麻栗坡县杨万矿区那竜矿段铜矿生产勘探报告》，于2015年1月8日至2017年10月完成了1∶1万地质修测2.00km^2，1∶1万水工环地质修测2.0km^2，1∶2000地质简测1.500km^2，1∶2000水工环地质修测1.50km^2，1∶1000地质剖面测量2km，钻孔工程位置测量点10个，钻孔编录2 647.03m/10个，槽探（含剥土）工程位置测量点10个，槽探（含剥土）编录400m/10条，老硐编录4840m，基本分析样1150件，内检分析样120件，外检分析样60件，小体重样35件，选矿试验样1件。累计查明工业矿331＋332＋333类矿石量247.83万t，铜金属量32 590t，平均品位Cu 1.32%。矿区一直处于停产状态，未有消耗量。证内保有工业矿331＋332＋333

类矿石量 247.83 万 t,铜金属量 32 590t,平均品位 Cu 1.32%。其中 331 类矿石量 58.76 万 t,铜金属量 7573t,平均品位 Cu 1.29%;332 类矿石量 112.75 万 t,铜金属量 14 968t,平均品位 Cu 1.33%;333 类矿石量 76.32 万 t,铜金属量 10 049t,平均品位 Cu 1.32%。伴生 S 金属量 105 576t、Ag 金属量 54 502kg。此外,在采矿证平面范围内,最低开采标高之下,累计探获工业矿 332+333 类矿石量 85.01 万 t,铜金属量 10 883t,平均品位 Cu 1.28%。其中 332 类矿石量 65.88 万 t,铜金属量 9079t,平均品位 Cu 1.38%;333 类矿石量 19.13 万 t,铜金属量 1804t,平均品位 Cu 0.94%。伴生 S 金属量 36 214t、Ag 金属量 1887kg。经估算,截至 2017 年 9 月 30 日,那竜矿段铜矿矿权范围内占用 1962 年评价报告 C2 级(333 类)矿石量 1.36 万 t,Cu 金属量 247t,无占用消耗量,全部为占用保有量。

(3)杨万铜矿:2017 年云南伟力达地球物理勘测有限公司提交完成了《云南省麻栗坡县杨万铜矿生产勘探报告》,于 2016 年 12 月至 2017 年 10 月完成了 1∶1 万地质修测 7.00km^2,1∶1 万水工环修测 36.00km^2,1∶2000 地质及水工环修测 4.00km^2,钻孔施工 11 561.90 m/35孔,槽探(含剥土)施工 1500m^3/26 条,老硐编录 7160m,基本分析样 2756 件,内检分析 280 件,外检分析 140 件,小体重样 37 件,选矿试验 1 件。

截至 2017 年 6 月 30 日,资源储量估算结果如下:①采矿证内主元素工业矿资源储量累计查明 111b+122b+333 类工业硫化铜矿石量 1 777.97 万 t,铜金属量 240 766t,平均品位 Cu 1.35%;消耗 111b 类工业硫化铜矿石量 39.01 万 t,铜金属量 7233t,铜平均品位 1.85%;保有 111b+122b+333 类工业硫化铜矿石量 1 738.96 万 t,铜金属量 233 533t,平均品位 Cu 1.34%(其中 111b 类铜矿石量 142.51 万 t,铜金属量 26 196t,平均品位 Cu 1.84%;122b 类铜矿石量 753.76 万 t,铜金属量 90 224t,平均品位 Cu 1.20%;333 类铜矿石量 842.69 万 t,铜金属量 117 113t,平均品位 Cu 1.39%)。②证内伴生元素资源量累计查明 333 类伴生银金属量 39 471kg 和硫金属量 757 415t;消耗 333 类伴生银金属量 866kg 和硫金属量 16 618t;保有 333 类伴生银金属量 38 605kg 和硫金属量 740 797t。③在采矿证平面范围内,开采标高之下资源量累计探获工业硫化矿 331+332+333 类铜矿石量 0.45 万 t,铜金属量 57t,平均品位 Cu 1.27%;探获 333 类伴生银金属量 10kg、硫金属量 192t。

(4)小梅丹铜矿:2018 年云南伟力达地球物理勘测有限公司提交完成了《云南省麻栗坡县小梅丹铜矿生产勘探报告》,于 2017 年 1 月至 2018 年 6 月底完成了 1∶1 万水工环修测 21.00km^2,1∶2000 地质及水工环修测 1.00km^2,钻孔施工 5 538.50m/18 孔,槽探(含剥土)施工 3000m^3/20 条,老硐编录 2 127.40m,基本分析样 655 件,内检分析 66 件,外检分析 33 件,小体重样 30 件。通过本次生产勘探工作,截至 2018 年 5 月 31 日,资源储量估算结果如下:①采矿证内主元素工业矿资源储量累计查明 111b(331)+122b(332)+333 类工业硫化铜矿石量 144.57 万 t,铜金属量 15 649t,平均品位 Cu 1.08%;消耗 111b 类工业硫化铜矿石量 0.55 万 t,铜金属量 91t,平均品位 Cu 1.65%;保有 111b(331)+122b(332)+333 类工业硫化铜矿石量 144.02 万 t,铜金属量 15 558t,平均品位 Cu 1.08%[其中 111b(331)类铜矿石量 0.50 万 t,铜金属量 70t,平均品位 Cu 1.40%;122b(332)类铜矿石量 57.05 万 t,铜金属量 7491t,平均品位 Cu 1.31%;333 类铜矿石量 86.47 万 t,铜金属量 7997t,平均品位 Cu 0.92%]。②证内伴生元素资源量累计查明 333 类伴生银金属量 2675kg 和伴生硫 28 480t;消耗 111b

类伴生银金属量 10kg 和伴生硫 108t;保有 333 类伴生银金属量 2664kg 和伴生硫 28 372t。③在采矿证平面范围内,开采标高之下资源量累计探获工业硫化矿 331+332+333 类铜矿石量 100.85 万 t,铜金属量 12 462t,平均品位 Cu 1.24%。探获 333 类伴生银金属量 1866kg 和伴生硫 19 867t。

2. 以往地质找矿成果简评

研究区基础地质工作研究不足,对火山旋回、火山机构及其成矿控制,矿床矿化-蚀变过程及其时空变化,构造形迹空间分布、活动期次、应力场及与成矿关系的认识极为有限,缺乏有效的地质与物探信息支撑,需系统查明含矿火山岩系火山旋回、韵律,赋矿层位及其赋矿部位与火山机构、断裂构造的关系。

因为缺乏对矿床矿化特征、成因机制与成矿规律的系统研究,仅根据新寨、老厂坡及那竜等矿段地表出露及早期开采揭露的矿体、矿化体的空间就位及其与杨万组空间展布的关系,又没有对以新寨矿段为代表的东西向矿段与以老厂坡北东向矿体为代表的矿化特征及控矿要素的详细观察、对比研究,在单纯“海底火山喷流(喷气)-热液改造型矿床”的观点指导下,全区都按照大角度相交于已知矿体(北东向)、含矿地层及主要构造展布方向布置勘探线的基本原则,全面展开勘查工作,以致未能有效控制以无底洞-头道河矿段为代表的沿 NNW 断裂充填、呈右行雁列的矿体群。

物化探工作方面,研究区在铜矿体附近或地层接触带附近普遍存在碳质岩层,能引起较高的视极化率异常和低阻异常,导致激电中梯和大地电磁测深工作成果欠佳。前期部分高精度磁法工作显示地球化学与高精度磁法圈定的矿体产出部位吻合较好,但由于资料久远,其物探原始数据未能找到。本次工作开展了高精度磁法测量,对研究区各地质体、构造、火山机构的磁性特征进行了有效补充。

海相火山喷发具有多期次、多旋回的特点,火山岩型铜矿一般含多层矿体,对最底层矿体的控制尤为重要。研究区已有工程控制标高最低为 95m,已探明最低含矿标高为 150m,且尚未穿透含矿火山岩系,特别是已发现块状硫化物矿床的新寨—那竜一带工程控制较少,对深部是否存在火山岩块状硫化物矿床缺乏有效信息。

第二章　区域地质特征

第一节　区域地层

杨万铜矿区位于云南省东南部，矿区内地层出露不完全，主要为晚古生界的二叠系、石炭系和中生界的三叠系(图 2-1)，并且除了第四系以外，其余地层都经历了不同程度的区域变质作用，受岩浆热液活动影响较大，各时代地层从新至老简述如下。

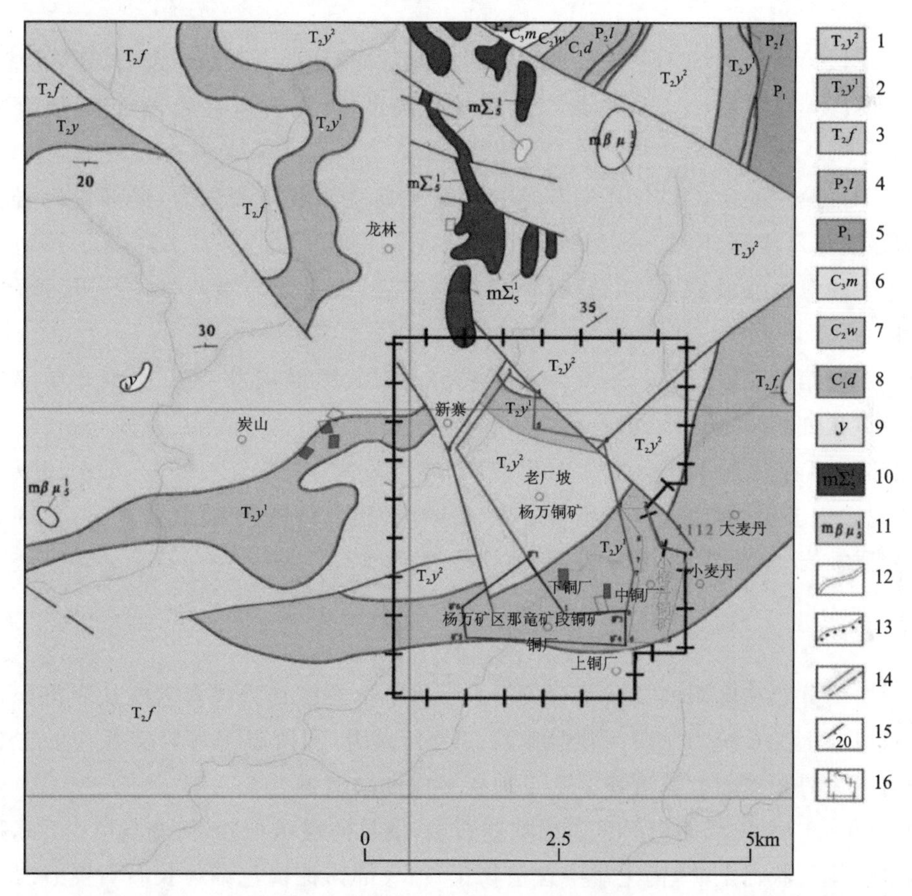

1. 杨万组上段；2. 杨万组下段；3. 法郎组；4. 龙潭组；5. 下二叠统；6. 马平组；7. 威宁组；8. 大塘组；9. 辉长岩；10. 变质超基性岩；11. 变质辉绿岩；12. 实测或推测地质界线；13. 不整合地质界线；14. 实测或推测断层；15. 产状；16. 矿区范围。

图 2-1　杨万铜矿区区域地质图

一、第四系

第四系主要为土黄色、褐黄色坡积和残坡积物，为黏土、砂质黏土及河床冲积的砂砾石层，厚0～21.5m，与所有老地层呈不整合接触。第四系主要出露于区内的河流两岸、各种山麓的低凹处。

二、中三叠统

中三叠统出露于整个研究区，依据岩石组合特征、残留沉积构造及所获化石，区内中三叠统从上至下划分为杨万组（T_2y）和法郎组（T_2f）。

（1）杨万组（T_2y）：依据岩性组合特征分为上、下2个岩段，上段（T_2y^2）又分为2个亚段，下段（T_2y^1）又分为5个亚段。

杨万组上段第二亚段（$T_2y^{2\text{-}2}$）：灰色至灰绿色玄武岩，厚150～250m。

杨万组上段第一亚段（$T_2y^{2\text{-}1}$）：灰绿色玄武质火山角砾岩、玄武质火山凝灰角砾岩，厚15～70m。

杨万组下段第五亚段（$T_2y^{1\text{-}5}$）：褐黄色玄武质凝灰岩，局部夹凝灰质泥岩，厚35～100m。

杨万组下段第四亚段（$T_2y^{1\text{-}4}$）：紫红色熔结凝灰岩，夹褐黄色玄武岩、玄武质凝灰岩，厚100～260m。

杨万组下段第三亚段（$T_2y^{1\text{-}3}$）：褐黄色玄武岩夹薄层玄武质凝灰岩，局部夹泥岩、凝灰质泥岩，有辉绿岩零星出露，厚274～310m。

杨万组下段第二亚段（$T_2y^{1\text{-}2}$）：紫红色熔结凝灰岩，夹玄武质凝灰岩，为矿层顶部标志层（红层），厚18～120m。

杨万组下段第一亚段（$T_2y^{1\text{-}1}$）：灰绿色玄武岩夹玄武质凝灰岩，局部为细碧质、凝灰质火山角砾岩及斑状细碧岩透镜体，内有后期辉绿岩、闪长岩体侵入，厚540～580m。

（2）法郎组（T_2f）：在本区内出露面积较广，厚度较大，主要为灰色、灰黄色、深灰色粉砂岩、粉砂质泥岩夹多层浅红色、黄绿色粉砂岩、粉砂质泥岩、钙质泥岩、钙质粉砂岩、细砂岩，局部地方见变质板岩、千枚岩，少量片岩，含植物碎片，厚1730m。

三、二叠系

二叠系主要分布在麻栗坡县城及石关门一带。下二叠统均为浅海碳酸盐岩沉积，分为栖霞组和茅口组。上二叠统为龙潭组或吴家坪组及长兴组，前两者为海陆交互相的含煤沉积，后者为滨海—浅海相碳酸盐岩沉积。上下地层多以断层接触。

（1）龙潭组（P_2l）：顶部为灰黑色薄层状燧石层，偶见薄层状细砂岩，燧石层中含蜓科化石；中部为褐灰色厚层状铝土矿，铝土矿中含植物化石；底部为棕褐色细粒长石石英砂岩，其顶部夹有一层厚约20cm的劣煤层，厚33.90m。

（2）下二叠统（P_1）：浅灰色—深灰色厚层状灰岩夹白云质灰岩，中夹燧石条带（或硅质条带）及燧石团块，含燧石和蜓科化石为该地层的特殊标志，厚40m。

四、石炭系

石炭系在区内发育不全，出露不多。石炭系岩性单调、沉积稳定，都为海相碳酸盐岩沉积，为浅海沉积环境。下石炭统为董有组和大塘组，中石炭统为威宁组，上石炭统为马平组。其中下石炭统董有组未在本研究区出露。石炭系与上下不同时代地层多以断层接触为主，在大区域上呈不整合接触。

(1)上石炭统马平组(C_3m)：浅灰色厚层状灰岩，具生物碎屑结构，厚37m。

(2)中石炭统威宁组(C_2w)：浅灰色—深灰色、局部灰黑色厚层状灰岩夹少量生物碎屑灰岩，厚45～150m。

(3)下石炭统大塘组(C_1d)：灰白色—浅灰色厚层状、局部中层状生物碎屑灰岩，质地比较纯，底部夹少量白云岩、白云质灰岩，富含大量生物化石，含有珊瑚、有孔虫、腕足类，厚147m。

第二节　区域构造

滇东南地区由于地处新元古代以来扬子板块与华夏板块的复合部位，加之后期受到加里东、印支、燕山及喜马拉雅构造运动的强烈改造，因此区域上以发育不同方向及规模的深大断裂为主要特征，包含了新街"山"形构造的东段部分和八布旋扭构造群的金厂旋扭构造、茨竹坝旋扭构造，由一系列多方向展布的弧形褶皱、断裂组成(图2-2)。矿区分布在文山-麻栗坡深大断裂以东，位于区域上的八布旋扭构造群的北东部。

一、新街"山"形构造

弧顶分布在新街至老街一带，西翼分布在莲花塘、菜园子、马街地区，东翼在弯刀寨。弧顶构造展布的地段，分布的地层为坡脚组(D_1p)、芭蕉箐组(D_1b)、古木组(D_2g)，为一套浅海相碳酸盐岩及砂页岩。在南北宽5km之内形成紧密相间、平行排列的7～8条逆冲断层和挤压带。脊柱部位发育一组NE向褶皱和断裂。

二、八布旋扭构造群

八布到弯刀寨以西是由法郎组(T_2f)构成的弧形背斜，是文山巨型旋扭构造体系的内旋层，以南地区是由古生界组成的环状"台地"，它是文山巨型旋扭体系的砥柱。八布旋扭构造群包括金厂旋扭构造和茨竹坝旋扭构造。金厂旋扭构造分布在八布—弯刀寨一带，由4条弧形断裂和2个向斜构造组成，其中炭山-铜厂向斜就是那竜、铜厂矿区最大的向斜构造；茨竹坝旋扭构造居于金厂旋扭构造之南，由3条弧形断裂呈斜列式分布，并有向南收敛，向北或向北东方向撒开的趋势。

文山-麻栗坡断裂为典型的右行走滑断裂，位于区内东北部，于磨山大寨、麻栗坡县城一带展布，宽3～8km。总体的构造线方向为NNW向，为多期次构造叠加改造形成。文山-麻栗坡断裂在区内大致以麻栗坡断层为界分成两部分，在西侧主要为碳酸盐岩，其构造变形为脆性变形；东侧主要为软弱的千枚岩、板岩，变形以韧脆性为主。

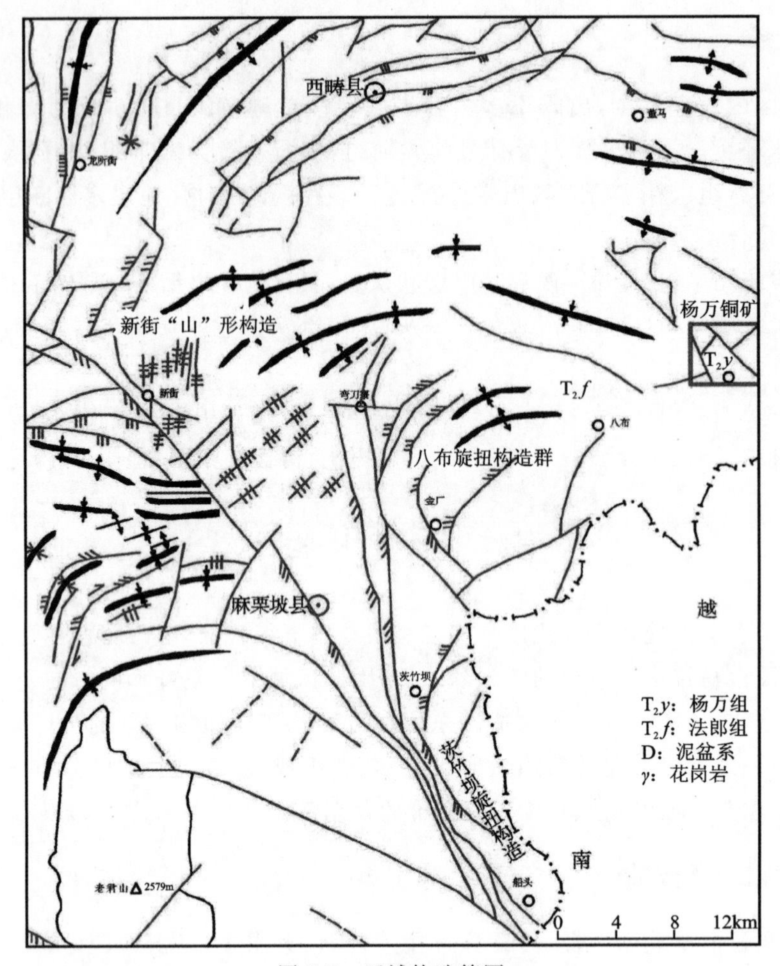

图 2-2　区域构造简图

第三节　区域岩浆岩

区域岩浆岩具有岩类杂、形成方式多的特点，广泛分布有海相基性火山岩，厚度大于1600m，出露面积大于60km^2，构成一近EW向岩盆，为矿区主要含矿层位，岩性主要为凝灰质火山角砾岩、熔结凝灰岩、玄武质火山角砾岩、玄武质凝灰岩、玄武岩，杨万铜矿位于岩盆东南缘。

区内出露的侵入岩为辉绿岩、橄榄岩，主要分布于中三叠世海相基性火山岩地层中，呈岩脉、岩墙充填于断裂破碎带或构造薄弱带内，长轴方向与区内牛厂-老厂坡向斜轴向一致。岩石成分主要为斜长石、辉石、角闪石。

火山岩主要为超基性—基性火山岩类，次有碱性岩类；侵入岩有镁质超镁铁岩（蛇纹岩）、辉绿岩、闪长岩。

一、火山岩

火山岩为一套基性喷发的熔岩和凝灰质岩类，岩性有玄武岩、玄武质角砾岩、凝灰岩等，以玄武岩为主，沿炭山-铜厂向斜分布，是区内铜矿的主要含矿层，而层状、似层状矿体主要产于凝灰岩、凝灰角砾岩中。

二、侵入岩

(1)超基性岩($m\sum_5^1$)：多变质成蛇纹岩、透闪石岩，部分为蛇纹石片岩，局部蛇纹石片岩中保留有纯橄榄岩的全自形粒状结构残痕。分布在龙林—锅庄一带，长600m，宽24～400m，面积约$5km^2$，呈岩盆分布于基性火山岩中，超基性岩中具铜、钴、镍、铬、铂等矿化。

(2)辉绿岩($y\mu$)：多呈脉状、岩墙、小岩株分布，沿炭山-铜厂向斜槽部及两翼分布，长几百米至千余米，岩石中具有铜矿化。

(3)闪长岩(δ)：仅零星出露于向斜槽部。

第四节　区域变质作用

区域岩石普遍发生变质作用，变质岩类型有角闪片岩、绿泥石片岩、板岩、砂质板岩、斜长角闪片麻岩、角闪片麻岩、蛇纹岩等，变质原岩是中三叠统的基性火山岩、基性侵入岩、超基性侵入岩及砂泥质岩，是区域变质和接触变质综合作用的结果。矿区地处八布变质岩区，位于文山巨型旋扭构造、八布旋扭构造的东部，分布在文山-麻栗坡深大断裂以东，包含了新街“山”形构造的一部分和八布旋扭构造群的金厂旋扭构造、茨竹坝旋扭构造，它们由一系列的弧形褶皱、断裂组成。受区域变质作用的影响，区内岩石均不同程度地发生了变质，多变质为板岩、千枚岩及一些片理化的岩石，属低绿片岩相。炭山-铜厂向斜核部的地层，因受侵入岩的影响其变质程度较深，变质为角闪片岩、绿泥石片岩、斜长角闪片麻岩，属高绿片岩相（刘忠，2022）。据区调资料，变质原岩为基性火山岩。变质时代下限相当于中三叠世或晚于中三叠世，由于其上被剥蚀殆尽，故其上限时代不明。

第五节　区域矿产

区内已发现的矿产大多与基性火山喷发活动及后期侵入的基性和超基性岩浆侵入活动有关，主要矿产有铜、金、铁、钴、镍等，主要矿床(点)情况简述如下。

(1)都龙锡锌多金属矿床：矿体赋存于片岩、大理岩夹似层状矽卡岩中。矿体主要呈似层状、透镜状、囊状及网脉状，与围岩产状基本一致，在平面上呈SN向带状分布，在剖面上显示叠瓦状排列特征。矿床矿石类型主要为锡石硫化物矽卡岩型矿石，在主矿带外围还发育了硫化物碳酸盐岩型矿石和硫化物萤石石英脉型矿石。金属矿物主要为铁闪锌矿、磁黄铁矿、锡石、磁铁矿、黄铜矿、黄铁矿和毒砂，脉石矿物主要为石英、绿泥石、角闪石（以阳起石-透闪石系列为主)、透辉石、绿帘石、绢云母、斜长石等。变晶结构、交代结构和固溶体出溶结构广泛发育,在一些矽卡岩型矿石中还可以见到变余胶状结构。矿石构造主要为纹层状-条带状构造、块状构造、片状-片麻状构造、斑点状-斑杂状构造、浸染状构造和脉状-网脉状构造。

(2)龙林铁钴镍风化壳矿床:矿体富集在纯橄榄岩(变质为蛇纹岩)的风化壳中,地表可见,呈似层状产出,分布面积约 0.4km^2。铁矿赋存在风化壳上部褐黄色及褐黑色土状蛇纹岩中,厚 3～15m,品位为 20%～30%;钴则在铁矿下部与铁矿共生,厚 1～10m,钴含量 0.015%～0.21%;镍矿体赋存在风化壳中、下部褐色及蓝灰色土状蛇纹岩和风化淋滤的蛇纹岩中,厚度随基底起伏而变化,一般 2～3m,品位为 0.1%～0.6%,估算贫铁矿石量 132.62 万 t,钴金属 509t,镍金属 4217t。

(3)龙龙铜矿点:矿体产于片理化玄武岩中,铜矿物以孔雀石为主,品位高达 4.28%,平均品位 Cu 1.23%。此外,还有那竜北、中铜厂等矿点,均产于玄武岩及片理化玄武岩中,铜品位 0.36%～10.39%,一般 1%～3%,采出矿石量数万吨。

(4)新寨锡矿为近年来发现的大型锡矿床,位于老君山北面,属老君山钨锡多金属成矿带外围矿床之一。矿区构造简单,为一顺层的剪切带,在矿区中部向南凸出,呈向斜型挠曲。矿床由 1 个主矿体和 15 个小矿体组成,矿床类型主要为锡石硫化物型和锡石石英脉型。金属矿物有锡石、毒砂、铁闪锌矿、黄铁矿、黄铜矿、磁黄铁矿、磁铁矿、软铁矿等。脉石矿物有帘石类、透辉石、方解石、石榴石、石英、萤石、阳起石等。含锡矿物为锡石。与矿化有关的主要围岩蚀变有硅化、云英岩化、矽卡岩化、白云母化,其次为电气石化、萤石化、绿泥石化和碳酸盐化等。

第三章　矿区地质特征

在区域地质环境约束下，杨万铜矿区地层、构造、岩浆活动、变质作用及成矿作用均较发育且独具特色，各类地质作用产物的具体特征如图 3-1 所示。

第一节　地　层

矿区出露地层简单，仅有第四系（Q）和中三叠统杨万组（T_2y）、法郎组（T_2f）分布，由新至老分述如下。

1. 第四系（Q）

第四系主要分布于矿区沟谷及缓坡地带，为残积、坡积物及冲积物，主要为灰绿色、灰色玄武质角砾岩、黏土及耕植土，厚 0～8m。

2. 中三叠统杨万组（T_2y）

依据岩性组合特征将其分为杨万组上段（T_2y^2）、杨万组下段（T_2y^1）两个岩性段。

（1）杨万组上段（T_2y^2）：分为两个亚段。

杨万组上段第二亚段（T_2y^{2-2}）为灰色至灰绿色玄武岩，厚 150～250m。

杨万组上段第一亚段（T_2y^{2-1}）为砖红色、灰绿色玄武质火山角砾岩、玄武质火山凝灰角砾岩、斜黝帘石化中基性钠质凝灰角砾岩，厚 15～70m。

（2）杨万组下段（T_2y^1）：分为 5 个亚段。

杨万组下段第五亚段（T_2y^{1-5}）以灰白色、灰绿色凝灰岩为主，夹凝灰质泥岩，灰白色、灰绿色玄武岩次之，局部见有斑状玄武岩，厚 35～100m。

杨万组下段第四亚段（T_2y^{1-4}）为黄绿色、灰绿色玄武岩与灰白色、灰绿色凝灰岩互层，夹凝灰角砾岩，凝灰岩局部夹薄层泥岩、凝灰质泥岩、中粒岩屑砂岩，厚 100～260m。

杨万组下段第三亚段（T_2y^{1-3}）以紫红色、紫灰色凝灰角砾岩为主，浅灰色、黄褐色玄武岩次之，局部夹斑状玄武岩透镜体，零星分布有辉绿岩脉，顶部为紫红色泥质岩，为那竜—老厂坡一带含矿层位，厚 274～310m。

杨万组下段第二亚段（T_2y^{1-2}）为暗灰绿色、灰白色玄武岩与紫红色凝灰岩互层，夹紫红色—暗灰绿色凝灰角砾岩，局部夹斑状玄武岩透镜体，零星分布有辉绿岩脉，为新寨矿段、老厂坡矿段主要含矿层位，厚 18～120m。

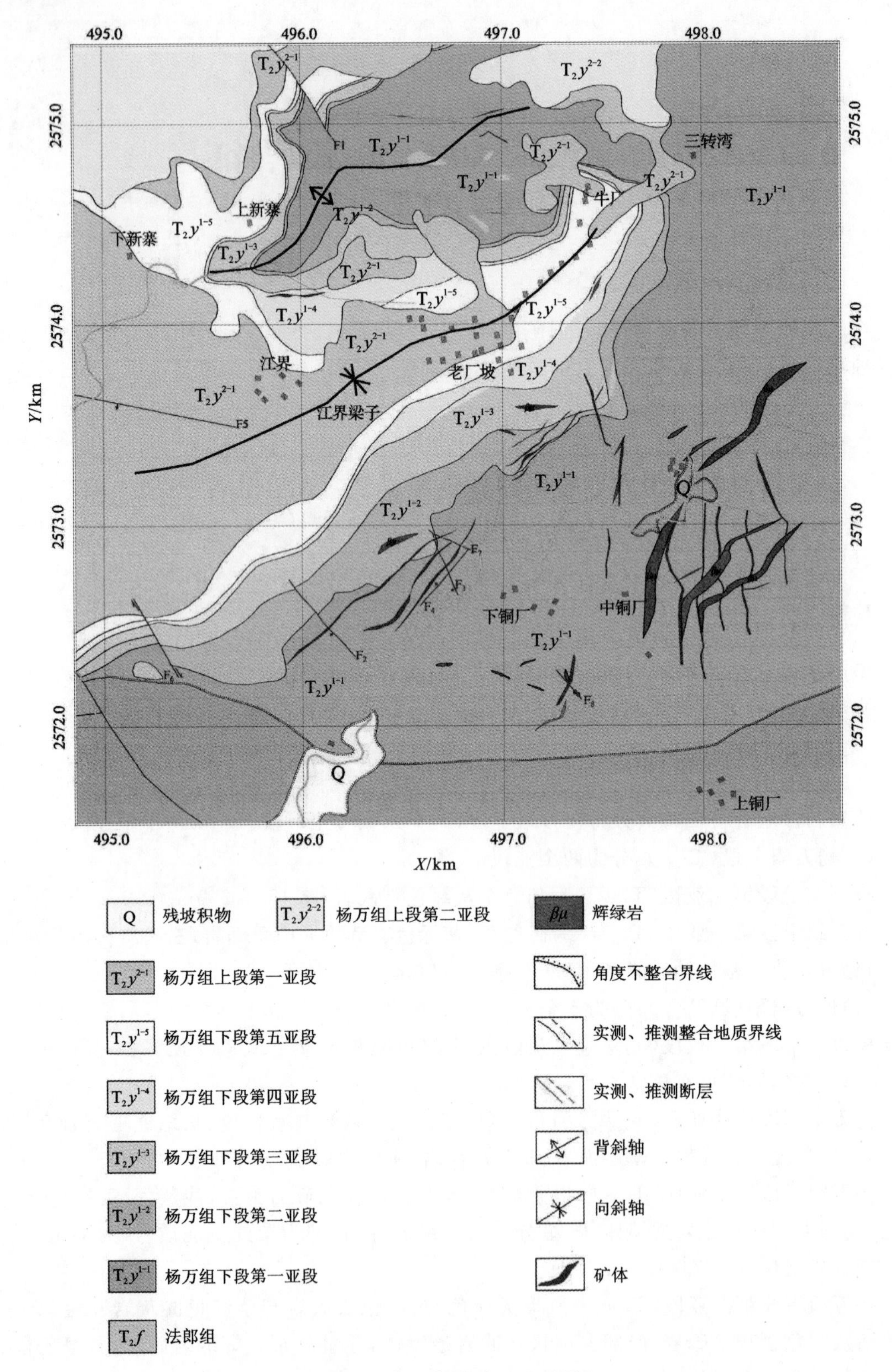

图 3-1　杨万铜矿矿区地质图

杨万组下段第一亚段（T_2y^{1-1}）以灰绿色玄武岩为主，灰绿色凝灰岩、火山角砾岩次之，局部为细碧-玄武岩、凝灰岩、凝灰质火山角砾岩及斑状玄武岩透镜体，底部偶见枕状玄武岩、硅质岩，顶部为薄层粉砂岩、粉砂质泥岩。内有后期辉绿岩岩脉侵入，为老厂坡、那竜、无底洞、头道河、牛厂、龙寿矿区主要含矿层位，厚540～580m，与下伏地层为不整合接触。

3. 中三叠统法郎组（T_2f）

上部为砖红色褐黄色半风化状砂页岩，以页岩为主；下部为深灰色中厚层石英砂岩、泥质砂岩，夹薄层千枚状页岩。厚1730m。

第二节　构　造

矿区位于区域上的炭山-铜厂向斜东段南翼。区内褶皱、断裂发育。褶皱为位于矿区北部的NE向龙寿背斜和位于矿区中部的牛厂-老厂坡向斜。断裂分为EW向、NNW向、NE向3组。

一、褶皱

矿区位于区域性炭山-铜厂复式向斜东段南翼，该复式向斜的轴部位于矿区北部外围，走向总体呈NE-SW向。就矿区来说，发育2个次级NE向褶皱，即龙寿背斜和牛厂-老厂坡向斜。

龙寿背斜：位于矿区北部，轴向70°～80°，核部地层为T_2y^{1-1}，两翼地层依次为T_2y^{1-2}、T_2y^{1-3}、T_2y^{1-4}、T_2y^{1-5}，北翼地层总体向北倾，南翼地层总体向南倾。

牛厂-老厂坡向斜：位于矿区中部，轴向60°左右，矿权区内长1500m左右，向两端延伸出矿权外，核部地层为T_2y^{1-5}、T_2y^{2-1}，两翼地层依次为T_2y^{1-4}、T_2y^{1-3}、T_2y^{1-2}、T_2y^{1-1}，北翼地层总体倾向南，南翼地层总体倾向北。新寨矿段位于向斜北翼，老厂坡矿段位于向斜南翼近核部，头道河矿段位于向斜南翼偏东。

二、断裂

矿区断裂较为复杂，据构造线的展布方向，可分近EW向、NNW向和NE向3组。

（1）近EW向断裂组：该组断裂规模较大，已知有F11、F12，延长约350m，倾向12°～30°，倾角75°～82°，为陡倾的逆冲断裂。该组断裂切割NNW向及NE向断裂，形成时期最晚，是破矿构造。

（2）NNW向断裂组：该组已知断裂有F4、F7、F9、F10、F13等，断裂规模小，延长一般数百米，走向330°～350°，倾向NE或SW，倾角70°～75°，是矿区NNW向断裂充填型矿体群的主要容矿构造。在无底洞-头道河矿段，经对开采揭露的赋矿断裂细致观察，赋矿断裂为右旋压剪性断裂，受其控制的矿体群具有右行雁列特征，单个矿体向东陡倾，略向南侧伏，成矿后仍有一定的活动性，在矿体边界附近，围岩及硫化物矿石常发育密集的劈理化、片理化带。

（3）NE向断裂组：该组断裂是矿区NEE矿体群的主要容矿构造，已知有F1、F3、F8等断层，该组断裂表现形迹多为层间挤压破碎带，往往没有连续稳定延伸的主断裂面，常呈舒缓波状右行尖灭侧现，总体顺层，局部切层，裂面主要发育在地层岩性组构界面附近，总体走向 30°～60°，倾向 300°～330°，倾角 50°～80°，常被 NW 向和近 EW 向断裂切割，形成时期较早，但根据现场观察研究，该组断裂成矿后仍具有活动性。

第三节　岩浆活动

一、喷出岩

矿区内广泛分布有海相基性火山岩，厚度大于 1600m，出露面积 110 余 km^2（含矿权外），构成一近 EW 向岩盆，为矿区主要含矿层位，岩性主要为凝灰质火山角砾岩、玄武质火山角砾岩、玄武质凝灰岩、玄武岩，杨万铜矿位于岩盆东南缘。

二、侵入岩

区内出露的侵入岩为辉绿岩，少量为闪长玢岩，主要产于 T_2y^{1-1}～T_2y^{1-3}（T_2y^{1-4} 亚段偶见，未必准确），尤其在底部亚段分布密度大。脉体产状主要为两组：较大规模者呈 NE—NNE 走向，在中铜厂—大梅丹一线较密集；较小规模者呈 NWW—近 EW 向断续产出，主要分布在矿区南部头道河—那龙一线，少量见于龙寿背斜（牛厂南西小片 T_2y^{2-1} 有近 EW 向辉绿岩脉，但该层位与 T_2y^{1-1} 不整合接触，可能辉绿岩脉只在 T_2y^{1-1} 内），密度和脉体规模无法与前组匹敌。两组辉绿岩脉似乎构成与法郎组边界相似的向南东略凸起的弧形带状展布形式。另外，有少量呈 NNE—近 SN 向的短小脉体。辉绿岩发育似乎与高品位断裂充填型矿化分布有某种联系。

第四节　变质及围岩蚀变作用

矿区地处八布变质岩区，受区域变质作用的影响，区内岩石均不同程度地发生了变质，多变质为板岩、千枚岩及一些片理化的岩石，杨万组基性火山岩及次火山岩普遍具绿泥石化、蛇纹石化，局部具滑石化，属低绿片岩相。炭山-铜厂向斜核部的地层，因受侵入岩的影响其变质程度较深，变质为角闪片岩、绿泥石片岩、斜长角闪片麻岩，属高绿片岩相。据区调资料，变质原岩为基性火山岩。变质时代下限相当于中三叠世或晚于中三叠世，由于其上被剥蚀殆尽，故其上限时代不明。

矿床围岩蚀变发育，与矿化关系密切的有绿帘石化、透闪石（阳起石）化、绿泥石化、硅化、钠长石化、黄铁矿化、褐铁矿化和碳酸盐化，其他蚀变还有绢云母化、钠黝帘石化、次闪石化等。

绿泥石化：是本区火山岩常见的蚀变，表现为绿泥石沿角闪石、辉石等进行交代，甚至沿斜长石斑晶解理及裂隙交代，有时环绕火山角砾交代，导致火山岩颜色加深，有时反而变浅

(褪色),其中深色蚀变与矿化关系极为密切。

绿帘石化:是本区火山岩特别是细碧质火山角砾岩中常见的一种蚀变,表现为辉石等被绿帘石交代,颜色加深,有时呈脉状产出。

硅化:主要发育于火山岩中,早期硅化一方面对石英斑晶有一定改造,常形成次生反应边,另一方面是对基质中原玻璃或隐晶硅质产生重结晶,形成细晶石英集合体团块,有时也沿裂隙形成石英脉,同时使次火山岩中发育的角砾受到改造,在角砾周边产生溶蚀;晚期硅化则以石英脉形式出现,在矿化富集地段较为普遍,脉体长度一般不大,宽度变化较大,较显著的特点是脉体界线不很清楚,有时呈过渡关系。矿化主要发育在硅化较强部位,特别是晚期石英脉中,辉铜矿、黄铜矿明显较富集,是富矿石的重要组成部分。

黄铁矿化:黄铁矿化明显具有多期性,早期黄铁矿化呈半自形立方体粗晶致密块状分布,被辉铜矿、黄铜矿交代或穿插;晚期黄铁矿化呈较细粒半自形—他形稠密浸染或稀疏浸染分布在黄铜矿中。

褐铁矿化:本区矿(化)体直接露头中较为普遍,褐黄色褐铁矿呈团块状、蜂窝状、角砾状、多孔状、薄膜状分布,呈隐晶质集合体浸染于脉石矿物微晶斜长石、石英、方解石的空隙中。

碳酸盐化:呈脉状和不规则状产出,表现为方解石交代辉石,并析出部分游离的氧化铁等,多与绿泥石化伴生。

第四章　矿床矿化特征

根据研究区各矿体的形态产状、规模、赋矿层位、岩性组合、控矿构造、矿物组合、矿石组构及围岩蚀变，结合钻孔岩芯及剖面成果图件等研究，杨万铜矿床主要有 3 种原生硫化物矿体产出类型：层状（透镜状）黄铁矿型铜矿体，断裂充填型黄铁矿黄铜矿体，层间破碎带充填交代型铜矿体。

第一节　矿体形态、产状、规模及分布

一、层状（透镜状）黄铁矿型铜矿体

研究区层状（透镜状）黄铁矿型铜矿体主要有新寨和那竜矿体（表 4-1）。其中新寨矿体位于矿区北西部，牛厂-老厂坡向斜北西翼西段，圈定矿体 1 条，编号 V_1（图 4-1）。那竜矿体位于矿区中西部，圈定近似平行矿体 3 条，分别是 V_{2-4}、V_{2-6} 和 V_{2-7}（图 4-2）。

表 4-1　典型层状（透镜状）黄铁矿型铜矿体特征表

序号	矿体走向	矿体长度/m	矿体厚度/m	矿体产状	控制工程
新寨矿体（V_1）	65°	636	0.8～10	155°～169°∠36°～81°	PD1 号坑、PD2 号坑、PD3 号坑，ZK8001、ZK8303，BT1、BT2
那竜矿体（V_{2-4}）	65°	1074	0.5～6.0	318°～336°∠63°～67°	3 号坑、老硐 4 号坑、岔沟副 4 号坑，TC1601、LT1401、ZK1201、ZK008、ZK401、ZK1101
那竜矿体（V_{2-6}）	51°	650	0.5～6.0	312°～335°∠52°～62°	1 号坑、2 号坑、3 号坑、江界坡 4 号坑，ZK001
那竜矿体（V_{2-7}）	37°	636	0.5～3.0	296°～315°∠62°～75°	1 号坑、2 号坑、3 号坑、副 5 号坑（江界老硐 1 号）

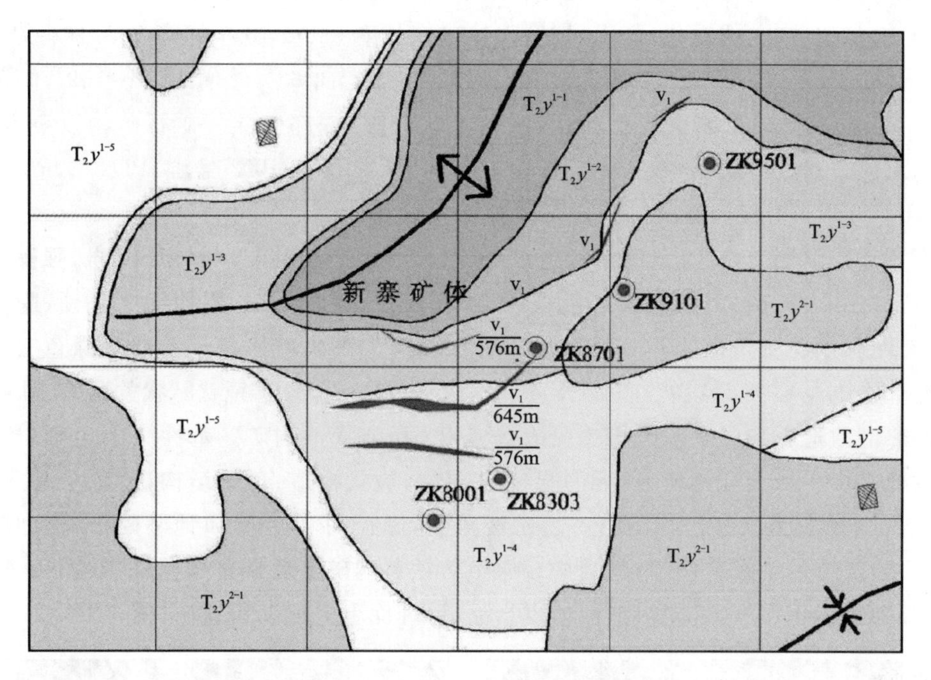

图 4-1 新寨矿区矿体地质简图

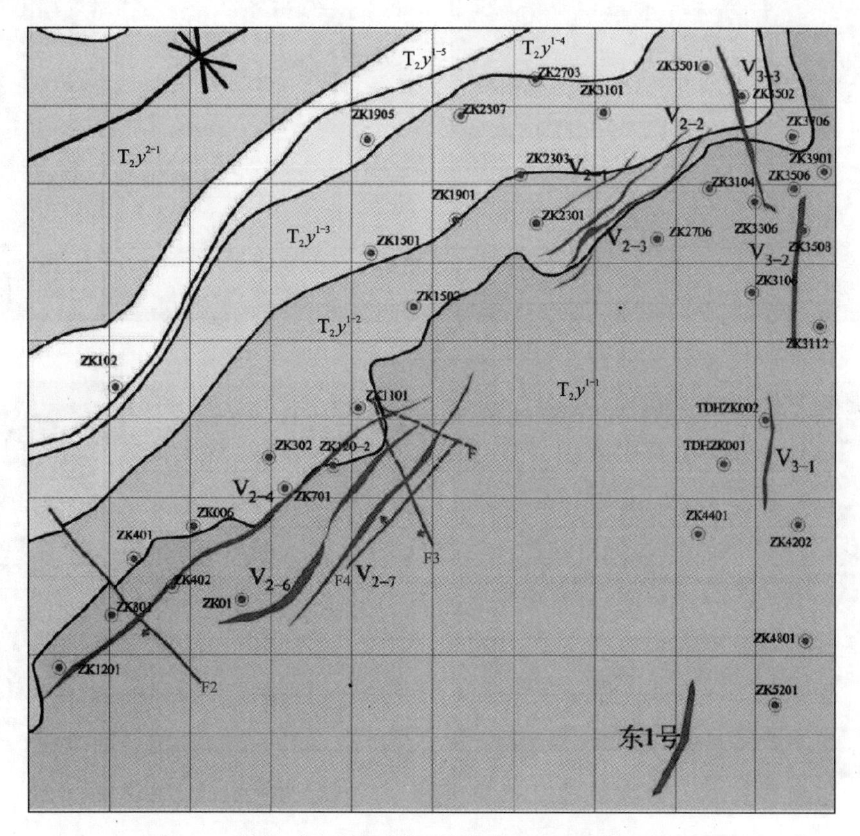

图 4-2 那竜、老厂坡、无底洞、头道河矿区矿体地质简图

新寨矿体赋存于杨万组下段第二亚段（T_2y^{1-2}）顶部与第三亚段（T_2y^{1-3}）的 NE—SW 向层间破碎带中，呈似层状（透镜状）产出，控制矿体走向长度 636m，分布标高 505.16～759.00m，控制矿体倾向斜深 45～270m，矿体走向 46°～75°，主体走向 65°；倾向 155°～169°，倾角 36°～81°，产状沿走向及倾向总体呈波状起伏，浅部产状较缓，深部变陡。矿石矿物以黄铜矿呈层状、透镜状、浸染状、斑点状分布为主。新寨矿体由 PD1 号坑、PD2 号坑、PD3 号坑，ZK8001、ZK8303，BT1、BT2 工程控制。

新寨黄铁矿型铜矿体，上盘为紫红色纹层、薄层状泥质粉砂岩-粉砂质泥岩，强劈理化，见有硅质条带（图 4-3a、b）；下盘为紫红色细碧岩-玄武岩，块状构造，质地细腻坚硬，隐晶-玻璃结构，见有网脉状硅质条带（图 4-3c）。致密块状含铜黄铁矿矿体位于薄层灰绿色玄武岩、基性火山角砾岩中，呈层状（透镜状）产出（图 4-3d），块状黄铁矿中见透镜状脉状黄铜矿（图 4-3e），说明受后期热液改造影响。赋矿围岩中见有斑点状、浸染状黄铜矿。基性火山角砾岩，暗灰绿色略带黄色夹极少量紫红色斑块，无明显风化现象，块状构造、角砾结构，角砾与基质比值约为 9∶1。角砾颜色为紫红色，具褪色边，次棱角状，砾径约 25mm，质地坚硬，结构细腻，隐晶结构，基质为灰绿色略带黄色，隐晶结构。原生黄铁黄铜矿受后期区域运动影响，由于能干性较强，其外围劈理化强烈，后期热液活动重结晶，劈理面上呈显晶黄铁矿（图 4-3f）。

a. 矿体上盘泥质粉砂岩-粉砂质泥岩劈理强烈

b. 矿体上盘劈理化带上方的硅质条带

c. 矿体下盘灰绿色、紫红色变凝灰岩的绿帘石硅质脉

d. 似层状、透镜状黄铁矿黄铜矿矿体

e. 块状黄铁矿中见透镜状脉状黄铜矿

f. 早期致密块状黄铁矿与沿劈理面充填的细粒自形黄铁矿

图 4-3 新寨矿体特征照片

那竜矿体位于研究区中西部，矿体赋存于杨万组下段第一亚段（T_2y^{1-1}）顶部与第三亚段（T_2y^{1-3}）之间，受层位控制明显，呈似层状（透镜状）、脉状产出（图 4-4），走向 NE，倾向 SE，倾角较陡。共圈定 V_{2-4}、V_{2-6}和 V_{2-7}三个平行矿脉，V_{2-4}矿体赋存于 T_2y^{1-1}的顶部，长 1074m，倾向 318°～336°，倾角 63°～67°，矿体厚度在 0.5～6.0m 之间，由 3 号坑、老硐 4 号坑、岔沟副 4 号坑，TC1601、LT1401、ZK1201、ZK008、ZK401、ZK1101 控制。V_{2-6}矿体长度 650m，倾向 312°～335°，倾角 52°～62°，矿体厚度在 0.5～6.0m 之间，由 1 号坑、2 号坑、3 号坑、江界坡 4 号坑和 ZK001 控制。V_{2-7}矿体长度 636m，倾向 296°～315°，倾角 62°～75°，矿体厚度在 0.5～3.0m 之间，由 1 号坑、2 号坑、3 号坑、副 5 号坑（江界老硐 1 号）控制。

a. 网脉状黄铁矿、黄铜矿

b. 网脉状黄铁矿

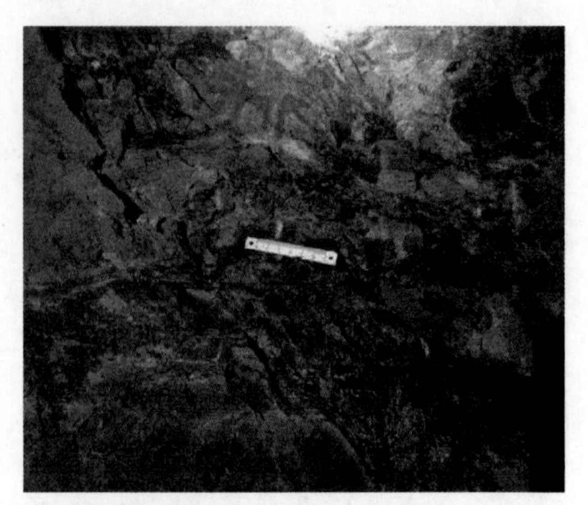

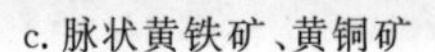

c. 脉状黄铁矿、黄铜矿　　　　d. 似层状、透镜状黄铜矿

图 4-4　那竜矿体特征照片

二、断裂充填型黄铁矿黄铜矿矿体

研究区断裂充填型黄铁矿黄铜矿矿体主要有无底洞矿体和头道河矿体(表 4-2)。需要说明的是经本次研究发现,小梅丹矿体亦是断裂充填型黄铁矿黄铜矿矿体,其前期勘探工程(北西向勘探线)受矿床成因、成矿规律认识所限,圈定的矿体依据主要建立在 NE 向层间破碎带型矿体基础上,加之已有坑道封闭,未能开展具体坑道地质调查,在此不对小梅丹矿体进行具体阐述。

无底洞有东 1 号矿体,头道河有 V_{3-1}、V_{3-2}、V_{3-3} 和 V_4 共 4 个矿体(图 4-2)。矿石矿物以黄铜矿为主,矿体形态有长条板状、脉状、透镜状、浸染状、网脉状及粒状,高品位黄铜矿以长条板状、脉状为主,主要受断裂控制。矿体围岩主要为玄武岩。

无底洞东 1 号矿体,位于矿区南部,长 260m,矿体产状 129°∠36°,矿体厚 0.5～3.0m,由无底洞 1 号坑、ZK6001 工程控制。头道河矿段 V_{3-1} 号矿体,位于头道河一带,长 248m,矿体倾向 271°～274°,倾角 76°～85°,矿体厚 1.0～12.0m,由 8 号、9 号坑,ZK4001、ZK4201 工程控制。头道河矿段 V_{3-2} 号矿体,长 248m,矿体倾向 273°～276°,倾角 64°～76°,矿体厚 0.5～6.0m,由 7 号、副 7 号坑,6-SK1、LD6/708、ZK3508、ZK3506 工程控制。头道河矿段 V_{3-3} 号矿体,长 589m,矿体倾向 60°～70°,倾角 61°～80°,矿体厚 1.0～12.0m,由 6 号坑,ZK3306、ZK3501 工程控制。头道河矿段 V_4 号矿体,长 140m,矿体倾向 129°～136°,倾角 20°～32°,矿体厚 0.3～2.0m,由 8 号、9 号坑,LT9 工程控制。

表 4-2　断裂充填型黄铁矿黄铜矿体特征表

序号	矿体走向	矿体长度/m	矿体厚度/m	矿体产状	控制工程
(无底洞)东 1 号矿体	39°	260	0.5～3.0	129°∠36°	无底洞 1 号坑、ZK6001

续表 4-2

序号	矿体走向	矿体长度/m	矿体厚度/m	矿体产状	控制工程
头道河矿体（V_{3-1}）	2°	248	1.0～12	271°～274°∠76°～85°	8号、9号坑，ZK4001、ZK4201
头道河矿体（V_{3-2}）	3°	248	0.5～6.0	273°～276°∠64°～76°	7号、副7号坑，6-SK1、LD6/708、ZK3508、ZK3506
头道河矿体（V_{3-3}）	346°	589	1.0～12	60°～70°∠61°～80°	6号坑，ZK3306、ZK3501
头道河矿体（V_4）	44°	140	0.3～2.0	129°～136°∠20°～32°	8号、9号坑，LT9

该类型矿体主要受NE向或近SN方向断裂控制，矿体附近常伴有辉绿岩脉产出。高品位黄铜矿以长条板状、脉状为主（图4-5a、b），矿体呈单条紧邻断层面一侧或两侧分布，局部剪切透镜体（图4-5b）破碎带呈平行多条脉状铜矿产出（与断面不平行，有锐夹角，充填于张剪裂隙，中间夹有绿帘石硅质条带），构造角砾岩及围岩黄铁矿化（图4-5c、d），断裂带两侧常见绿帘石硅质条带（图4-5e）、方解石脉（图4-5f）。两条矿脉情况，多为延两侧断面产出，中间夹有透镜状玄武岩。石英细脉沿两侧断面及断层破碎带均有分布，且断续分布。断层面铜矿脉有拉断旋转现象，为后期构造运动破坏产生（图4-5b）。

a. V_{3-3}（6号坑）板条状黄铜矿矿体

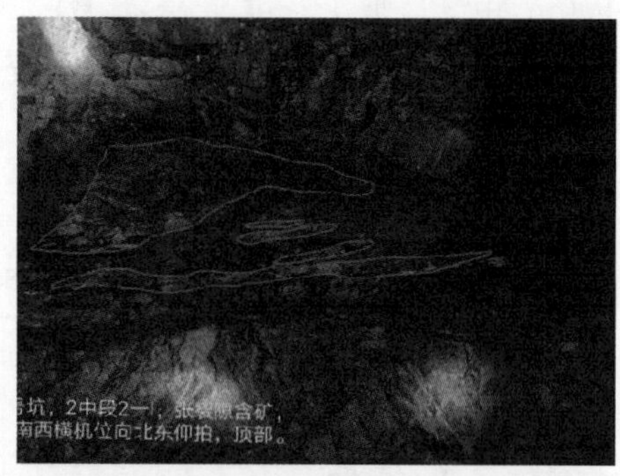

b. V_{3-3}（6号坑）透镜状黄铜矿矿体

c. 6号坑断裂两侧围岩星点状黄铁、黄铜矿化

d. 头道河构造角砾岩黄铁矿化

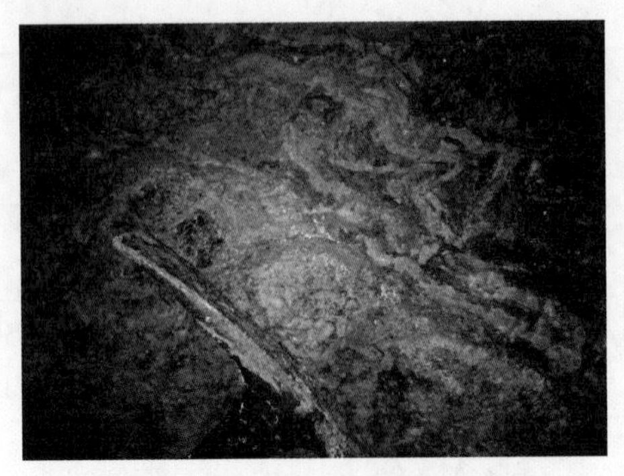

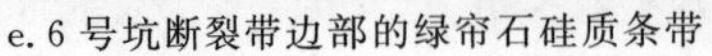
e. 6号坑断裂带边部的绿帘石硅质条带

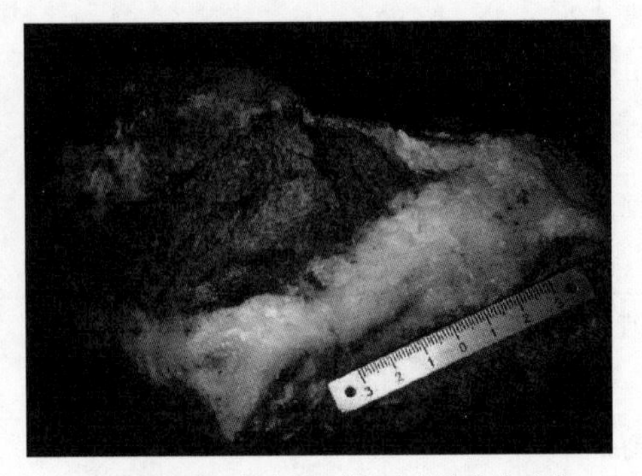
f. 头道河断裂边部方解石脉星点状黄铁矿化

图 4-5 号坑、头道河矿体特征照片

三、层间破碎带充填交代型铜矿体

研究区层间破碎带充填交代型铜矿体主要为老厂坡矿体(表 4-3)。该矿体位于矿区中部,共圈定近似平行矿脉 3 条,分别是 V_{2-1}、V_{2-2} 和 V_{2-3} 矿体(图 4-2)。矿体呈似层状、透镜状、网脉状、细脉状、团块状产出,主要就位于层间界面和岩性组构界面,围岩主要为玄武岩、火山角砾岩。

老厂坡 V_{2-1} 矿体,位于矿区中部,长 102m,矿体倾向 334°～341°,倾角 20°～40°,矿体厚 0.5～3.0m,由老厂坡 1 号坑、BT2702、ZK3101 工程控制,矿石矿物以黄铜矿呈细脉状、网脉状及粒状分布为特征。老厂坡 V_{2-2} 矿体,长 428m,矿体倾向 320°～354°,倾角 35°～40°,矿体厚 0.5～5.0m,由老厂坡 1 号坑、5 号坑、BT3102、ZK3101 工程控制,矿石矿物以辉铜矿、斑铜矿、自然铜、黄铜矿呈细脉状、网脉状及粒状分布为特征。老厂坡 V_{2-3} 矿体,长 748m,矿体倾向 334°～339°,倾角 20°～45°,矿体厚 0.5～2.0m,由老厂坡 1 号坑、5 号坑、ZK2303、ZK3101 工程控制,矿石矿物以辉铜矿、斑铜矿、自然铜、黄铜矿呈细脉状、网脉状及粒状分布为特征。

表 4-3 层间破碎带充填交代型铜矿体特征表

序号	矿体走向	矿体长度/m	矿体厚度/m	矿体产状	控制工程
老厂坡矿体(V_{2-1})	53.6°	102	0.5～3.0	334°～341°∠20°～40°	老厂坡 1 号坑、BT2702、ZK3101
老厂坡矿体(V_{2-2})	50°	428	0.5～5.0	320°～354°∠35°～40°	老厂坡 1 号坑、5 号坑、BT3102、ZK3101
老厂坡矿体(V_{2-3})	38°	748	0.5～2.0	334°～339°∠20°～45°	老厂坡 1 号坑、5 号坑、ZK2303、ZK3101

老厂坡矿体主要受层间压剪滑动破碎带控制，主要矿化层间构造为 T_2y^{1-1}/T_2y^{1-2}、$T_2y^{1-2}/T2y^{1-3}$ 及 T_2y^{1-1} 内部岩性组构界面，受层间界面及含矿性限制，T_2y^{2-1} 和 T_2y^{2-2} 无矿化。矿石主要是区域变质中低温热液萃取、充填交代的低品位黄铜矿、斑铜矿、辉铜矿。老厂坡地表风化面见有铜蓝矿化（图 4-6a），坑道内破碎带受区域压剪性应力作用，角砾呈定向排列（图 4-6b）。黄铁矿、黄铜矿、辉铜矿多呈细脉状、网脉状充填交代于角砾间隙内（图 4-6c～f）。

a. 老厂坡地表铜蓝矿化

b. 老厂坡 5 号坑层间破碎带角砾定向排列

c. 老厂坡 4 号坑层间破碎带内网脉状黄铜矿

d. 层间破碎带内细脉状黄铁矿、黄铜矿

e. 层间破碎带内角砾环带充填辉铜矿

f. 老厂坡 5 号层间破碎带内网脉状辉铜矿、斑铜矿

图 4-6　老厂坡矿体特征照片

第二节 矿石成因矿相学特征

一、矿石物质组成

原生硫化物矿石的金属矿物组成主要为黄铁矿、黄铜矿，其次为闪锌矿、磁铁矿。非金属矿物除部分浸染状、脉状矿石的赋矿变火山岩矿物外，常见石英、绿泥石、方解石等矿物。

喷流沉积成矿期主要发育层状、扁平透镜状矿体，会随褶皱同步变形；矿物以黄铁矿-黄铜矿-闪锌矿为组合标志，以黄铁矿为主，局部存在赤铁矿、磁铁矿、磁黄铁矿、硫砷铜矿。次火山热液成矿期主要发育（NNW 向）断裂充填的脉状矿体，矿体切割火山岩地层；矿物以黄铜矿-黄铁矿-闪锌矿为组合标志，以黄铜矿为主，闪锌矿极少量。变质热液成矿期主要发育层间角砾岩化带充填交代的似层状、透镜状矿体；矿物组合标志为斑铜矿-（蓝）辉铜矿-黄铜矿，以斑铜矿为主，蓝辉铜矿、辉铜矿次之，黄铜矿、黄铁矿少量，自然铜极少。

（1）黄铁矿：半自形、自形、他形立方体晶粒（图 4-7a～c），黄铁矿碎裂明显，其间常出现微细碎粒状黄铁矿，构成碎斑状结构（图 4-7e）；石英脉内不规则裂隙充填，被石英、黄铜矿、闪锌矿等沿颗粒边缘及内部孔隙溶蚀交代，可在闪锌矿、黄铜矿内呈孤岛状残留（图 4-7d、f）。黄铁矿分布在 3 个成矿阶段，主要分布在喷流沉积与后期热液充填交代阶段。黄铁矿受后期热液重结晶作用其晶粒明显大于喷流沉积期黄铁矿。

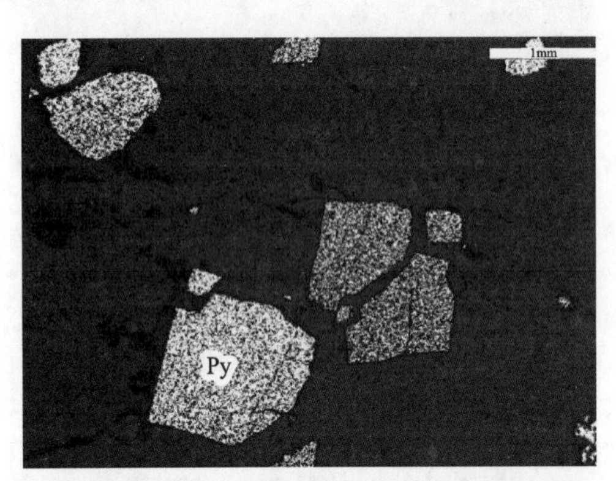

a. 自形立方体黄铁矿 2.5×（—）

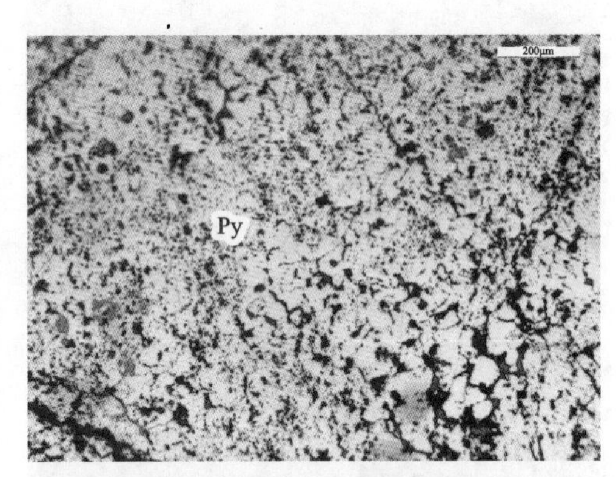

b. 黄铁矿细粒半自形、他形晶粒结构 20×（—）

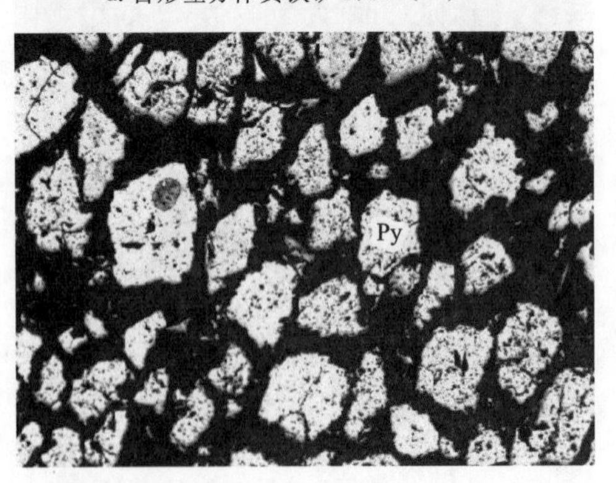

c. 脉状黄铁矿他形、半自形立方体晶粒结构 5×（—）

d. 黄铜矿沿黄铁矿孔隙充填交代 20×（—）

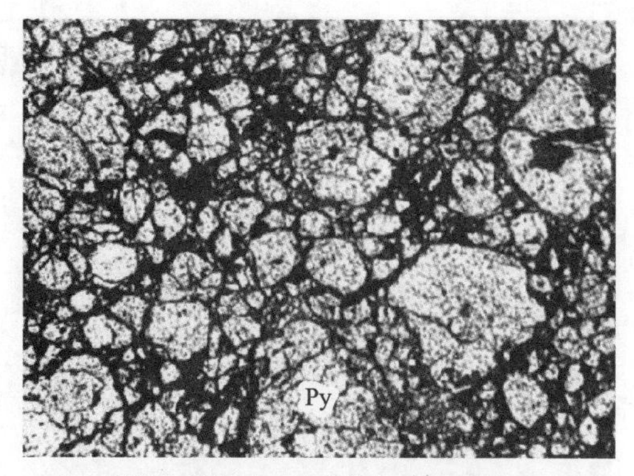

e. 半自形粒状黄铁矿碎斑状结构，棱角钝化 5×(－)

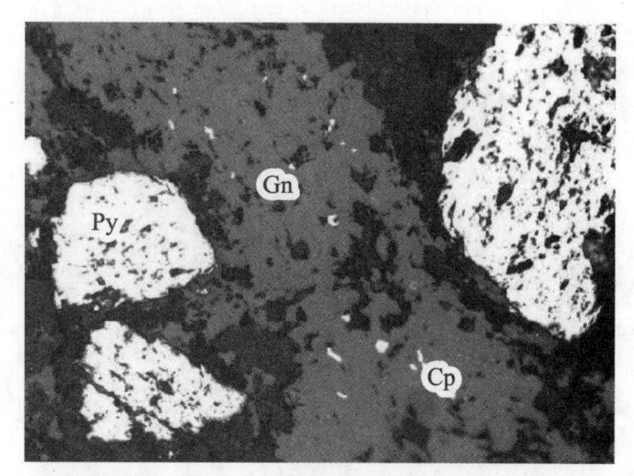

f. 黄铜矿闪锌矿沿裂隙充填交代黄铁矿 10×(－)

图 4-7　黄铁矿镜下照片(图中矿物代码见附表，下同)

(2)黄铜矿：不规则粒状结构，呈乳滴状、不规则粒状、不规则脉状集合体、网脉状集合体(图 4-8b、f、e)。不规则团块状黄铜矿往往发育在不规则脉状硫化物交会部位，主要产于围岩角砾间基质，其内常富含呈片条状、小团块状密集的碎粒状黄铁矿，这些黄铁矿碎粒实际上在黄铜矿内呈破布状、孤岛状残留体(图 4-8a)；不规则脉状黄铜矿常与石英、绿泥石及方解石构成集合体沿围岩角砾及角砾间基质裂隙充填(图 4-8c、d)。在次火山热液成矿阶段以黄铜矿为主，其他期次也见有黄铜矿产出，在变质热液成矿阶段黄铜矿产出较少。

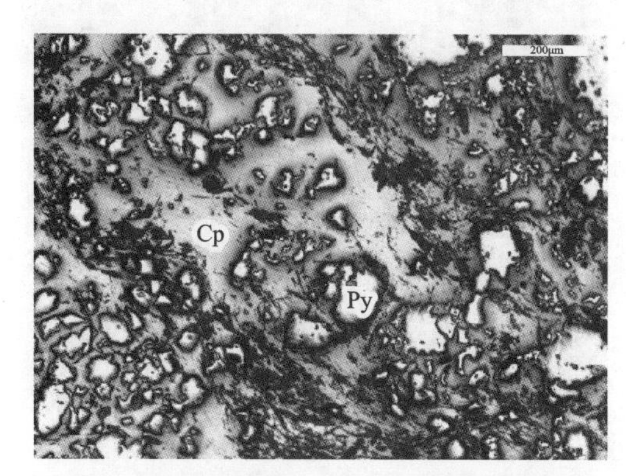

a. 黄铁矿被黄铜矿强烈交代呈孤岛状残留 20×(－)

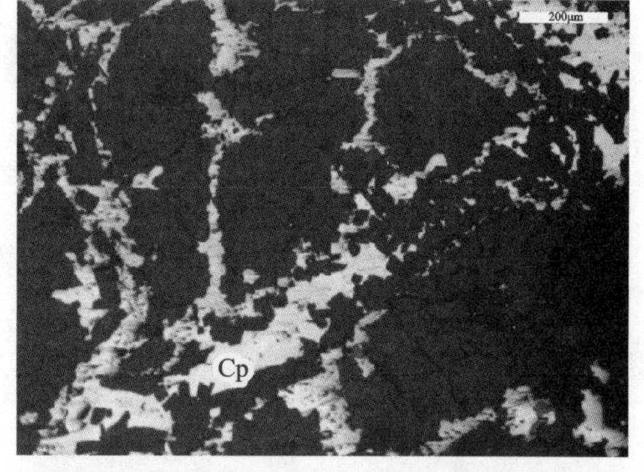

b. 黄铜矿沿角砾裂隙不规则脉状充填交代 10×(－)

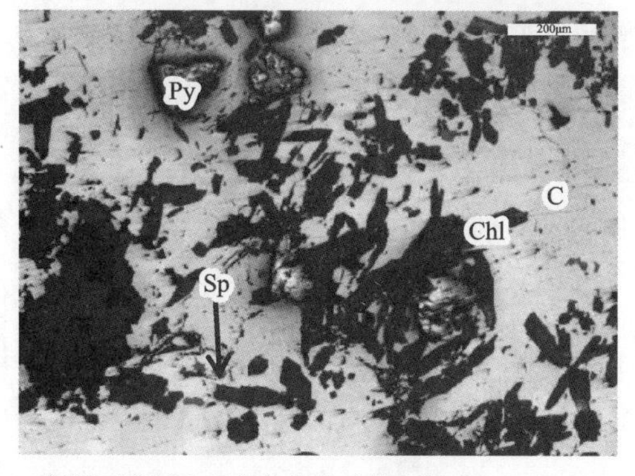

c. 绿泥石穿插含孤岛状黄铁矿的黄铜矿 10×(－)

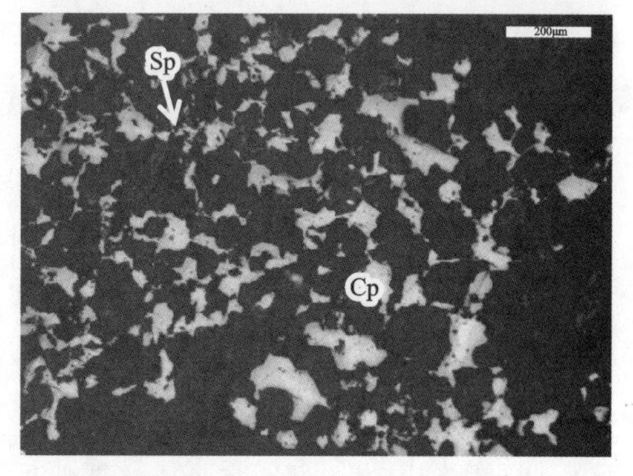

d. 围岩残留体间基质中黄铜矿沿石英粒间交代 20×(－)

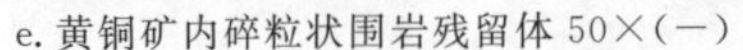
e.黄铜矿内碎粒状围岩残留体 50×(—)　　f.闪锌矿内不规则粒状及乳浊状黄铜矿 50×(—)

图 4-8　黄铜矿镜下照片

(3)闪锌矿:他形粒状,多呈不规则粒状或不规则脉状集合体。不规则脉状闪锌矿常与黄铜矿共同沿黄铁矿条带与凝灰质条带界面断续充填并溶蚀交代黄铁矿,其内常见乳浊状及不规则粒状、叶片状、短小脉状黄铜矿(图 4-9)。闪锌矿在喷流沉积阶段与次火山热液阶段出现,变质热液成矿阶段未见。

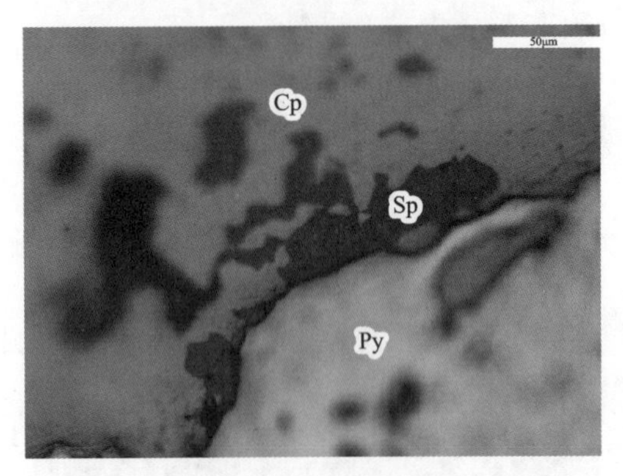

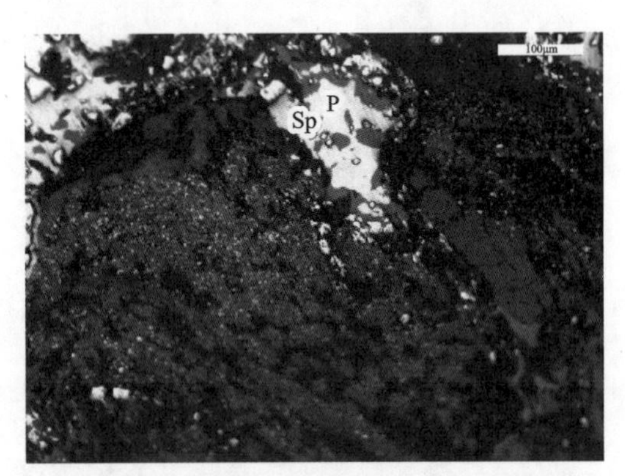

a.闪锌矿沿黄铜矿黄铁矿界面及孔隙裂隙交代,闪锌矿内部含乳滴状黄铜矿 50×(—)　　b.黄铜矿闪锌矿沿矿体旁侧劈理裂隙孔隙充填 2.5×(—)

图 4-9　闪锌矿镜下照片

(4)磁铁矿:具有两种形态类型,其一具赤铁矿假象(图 4-10a),是磁铁矿的主要形态类型,为针柱状,部分弯曲变形,长径 0.1～0.4mm,集合体呈束状,粒间及裂隙被磁黄铁矿、黄铜矿等充填交代;其二为多边粒状他形—半自形晶,个别为自形晶,多边粒状磁铁矿粒径为 0.03～0.05mm,从切面形态判断,主要为五角十二面体,部分为八面体,粒间可见针柱状磁铁矿碎粒。多边粒状磁铁矿颗粒内部包含粒径不足 0.005mm 的自形—半自形黄铁矿,粒间及内部孔隙可见微细粒他形黄铜矿、磁黄铁矿充填交代(图 4-10b～d)。磁铁矿主要存在于喷流沉积成矿期,次火山热液期与变质热液成矿期未见。

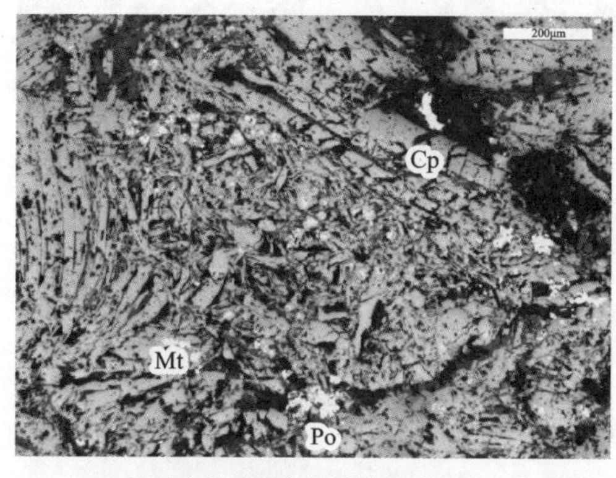

a.保留赤铁矿假象的磁铁矿粒间、裂隙充填硫化物 10×(—)

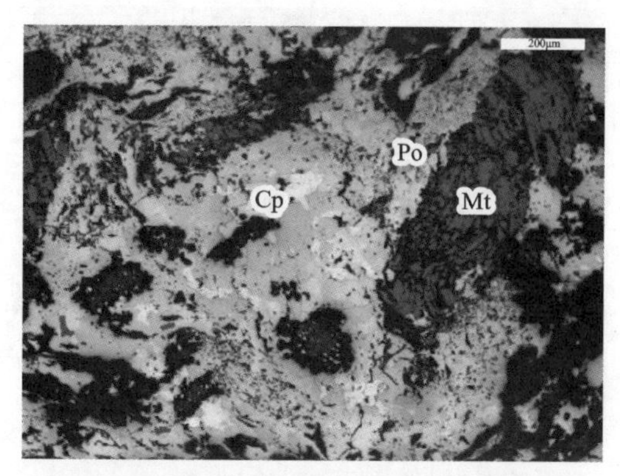

b.磁黄铁矿交代磁铁矿,黄铜矿不规则脉状交代磁黄铁矿 10×(—)

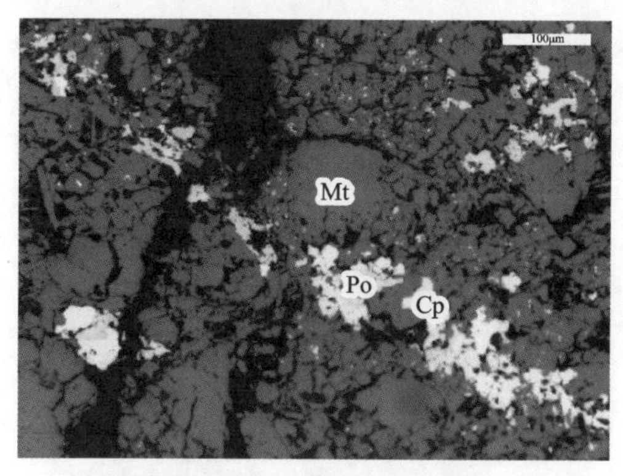

c.黄铜矿磁黄铁矿沿裂隙充填交代磁铁矿 20×(—)

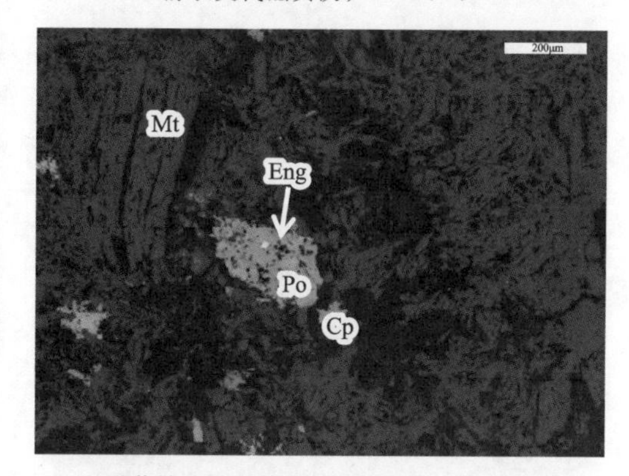

d.磁黄铁矿沿磁铁矿集合体孔隙充填交代,内部包含多边粒状硫砷铜矿 10×(—)

图 4-10 磁铁矿镜下照片

(5)斑铜矿:他形晶集合体,在含石英的方解石脉内沿石英、方解石粒间及裂隙充填交代。石英方解石硫化物脉体多以围岩角砾胶结物形式出现,也可沿裂隙穿插角砾及砾间基质(图 4-11a、b、d),常溶蚀包裹石英,不规则脉状穿插脉内方解石集合体,可被蓝辉铜矿强烈交代,在蓝辉铜矿内部呈微细残留体较密集均匀分布,黄铜矿脉状穿插斑铜矿(图 4-11c)。硫化物矿石系中低温热液成矿作用产物,随流体演化,斑铜矿只出现在变质热液成矿期。

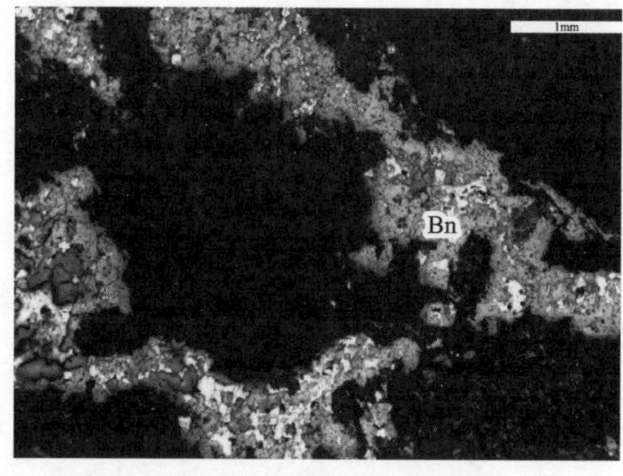

a.角砾间斑铜矿石英方解石脉状充填 2.5×(—)

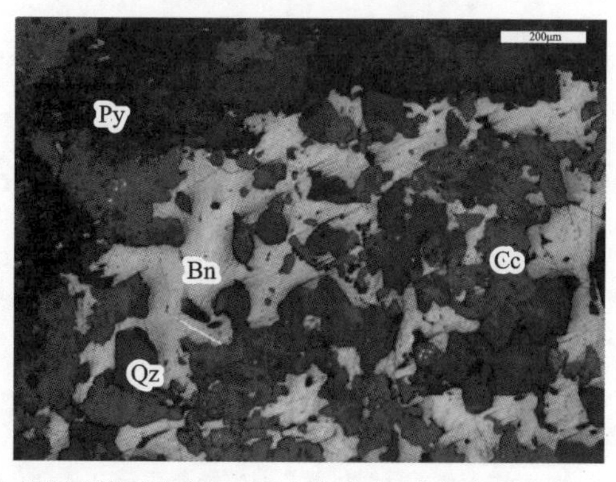

b.斑铜矿沿石英方解石集合体裂隙及粒间交代 20×(—)

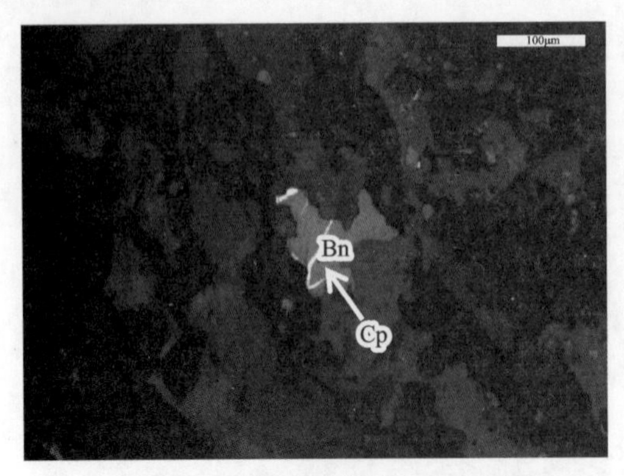

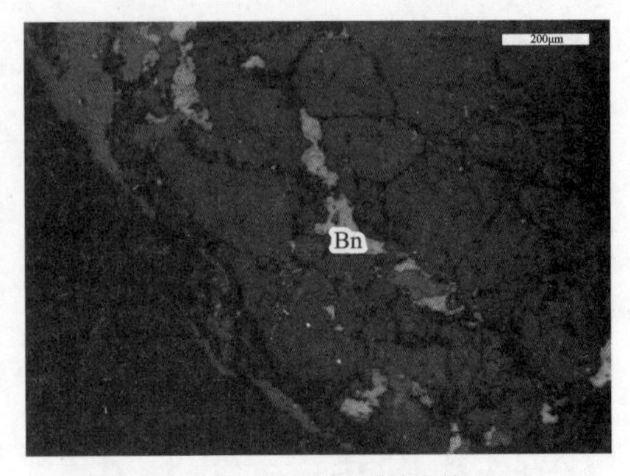

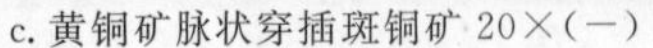

c. 黄铜矿脉状穿插斑铜矿 20×(－)　　d. 斑铜矿沿角砾边部不规则裂隙充填 10×(－)

图 4-11　斑铜矿镜下照片

(6)蓝辉铜矿:蓝辉铜强烈交代斑铜矿,在其内部常见微细斑铜矿残留体较密集分布,构成蓝辉铜矿-斑铜矿混合颗粒(图 4-12)。蓝辉铜矿只出现在变质热液成矿期,多充填于角砾间及角砾裂隙内。

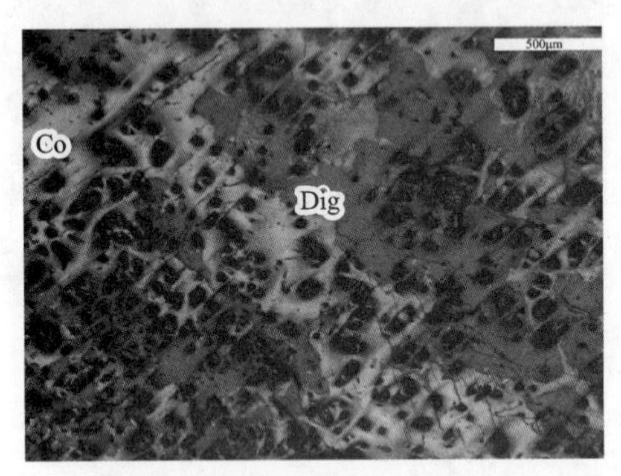

a. 辉铜矿脉状穿插交代蓝辉铜矿 5×(－)　　b. 蓝辉铜矿交代斑铜矿,二者被辉铜矿交代 20×(－)

图 4-12　蓝辉铜矿镜下照片

(7)辉铜矿:主要呈不规则脉状穿插交代斑铜矿蓝辉铜矿集合体(图 4-13),脉体边缘形态复杂,内部常具大量次圆粒状石英、方解石残留体,也可见强烈交代蓝辉铜矿斑铜矿混合体形成文象交代结构。辉铜矿只出现在变质热液成矿期。

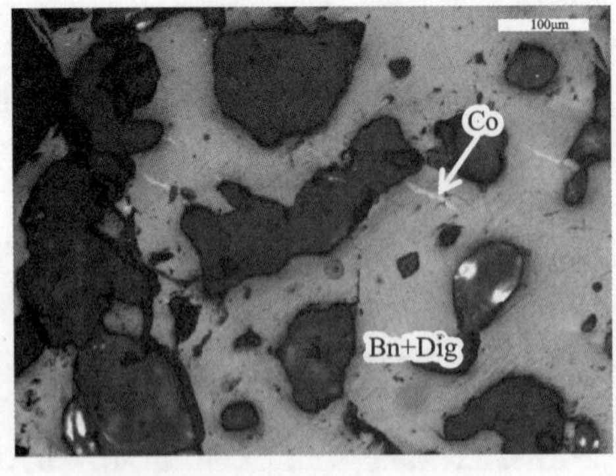

a. 辉铜矿细脉交代蓝辉铜矿斑铜矿 20×(－)　　b. 辉铜矿交代蓝辉铜矿 20×(－)

图 4-13　辉铜矿镜下照片

(8)自然铜：主要为细脉状、不规则状，少部分为麦粒状、角砾状，粒径 0.005～0.15mm。沿角砾裂隙充填交代，部分沿方解石胶结物内部及角砾边缘不均匀浸染状分布，颗粒微细者，其表面及边缘氧化明显(图 4-14)。只出现在变质热液成矿期。

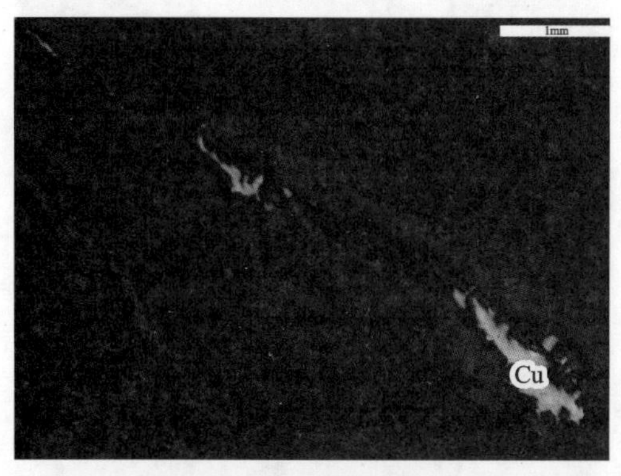

a. 自然铜沿角砾裂隙断续脉状充填 2.5×(－)

b. 自然铜(弱氧化)沿玄武岩角砾裂隙断续浸染 10×(－)

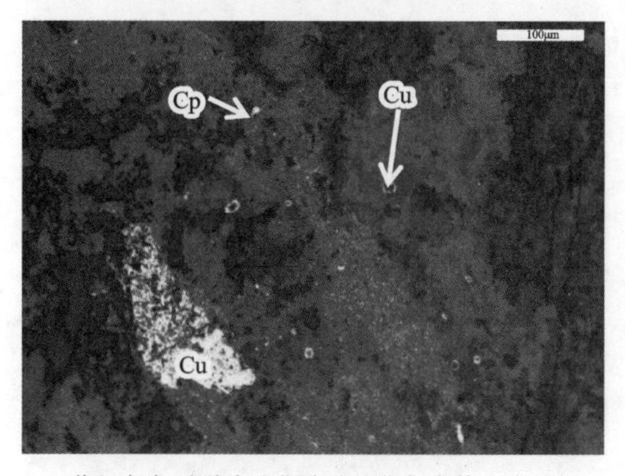

c. 紫红色角砾裂隙硅化碳酸盐化集合体含自然铜、黄铜矿及褐铁矿团块 20×(－)

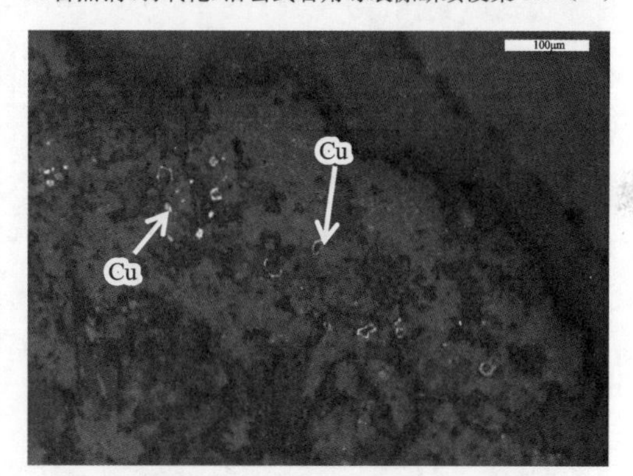

d. 被方解石胶结的角砾边缘裂隙自然铜黄铜矿定向断续浸染 20×(－)

图 4-14　自然铜镜下照片

二、矿石结构构造

矿区内矿石结构、构造类型繁多，其中交代溶蚀结构、细脉-网脉交代结构，在 3 期成矿阶段较为常见，而交代残余结构主要出现在喷流沉积成矿阶段、变质热液成矿阶段。此外，喷流沉积成矿阶段还见有微细粒自形—半自形晶粒结构、斑状变晶结构、交代残余结构；矿石构造以致密块状构造、条带块状构造、劈理构造为主。次火山热液成矿阶段细粒自形—半自形晶粒结构，他形晶粒结构，定向乳滴状、叶片状固溶体分离结构也较为常见；矿石构造以块状构造、脉状构造为主。变质热液成矿期矿石结构以他形晶粒结构、文象交代结构、交代残余结构为主；矿石构造以不规则脉状、细脉状构造，团块状、斑点状构造，浸染状构造为主。

1. 矿石结构

(1)交代溶蚀结构：晶出较晚的矿物沿晶出较早的矿物边缘、粒间、孔隙充填交代(图 4-15)。

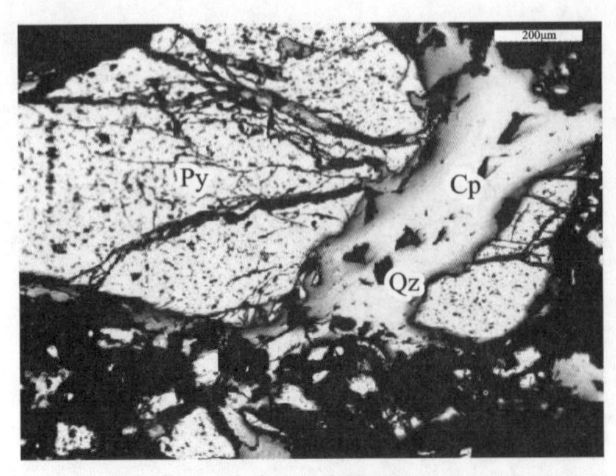

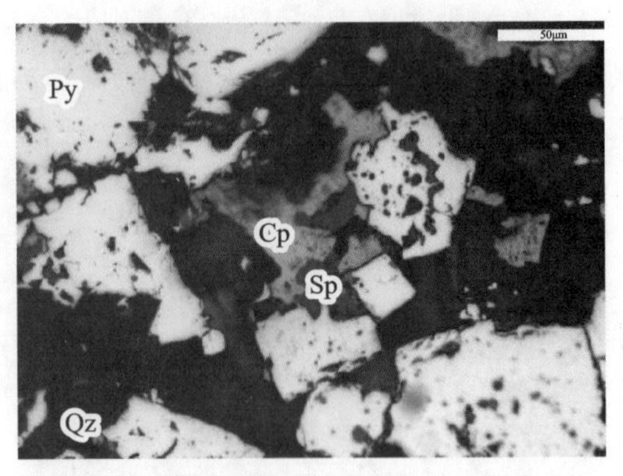

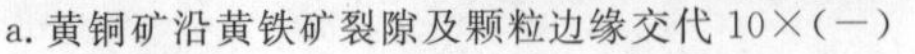
a. 黄铜矿沿黄铁矿裂隙及颗粒边缘交代 10×(—)　　b. 闪锌矿黄铜矿溶蚀交代黄铁矿 50×(—)

图 4-15　交代溶蚀结构

(2)细脉-网脉交代结构:为常见矿石结构类型,大多数黄铜矿沿(碎裂)黄铁矿裂隙呈细脉、网脉状充填交代(图 4-16)。

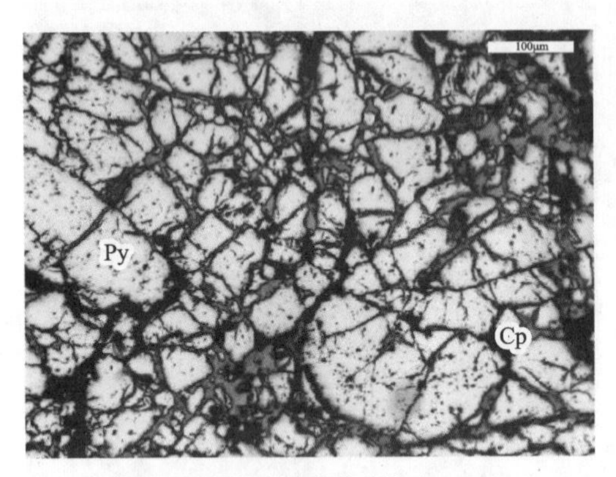

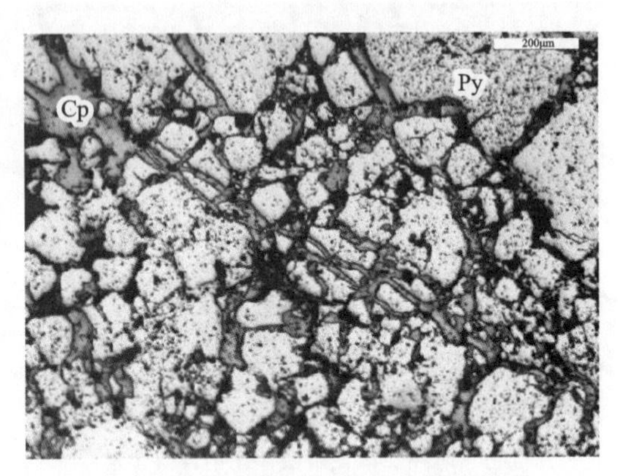

a. 黄铜矿网脉状充填交代黄铁矿 10×(—)　　b. 黄铜矿呈细脉-网脉状沿碎裂黄铁矿裂隙交代 10×(—)

图 4-16　细脉-网脉交代结构

(3)交代残余结构:黄铁矿被黄铜矿沿粒间、裂隙、孔隙强烈交代,在黄铜矿内呈破布状、孤岛状残留体(图 4-17)。

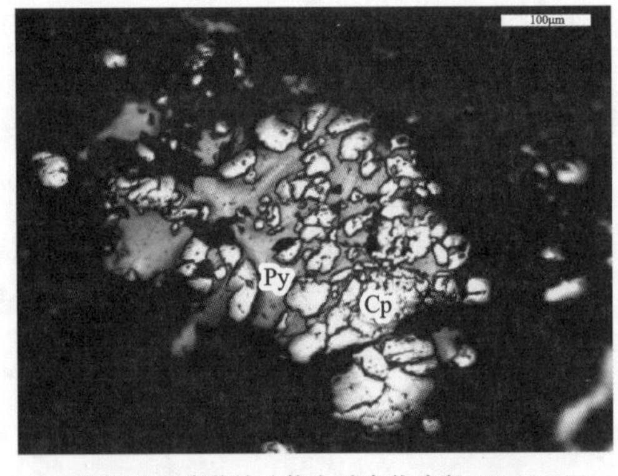

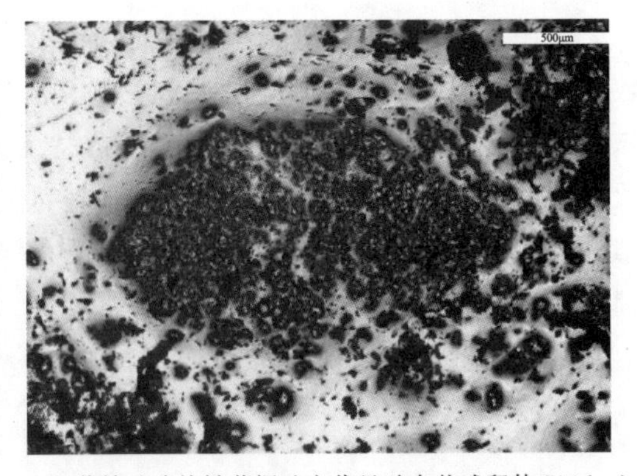

a. 黄铜矿交代黄铁矿使之破布状残留 20×(—)　　b. 黄铁矿碎块被黄铜矿交代呈破布状残留体 5×(—)

图 4-17 交代残余结构

(4)微细粒自形—半自形晶粒结构：黄铁矿多呈自形—半自形晶粒状产出(图 4-18)。

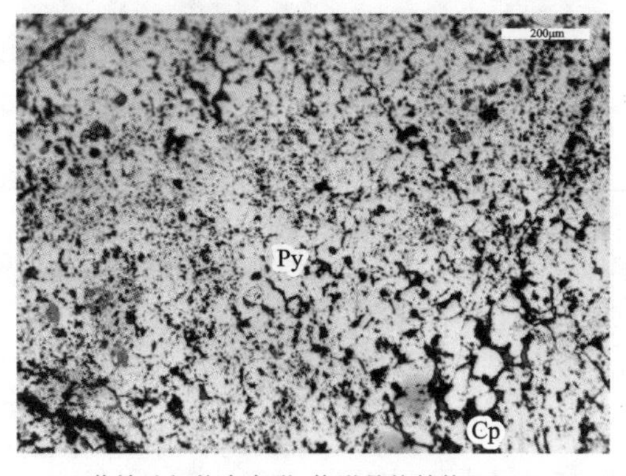

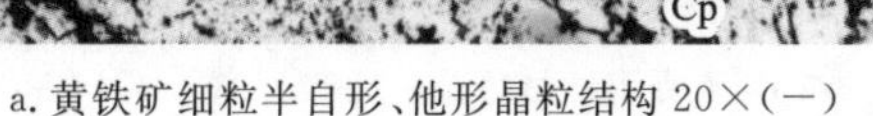
a. 黄铁矿细粒半自形、他形晶粒结构 20×(一)

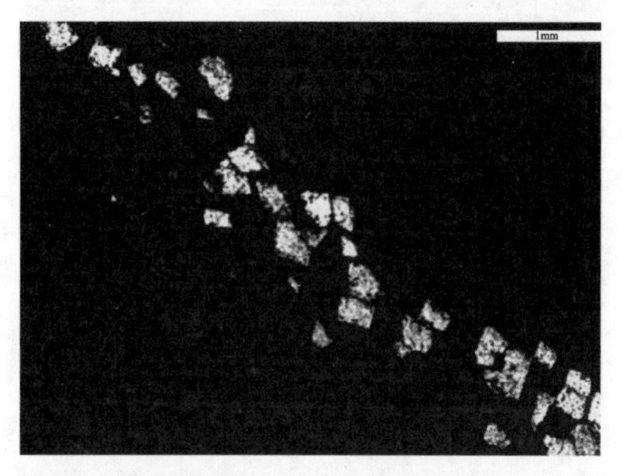

b. 浸染条带状黄铁矿半自形立方体晶粒结构 2.5×(一)

图 4-18　微细粒自形—半自形晶粒结构

(5)斑状变晶结构：黄铁矿明显具有 2 个集中粒径，一为粒径 0.2～0.4mm 的自形—半自形黄铁矿，二为分布在较粗粒径黄铁矿之间，粒径 0.05～0.15mm 的自形—半自形黄铁矿，斑状结构(图 4-19)。

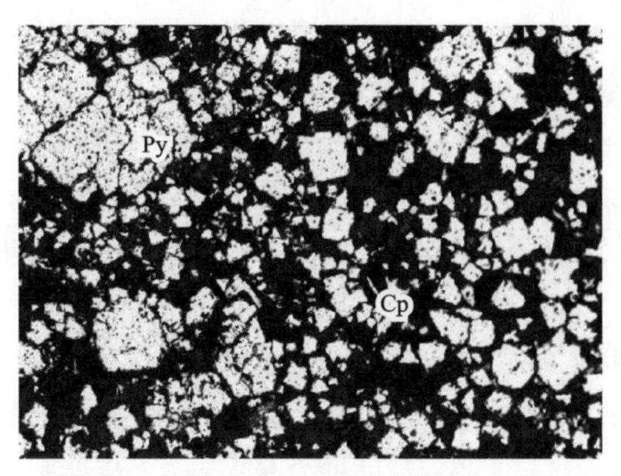

a. 黄铜矿及斑状结构黄铁矿均匀稠密浸染 10×(一)

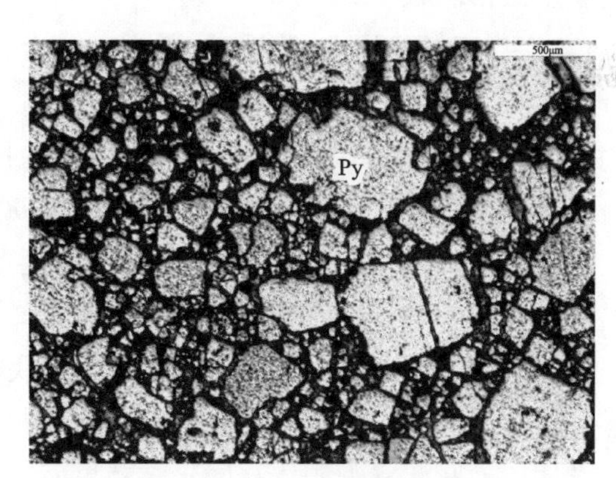

b. 块状黄铁矿具斑状压碎结构 5×(一)

图 4-19　斑状变晶结构

(6)交代文象结构：辉铜矿交代蓝辉铜矿化斑铜矿、蓝辉铜矿，使之呈文象状分布(图 4-20)。

(7)乳滴状固溶体分解结构：黄铜矿在闪锌矿脉状集合体的部分闪锌矿晶粒内部呈定向乳滴状分布，系固溶体分解产物(图 4-21)。

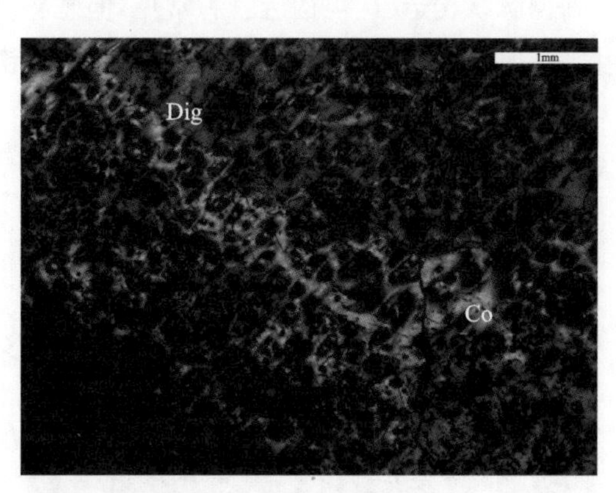

图 4-20　交代文象结构

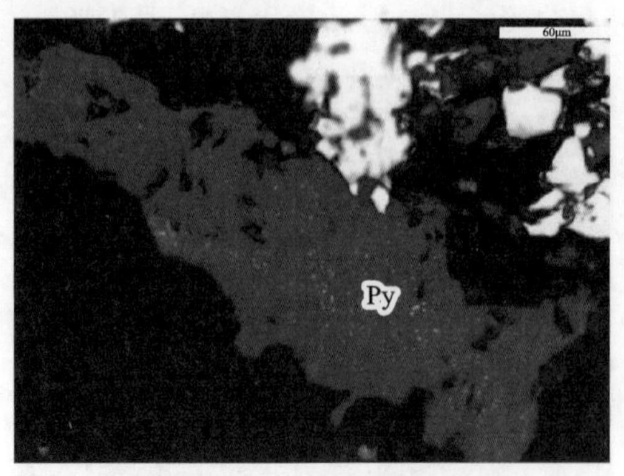

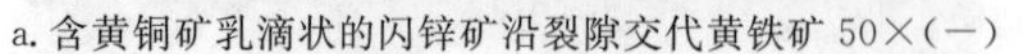

a. 含黄铜矿乳滴状的闪锌矿沿裂隙交代黄铁矿 50×(—)　　b. 闪锌矿内不规则粒状及乳滴状黄铜矿 50×(—)

图 4-21　乳滴状固溶体分解结构

2. 矿石构造

(1)致密块状构造：黄铁矿、黄铜矿等硫化物矿物集合体沿断裂呈厚大脉状充填，脉体内硫化物呈致密块状(图 4-22a、f)。

(2)不规则脉状构造：黄铁矿、黄铜矿集合体沿含矿岩石裂隙充填交代，呈不规则脉状产出(图 4-22b、e)。

(3)浸染状构造：黄铁矿、黄铜矿在硫化物脉及围岩呈稀疏浸染状、星散状不均匀分布(图 4-22c)。

(4)斑点状构造：黄铁矿主要沿火山角砾岩的凝灰质基质及其与角砾界面斑点状分布(图 4-22g)。

(5)浸染条带状构造：黄铁矿沿凝灰质纹层界面呈浸染条带状分布，其粒间主要为凝灰质及其蚀变矿物(图 4-22c)。

(6)劈理构造：此类构造主要发育在致密块状黄铁矿型铜矿体内的黄铁矿矿石内部，但该型矿体内黄铜矿高度富集部位无劈理化现象。此外，在该型矿体及沿北北西向断裂充填的黄铁矿黄铜矿型脉状富铜矿体与围岩接触界面，也常见劈理化带，可见少量黄铁矿、黄铜矿沿劈理稀疏充填浸染(图 4-22i)。

(7)网脉状构造：这类构造较为常见，但主要产于致密块状黄铁矿型铜矿体下盘细碧-玄武岩网状裂隙，其内主要充填石英、方解石，部分充填黄铁矿、少量黄铜矿及极少量钠长石(图 4-22j)。

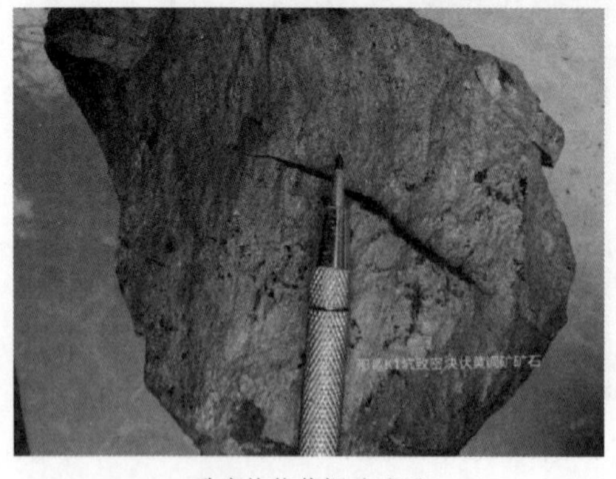

a. 致密块状黄铜矿矿石　　b. 细脉状黄铁矿、黄铜矿

c. 顺层条带、浸染状黄铁矿

d. 自然铜呈浸染状分布

e. 不规则脉状黄铁矿、黄铜矿

f. 块状黄铜矿矿体

g. 斑点状黄铁矿、黄铜矿

h. 浸染状黄铁矿、黄铜矿

i. 劈理构造黄铁矿、黄铜矿

j. 网脉状黄铁矿、黄铜矿

图 4-22　矿石构造

3. 围岩蚀变

喷流沉积成矿期、次火山热液成矿期、变质热液成矿期阶段均出现有方解石化、硅化、绿泥石化、绿帘石化和蛇纹石化蚀变(图 4-23e),在喷流沉积成矿期主要以方解石化(图 4-23a)、硅化(图 4-23a、d)及绿泥石化(图 4-23c)为主,钠长石化仅在该成矿期次存在(图 4-23f);次火山热液成矿阶段以绿帘石化、绿泥石化、硅化为主,还见有透闪石(阳起石)化(图 4-23g、b);在变质热液成矿期以方解石化为主,硅化次之,见有透闪石化,滑石化(图 4-23h)。

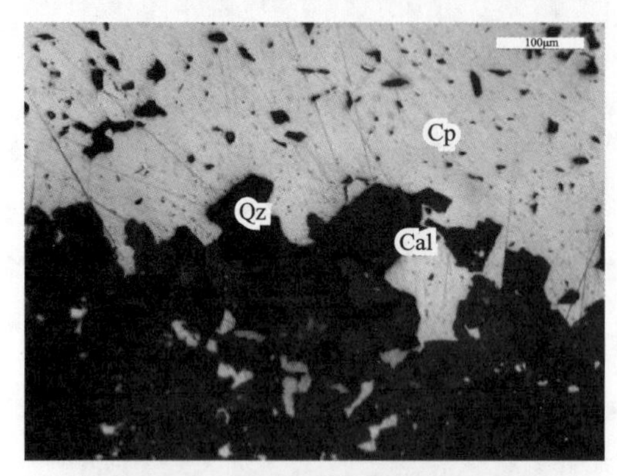

a. 黄铜矿脉边缘方解石化硅化带浸染黄铜矿 10×(一)

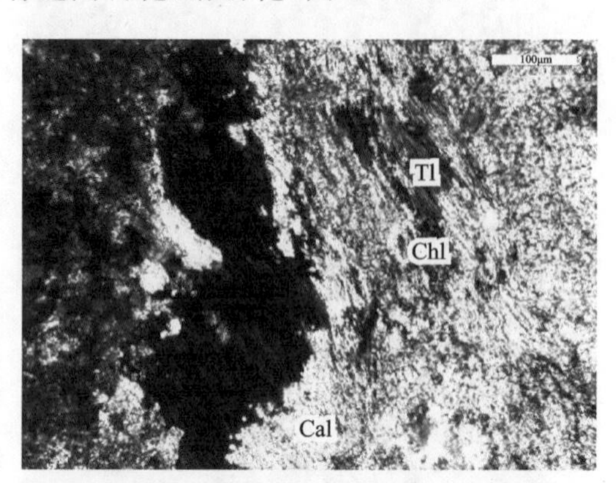

b. 透闪石、绿泥石及方解石化 20×(+)

c. 间隐结构岩石绿泥石化较强烈 10×(一)

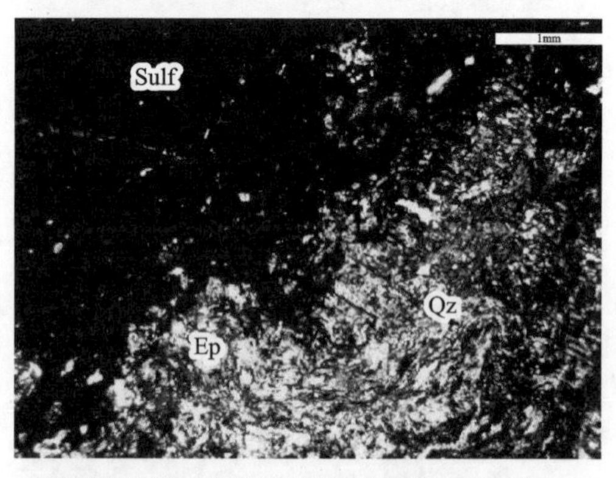

d. 硫化物脉边缘强烈绿帘石化硅化 2.5×(+)

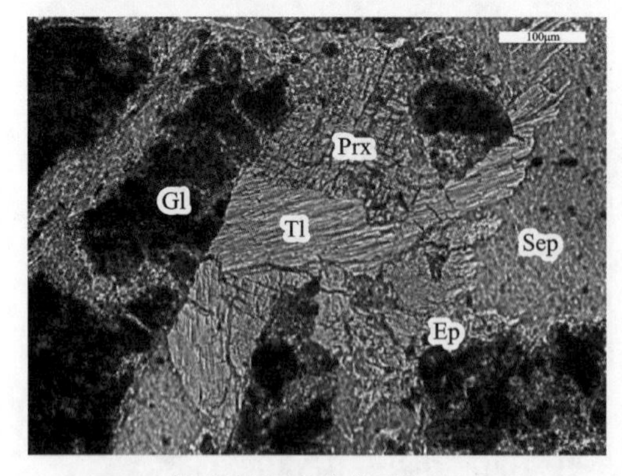

e. 辉石透闪石化蛇纹石化 20×(一)

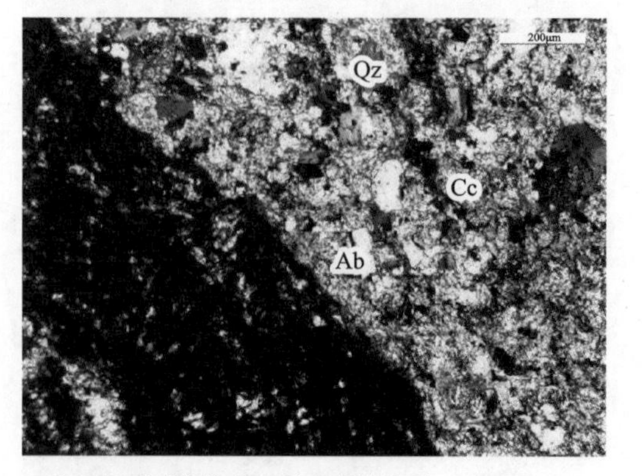

f. 方解石石英脉有少量自形钠长石 10×(一)

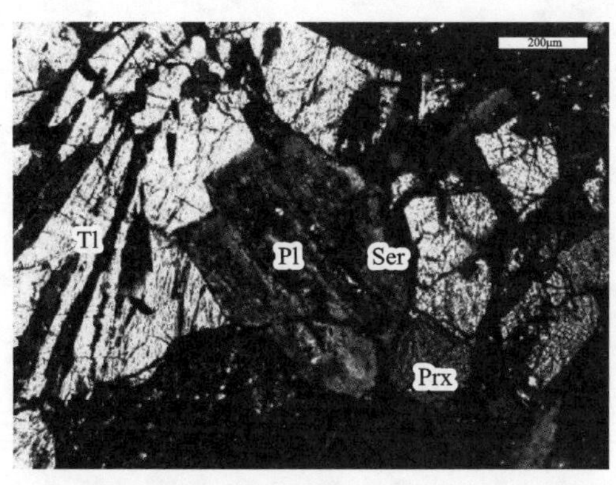

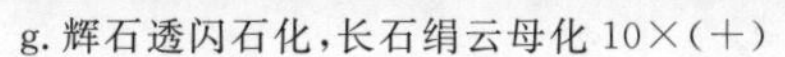
g. 辉石透闪石化，长石绢云母化 10×（+）　　h. 角砾边缘带状硅化、滑石化 10×（−）

图 4-23　围岩蚀变

第三节　黄铁矿成因矿物学

一、研究对象

本次研究的样品均采自矿山生产作业区采场及坑道，各样品所代表的矿化类型、矿石组构及金属矿物特征见表 4-4。

表 4-4　电子探针分析样品产出特征简表

矿段	样号	矿化类型	矿石组构	金属矿物
那竜矿段	K1-13	北东向含铜黄铁矿矿体边缘沿劈理化带裂隙充填浸染的黄铁矿矿石	细脉-浸染状构造，细粒半自形晶结构	黄铁矿
	K2-14	北东向致密含铜黄铁矿矿体下盘边缘不规则裂隙（网状）充填浸染黄铜矿黄铁矿矿石	细脉-浸染状构造，细粒半自形晶结构	黄铜矿、黄铁矿
头道河矿段	K6-25	北北西向断裂充填型黄铁矿黄铜矿矿体内部致密块状含黄铁矿的黄铜矿矿石	致密块状构造，交代残留结构	黄铁矿、黄铜矿
	K6-26	北北西向断裂充填型黄铁矿黄铜矿矿体边缘沿劈理化带裂隙充填浸染的黄铁矿矿石	细脉-浸染状构造，自形晶粒结构	黄铁矿

续表 4-4

矿段	样号	矿化类型	矿石组构	金属矿物
新寨矿段	PD2-3-3	北东东向似层状透镜状矿体内块状黄铁矿矿石	块状构造,变斑状结构	黄铁矿
	XZ3-1	北东东向似层状透镜状矿体内致密块状黄铁矿黄铜矿矿石	块状构造,半自形粒状及溶蚀结构	黄铁矿、黄铜矿,极少量闪锌矿

二、测试分析方法与条件

电子探针分析在有色金属成矿预测与地质环境监测教育部重点实验室完成。仪器型号为 Shimadzu EPMA-1720H。选择样品中具有代表性的黄铁矿颗粒,在能谱分析初步查明黄铁矿的少量、微量元素总体富集情况后,结合黄铁矿成因矿物学特点,选择代表性微区进行出谱元素 Fe、S、As、Te、Co、Ni、Cu、Zn 等波谱定量分析和 S、As、(Ni)、Co 波谱 X 射线面扫描。微区定量分析条件:加速电压 15kV,电流 20nA,束斑 1μm;X 射线面扫描条件:加速电压 15kV,电流 60nA,束斑 1μm。数据处理采用仪器自带数据处理软件,校正方法采用 ZAF 法,微区波谱分析标样源自美国 SPI 公司。

三、测试分析结果

1. 微区波谱分析

微区波谱定量分析样品 6 件,共选取 22 颗黄铁矿晶体颗粒,完成 48 个微区的出谱元素含量分析。其中,部分相对较粗的黄铁矿晶体颗粒分析 3~4 个微区,兼顾颗粒中心部位和边部不同方位,较小的黄铁矿颗粒分析 1~2 个微区,分析结果见表 4-5,微区点位见图 4-24。

表 4-5 杨万铜矿黄铁矿电子探针微区波谱分析结果表 单位:%

点号	颗粒	As(La)	S(Ka)	Fe(Ka)	Te(La)	Co(Ka)	Ni(Ka)	Cu(Ka)	Zn(Ka)	总计
K6-25-1	A 点 2 核部	0.211	52.380	46.594	0	0.063	0.023	0.127	0	99.4
K6-25-2		0.245	53.226	47.875	0.007	0.076	0	0.036	0.050	101.5
K6-25-3		0.201	52.709	47.558	0.003	0.059	0	0.069	0.002	100.6
K6-25-4	B	0.201	53.339	47.388	0	0.085	0.053	0.598	0	101.7
K6-25-5	C	0.228	54.123	46.893	0.008	0.102	0	0.094	0.003	101.5
K6-25-6		0.207	53.306	47.828	0.003	0.109	0	0.185	0.024	101.7

续表 4-5

点号	颗粒	As(La)	S(Ka)	Fe(Ka)	Te(La)	Co(Ka)	Ni(Ka)	Cu(Ka)	Zn(Ka)	总计
K6-25-7	D	0.193	52.509	47.259	0	0.115	0.003	0.208	0	100.3
K6-25-8		0.187	53.176	47.524	0	0.108	0	0.154	0	101.2
K6-26-1	A 点 1 核部	0.224	53.950	46.888	0	0.078	0	0.049	0	101.2
K6-26-2		0.218	54.181	46.543	0	0.127	0.044	0.111	0.061	101.4
K6-26-3		0.208	54.218	47.156	0.010	0.043	0.013	0.057	0.117	101.8
K6-26-4		0.212	54.441	46.438	0.003	0.893	0.041	0.054	0.032	102.1
K6-26-5	B	0.248	54.170	46.865	0.035	0.323	0.074	0.03	0.141	101.9
K6-26-6	C 点 6 核部	0.223	54.098	47.608	0.001	0.177	0	0.047	0	102.2
K6-26-7		0.170	54.196	47.567	0.010	0.076	0.004	0	0.135	102.2
K6-26-8		0.193	53.843	47.381	0	0.260	0	0.072	0.049	101.8
K1-13-1	A 点 1 核部	0.249	53.313	46.556	0	0.062	0	0.011	0	100.2
K1-13-2		0.265	53.938	47.802	0.003	0.045	0	0.024	0.031	102.1
K1-13-3		0.228	53.889	47.510	0	0.050	0	0.000	0	101.7
K1-13-4		0.246	53.874	47.768	0.026	0.042	0	0.038	0.020	102.0
K1-13-5		0.248	53.632	47.725	0.006	0.064	0.032	0.041	0.033	101.8
K1-13-6	B	0.254	54.021	47.499	0	0.055	0.020	0.019	0.057	101.9
K1-13-7	C	0.291	54.010	47.394	0.008	0.048	0.024	0.061	0	101.8
K1-13-8	D	0.264	53.696	47.482	0.012	0.024	0	0.024	0.072	101.6
K2-14-1	A 点 1 核部	0.149	53.511	47.392	0.009	0.075	0.003	0.042	0.035	101.2
K2-14-2		0.245	53.627	47.183	0.001	0.031	0.200	0.013	0.130	101.4
K2-14-3		0.182	53.249	47.482	0	0.079	0.008	0.067	0.006	101.1
K2-14-4		0.180	52.733	47.484	0	0.090	0	0.041	0	100.5
K2-14-5	B 点 5 核部	0.190	53.306	47.803	0.005	0.102	0.072	0.000	0.030	101.5
K2-14-6		0.245	53.154	47.641	0.014	0.056	0.013	0.073	0.081	101.3
K2-14-7		0.251	53.494	47.539	0.015	0.044	0.021	0.073	0.086	101.5

续表 4-5

点号	颗粒	As(La)	S(Ka)	Fe(Ka)	Te(La)	Co(Ka)	Ni(Ka)	Cu(Ka)	Zn(Ka)	总计
K2-14-8	C	0.207	54.785	46.634	0	0.042	0.007	0.117	0.008	101.8
PD2-3-3-1	A 点1核部	0.227	53.758	46.652	0.001	0.064	0.005	0.043	0	100.7
PD2-3-3-2		0.186	53.856	46.646	0	0.106	0	0.025	0.007	100.8
PD2-3-3-3		0.198	53.851	46.417	0	0.067	0	0.090	0	100.6
PD2-3-3-4		0.212	53.825	46.403	0.005	0.056	0.011	0.032	0	100.5
PD2-3-3-5	B	0.201	54.092	46.456	0	0.048	0.018	0.086	0.001	100.9
PD2-3-3-6		0.187	53.555	46.579	0.015	0.072	0.003	0.050	0	100.5
PD2-3-3-7	C	0.227	53.872	46.645	0.02	0.066	0.026	0.018	0	100.9
PD2-3-3-8		0.192	53.922	46.822	0	0.062	0	0.048	0.033	101.1
XZ3-01-1	A 点1核部	0.405	53.496	46.469	0.017	0.081	0.023	0.039	0.001	100.5
XZ3-01-2		0.332	53.319	46.783	0.003	0.117	0.025	0.044	0	100.6
XZ3-01-3		0.317	53.789	46.958	0.019	0.101	0	0.173	0.004	101.4
XZ3-01-4	B	0.298	53.800	46.75	0.014	0.088	0.029	0.032	0.021	101.0
XZ3-01-5	C	0.254	53.809	46.876	0.024	0.062	0.017	0.075	0.004	101.1
XZ3-01-6	D	0.806	53.539	47.055	0	0.048	0.001	0.034	0.008	101.5
XZ3-01-7	E	0.203	53.909	46.728	0.003	0.070	0.035	0.091	0.016	101.1
XZ3-01-8	F	0.218	54.175	46.233	0.023	0.032	0.025	0.121	0.004	100.8

注：括号内 Ka、La 表示激发电层信息。

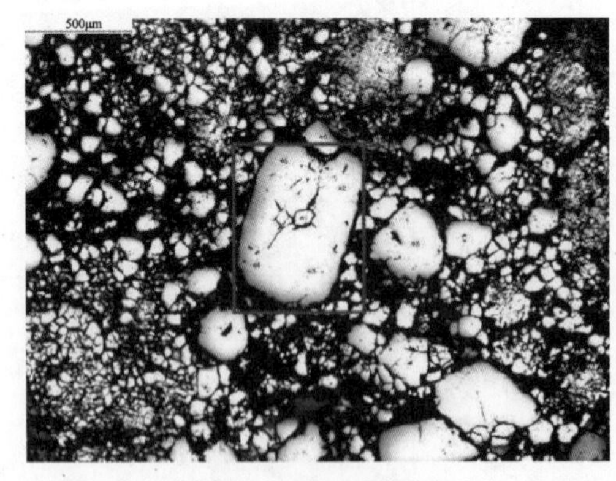

a. K1-13 微区波谱分析点位

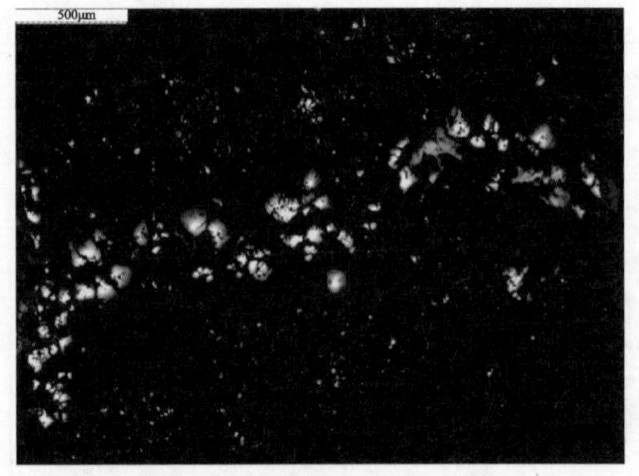

b. K2-14 微区波谱分析点位

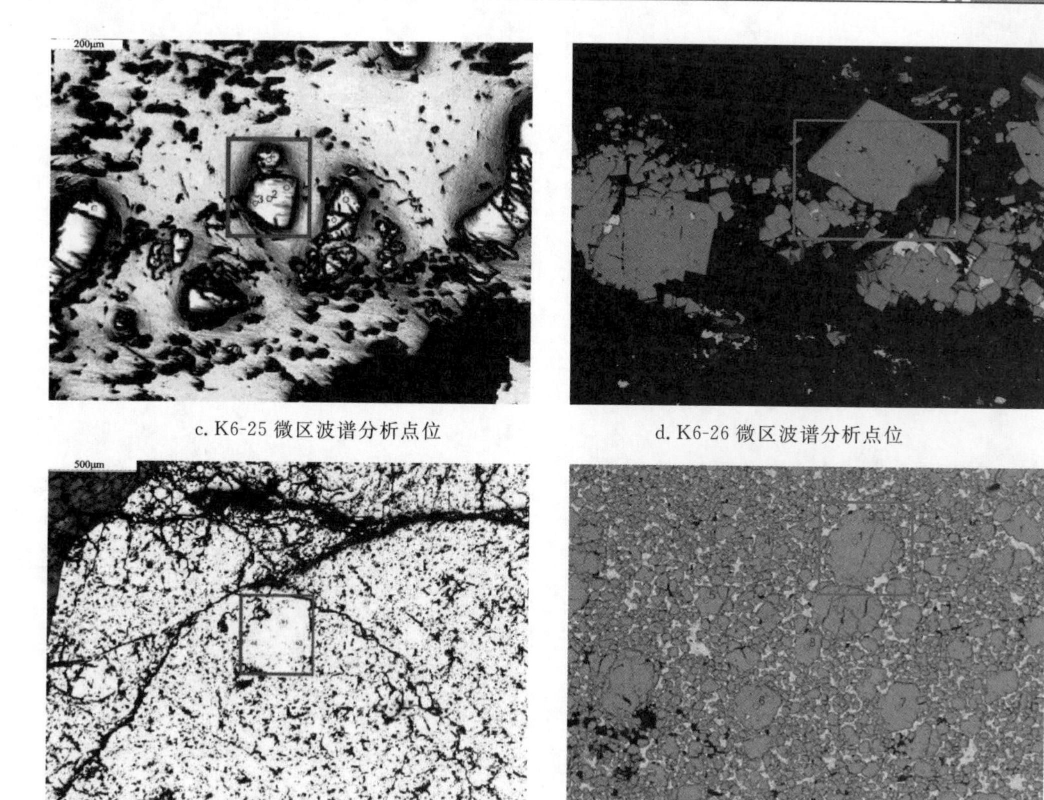

c. K6-25 微区波谱分析点位　　d. K6-26 微区波谱分析点位

e. PD2-3-3 微区波谱分析点位　　f. XZ3-1 微区波谱分析点位

图 4-24　杨万铜矿黄铁矿电子探针微区波谱分析点位分布图

2. 面扫描分析

为查明黄铁矿部分元素的面分布特征，各样品均选择相对较粗的黄铁矿颗粒（对应微区分析颗粒 A），分别进行主元素 S、少量元素 As、微量元素 Co 及 Ni 进行面扫描分析。其中，Ni 元素含量普遍较低，甚至不出谱，只对部分样品进行了波谱面扫描分析，面扫描结果见图 4-25。

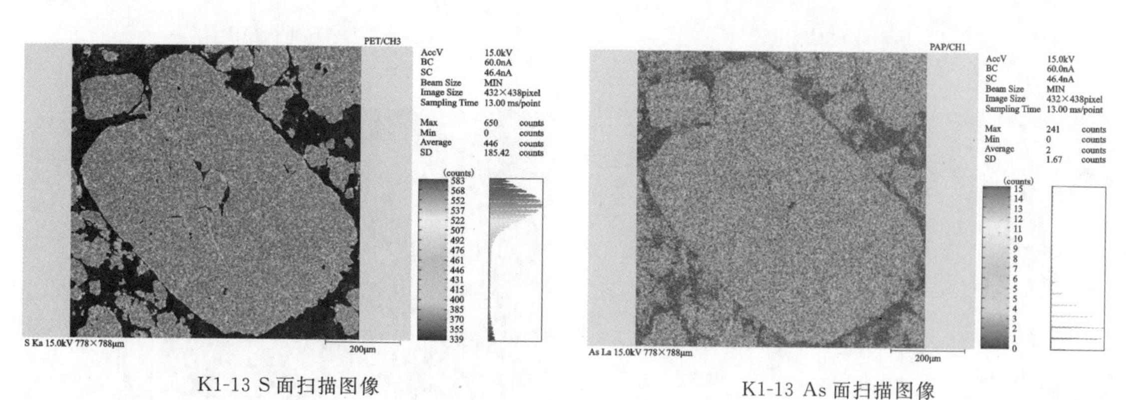

K1-13 S 面扫描图像　　K1-13 As 面扫描图像

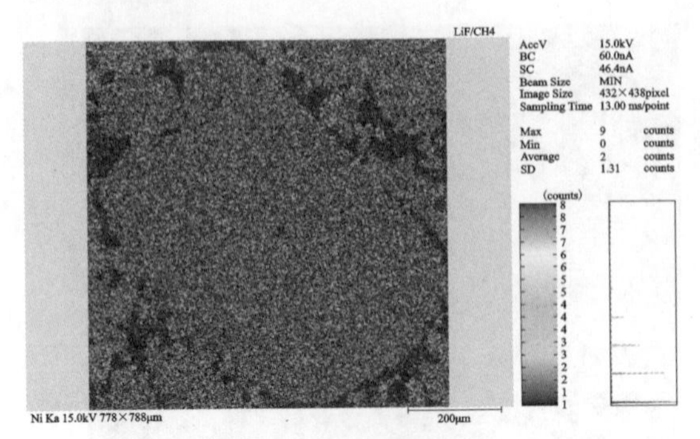

K1-13 Ni 面扫描图像

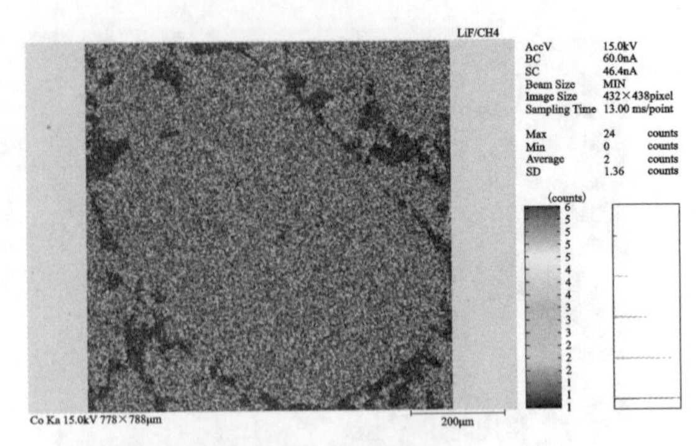

K1-13 Co 面扫描图像

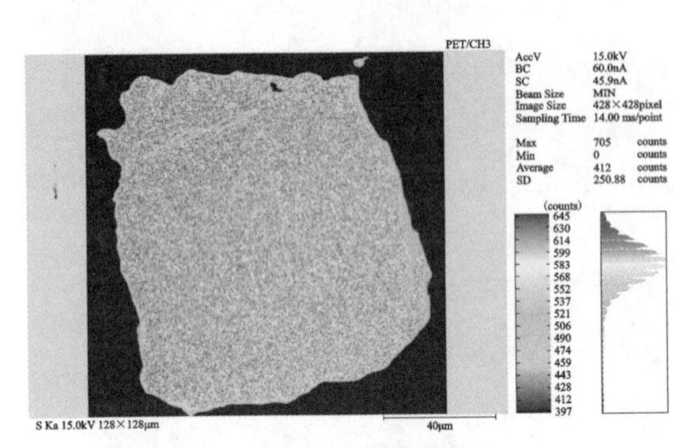

K2-14 S 面扫描图像

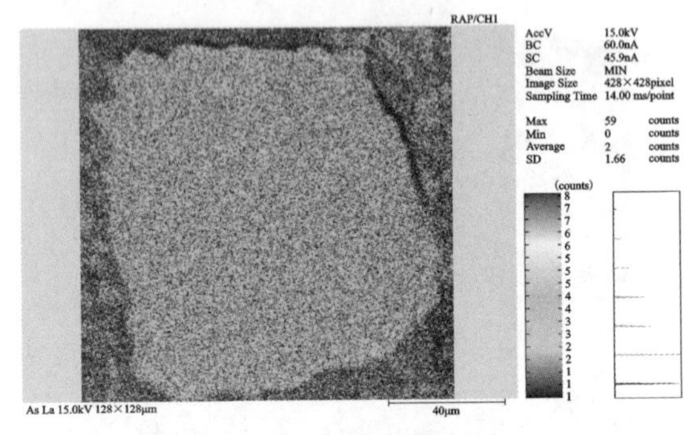

K2-14 As 面扫描图像

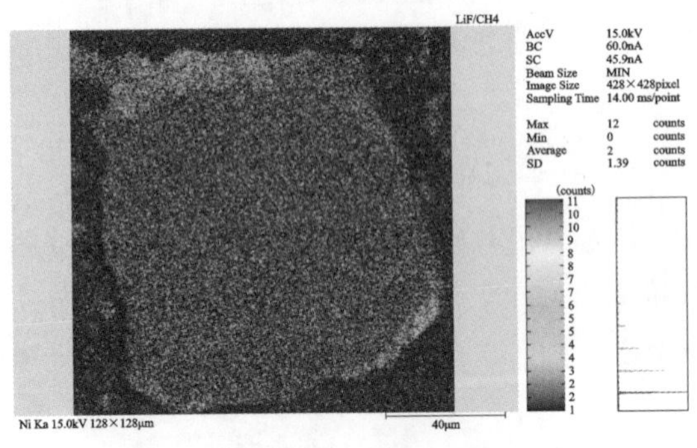

K2-14 Ni 面扫描图像

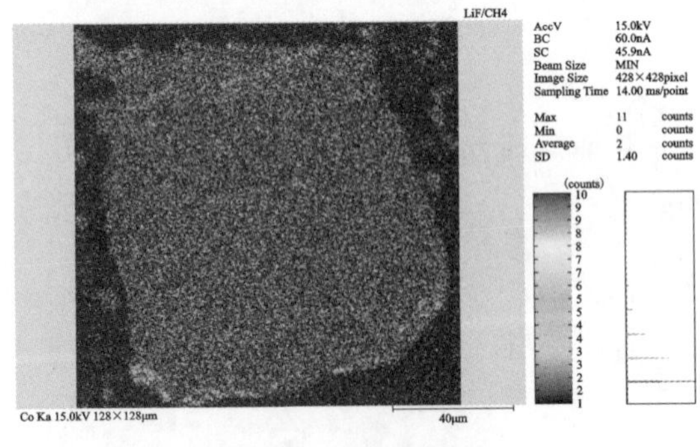

K2-14 Co 面扫描图像

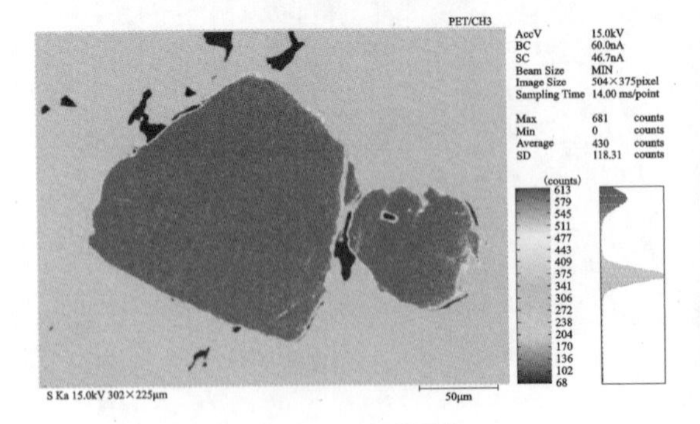

K6-25 S 面扫描图像

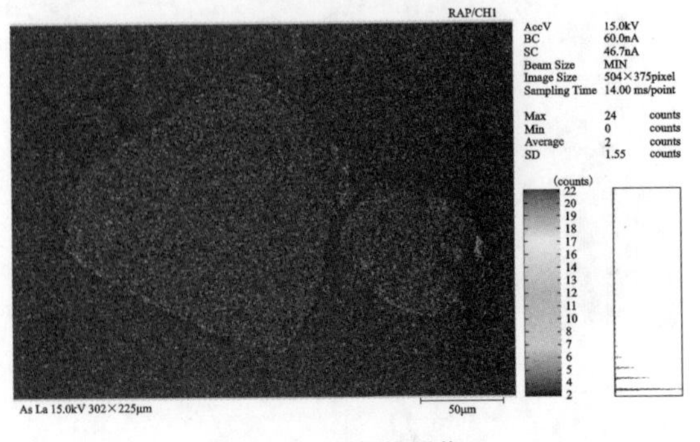

K6-25 As 面扫描图像

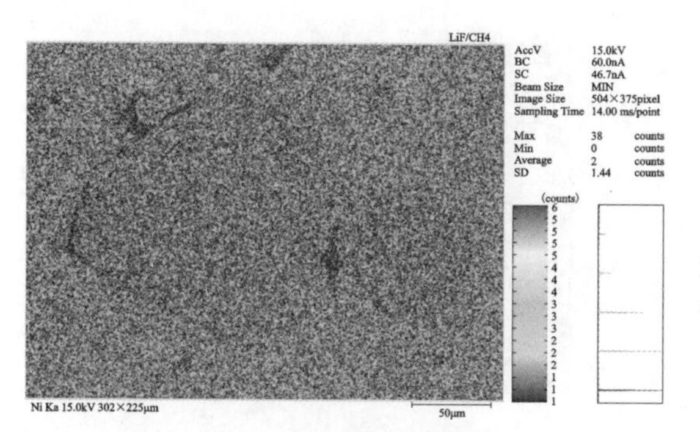

K6-25 Ni 面扫描图像

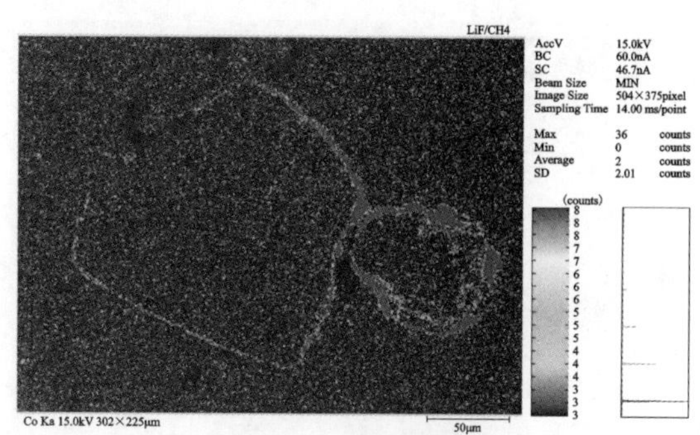

K6-25 Co 面扫描图像

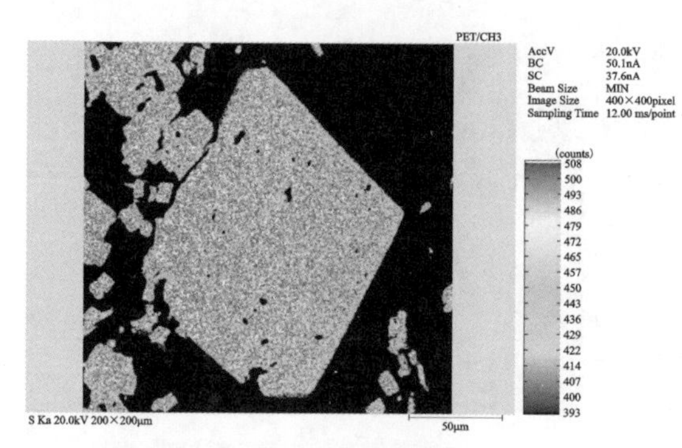

K6-26 S 面扫描图像

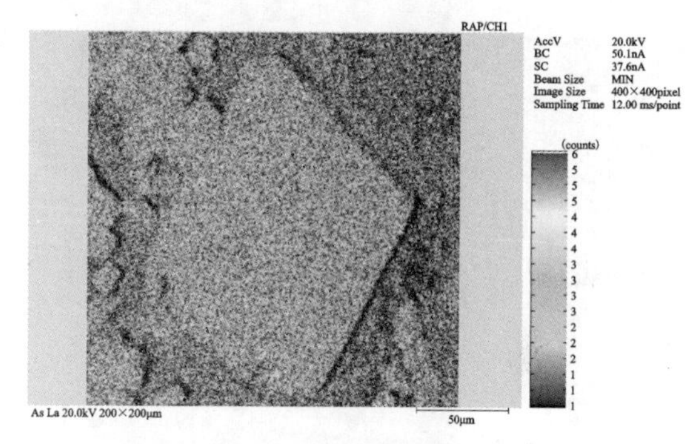

K6-26 As 面扫描图像

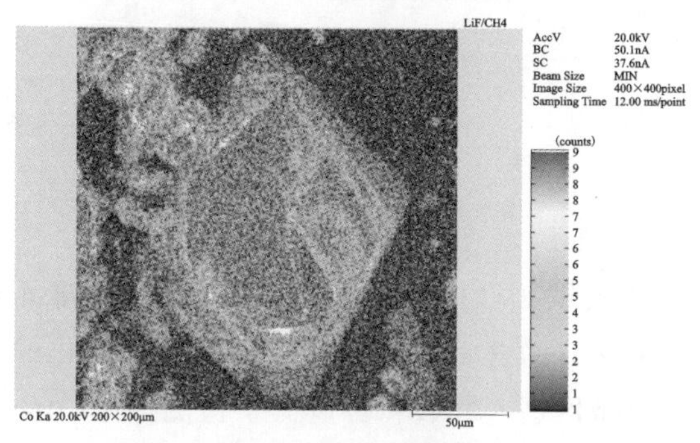

K6-26 Co 面扫描图像

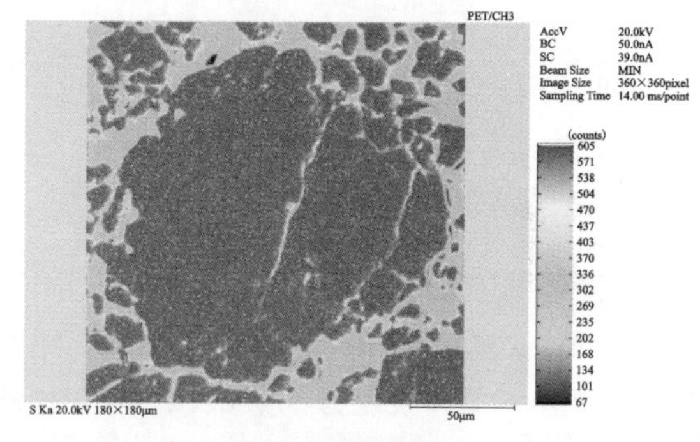

XZ3-1 S 面扫描图像

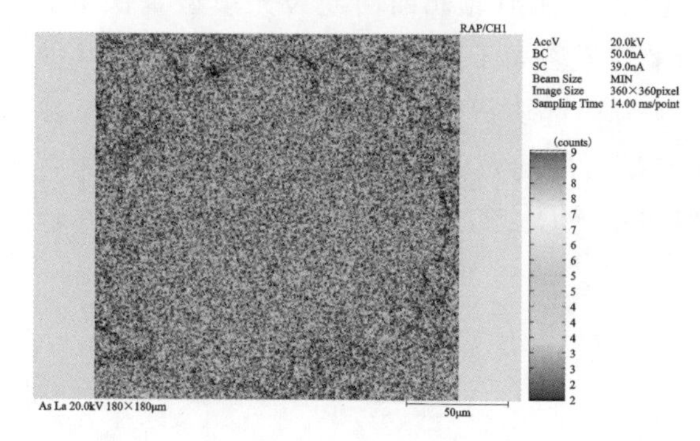

XZ3-1 As 面扫描图像

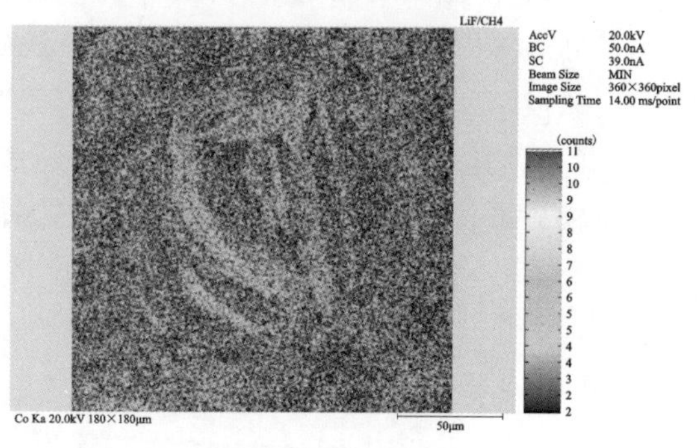

XZ3-1 Co 面扫描图像

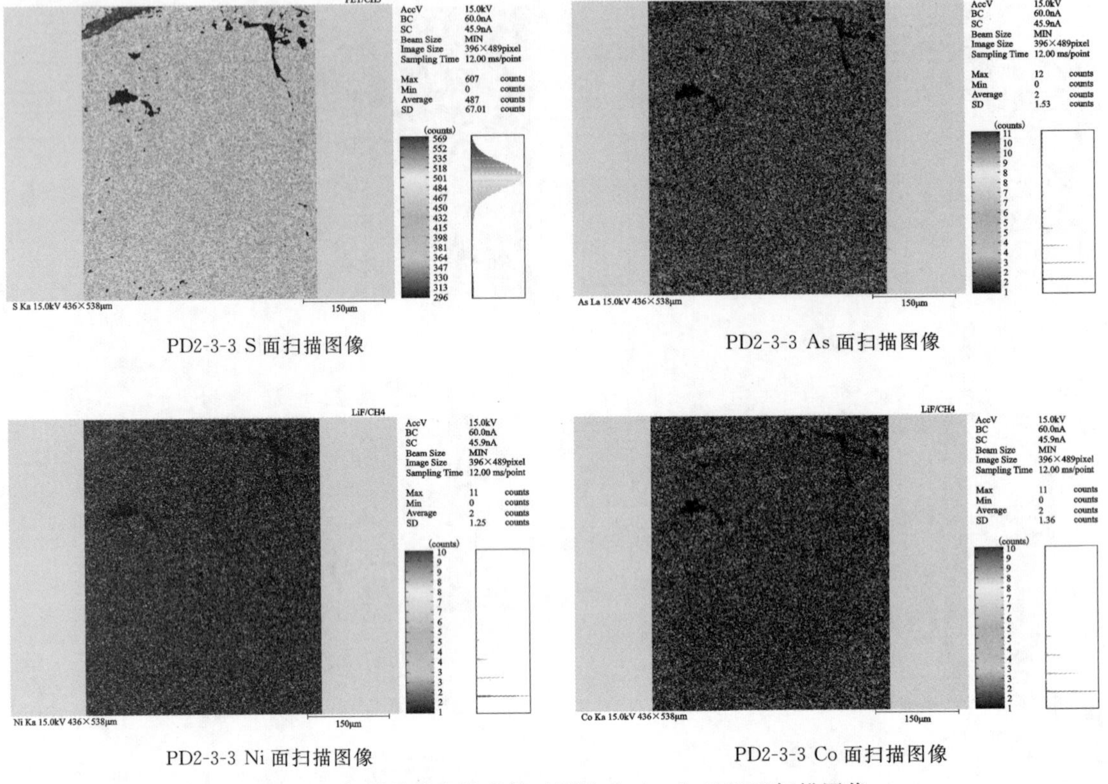

PD2-3-3 S 面扫描图像　　PD2-3-3 As 面扫描图像

PD2-3-3 Ni 面扫描图像　　PD2-3-3 Co 面扫描图像

图 4-25　各样品代表性黄铁矿颗粒 S、As、Co(Ni)面扫描图像

四、分析结果讨论

1. 微区成分及其变化特征

从各矿段代表性矿化类型、不同产出特征样品的黄铁矿微区成分分析结果来看，主量元素(Fe、S)、少量元素(As)及微量元素(Co、Ni、Te、Cu、Zn)的含量都随样品及颗粒对象变化的范围变狭窄。总体表现为：①Te、Ni、Zn 含量低，部分微区 Te、Ni、Zn 含量低于检测下限，As、Cu、Co 含量较稳定；②在 Ni 出谱的前提下，黄铁矿的 Co/Ni 比值的样品平均值都大于 1；③S/Fe 原子比值接近理论值，新寨矿段 2 件样品及头道河沿北北西向断裂充填型黄铁矿黄铜矿矿脉边缘劈理化带裂隙充填浸染的黄铁矿的平均值略高于理论值，那竜矿段 2 件样品及头道河矿段沿北北西向断裂充填型黄铁矿黄铜矿矿脉内部块状矿石内的残留黄铁矿 S/Fe 原子比值的平均值略低于理论值；④对比单纯黄铁矿矿石中的黄铁矿，各矿段与黄铜矿紧密伴生的黄铁矿 Cu 平均含量略高，在那竜和新寨矿段表现为 Co、Ni 平均含量略高，在头道河矿段则表现为 Co、Ni 平均含量略低(表 4-6)。

表 4-6 各代表性样品黄铁矿的微区成分及相关参数平均值计算结果

矿段	样号	As(La)	S(Ka)	Fe(Ka)	Te(La)	Co(Ka)	Ni(Ka)	Cu(Ka)	Zn(Ka)	S/Fe	Co/Ni
头道河	K6-25	0.210	53.060	47.362	0.003	0.087	0.010	0.172	0.011	1.952	14.225
	K6-26	0.212	54.137	47.056	0.007	0.247	0.022	0.053	0.067	2.004	10.268
那竜	K1-13	0.256	53.797	47.467	0.007	0.049	0.010	0.027	0.027	1.974	2.250
	K2-14	0.206	53.482	47.395	0.006	0.065	0.041	0.053	0.047	1.966	6.979
新寨	PD2-3-3	0.204	53.841	46.578	0.005	0.068	0.008	0.049	0.005	2.014	9.419
	XZ3-1	0.354	53.730	46.732	0.013	0.075	0.019	0.076	0.007	2.003	9.452

注:除最后 2 列外,其余列数值单位为%。

从黄铁矿单颗粒多微区成分分析结果来看,头道河矿段 NNW 向断裂充填型黄铁矿黄铜矿矿脉边缘沿劈理化带裂隙充填浸染的黄铁矿颗粒核部较边部 As、Fe、Co、Cu 含量略高,Te、Zn 含量略低(K6-26),矿脉内部块状矿石内残留黄铁矿核部较边部 As、Fe 含量略高,Co、Cu、Te、Zn 含量略低(K6-25)。新寨矿段似层状、扁平透镜状含铜黄铁矿型矿石的块状黄铁矿矿石(PD2-3-3)、块状黄铁矿黄铜矿矿石(XZ3-1)都表现为核部较边部 As、Fe 含量略高,Co、Cu 含量略低,Te、Zn 含量则无明显变化。那竜矿段沿 NE 向含铜黄铁矿矿体边缘劈理化带裂隙充填浸染的黄铁矿矿石的黄铁矿核部较边部 As、Fe 含量略低,Co、Cu 含量略高,Te、Zn 含量总体略低(K1-13),NE 向致密含铜黄铁矿矿体下盘边缘不规则裂隙充填浸染含石英黄铜矿黄铁矿矿石的黄铁矿核部较边部 As 含量都明显偏低,与黄铜矿紧密伴生者 Te、Zn、Cu 含量偏低,Fe、Co 含量略高(K2-14B),无黄铜矿伴生者 Te 含量略高,Fe、Co、Zn、Cu 含量则没有明显变化(K2-14A)。

2. 代表性元素的面分布特征

从 S、As、Co(Ni)等代表性元素的面扫描图像(图 4-25)来看,各矿段各样品黄铁矿的主元素 S、少量元素 As 的面分布均匀,但 Co、Ni 的面分布则随矿段及样品对象不同而存在明显差别:①在头道河矿段,没有黄铜矿等其他硫化物矿物伴生的黄铁矿,Co 主要沿颗粒边部呈环带状及颗粒内部隐裂隙线状分布;在被黄铜矿集合体溶蚀包裹的黄铁矿,Ni 主要分布在黄铜矿中,Co 则在黄铁矿与黄铜矿接触界面强烈富集,在黄铁矿、黄铜矿颗粒内部分布均匀、强度相似。②在那竜矿段,没有黄铜矿等其他硫化物矿物伴生的黄铁矿,Co、Ni 的面分布均匀;与黄铜矿等金属硫化物紧密伴生的黄铁矿,Co、Ni 在黄铁矿颗粒内部分布均匀,但在颗粒边部则沿 2 个相对晶面方向有明显富集现象。③在新寨矿段,没有黄铜矿等其他硫化物矿物伴生的黄铁矿,Co、Ni 的面分布均匀;与黄铜矿等金属硫化物紧密伴生的黄铁矿,Co 在黄铁矿颗粒中的面分布强度明显呈弧状、多边环带状交互变化。

3. 成因意义

（1）各矿段代表性矿化类型、不同产出特征样品的黄铁矿的主元素、少量元素及出谱微量元素组合、含量及变化总体近似，可能表明它们源自相同源区系统，结合矿区成矿地质条件及赋存环境特点，该物源系统应为中三叠世细碧-玄武质海相、海陆过渡相火山-次火山岩浆活动产物。

（2）各矿段代表性矿化类型、不同产出特征样品的黄铁矿的 As 含量相对较低且面分布较均匀，除受源区物质组成制约外，黄铁矿的形成温度是重要制约因素，可能反映新寨、那竜、头道河矿段的黄铁矿形成于中温环境。

（3）各矿段代表性矿化类型、不同产出特征样品的黄铁矿 Co/Ni 质量比大于 1，说明它们均为热流体成因；头道河、新寨矿段及那竜矿段黄铁矿的 S/Fe 原子比随黄铜矿矿化叠加而由略富硫转变为略亏硫，说明黄铜矿形成期间硫逸度相对较低，部分获取了黄铁矿的硫源。

（4）新寨矿段层状、扁平透镜状含铜黄铁矿型矿石的块状黄铁矿矿石、块状黄铁矿黄铜矿矿石都表现为核部较边部 As、Fe 含量略高，Co、Cu 含量略低，显示它们形成期间均经历低缓升温过程，是同源同期同阶段矿化产物；但 Co 的面分布特点显示后者因为黄铜矿矿化期间经历了动力变质、重结晶及成矿流体溶蚀交代，改变了其面分布状态。

（5）无论头道河矿段、那竜矿段或新寨矿段，黄铁矿中 Co、Ni 的面分布形式，特别是 Co 的面分布形式，明显反映黄铜矿矿化期间成矿流体与黄铁矿相互作用，Co、Ni 既向先生成的黄铁矿中扩散，又改变了黄铁矿原有 Co、Ni 的面分布形式。

第四节　成矿期次矿物生成顺序划分

根据矿体构造、矿石构造、矿石结构、矿物组成、围岩蚀变及叠加改造等标志，矿区铜矿床可划分为以下 4 个成矿期，各成矿期均为单阶段成矿以相应生成顺序形成各种矿物，具体见矿物生成顺序表（表 4-7）。

（1）喷流沉积成矿期：火山主旋回中晚期（T_2y^{1-2}～T_2y^{1-3}），新寨-那竜海底洼地层状（透镜状）黄铁矿型铜矿成矿期（第一旋回中晚期，海相火山熔浆喷溢活动减弱，T_2y^{1-2} 晚期喷流沉积于局部洼地形成透镜状、层状黄铁矿型铜矿体）。

（2）次火山热液成矿期：在 T_2y^{1-4}～T_2y^{1-5} 的旋回旋律间歇期，NNW—近 SN 向断裂岩浆热液充填成矿期（辉绿岩主要侵位于 T_2y^{1-1}，少量 T_2y^{1-2}，极少 T_2y^{1-3}，偶见 T_2y^{1-4}，而 T_2y^{1-5} 未出现辉绿岩），基底断裂（岩浆通道）复活上切，热液充填型高品位铜矿成矿期（右旋走滑伸展，充填辉绿岩脉，次级北北西—近南北向剪性—压剪性断裂热液充填成矿）。

（3）变质热液成矿期：褶皱变形变质热液活化成矿期（T_2y^{2-2} 之后晚印支区域变质期，八布裂陷槽关闭，中低温变质热液萃取成矿物质，沿层间压剪滑动破碎带充填交代成矿（层间滑动压剪破碎带充填交代成矿期（龙寿、牛厂等地 T_2y^{1-5} 有矿化，受层间界面及含矿性限制，T_2y^{2-1} 和 T_2y^{2-2} 无矿化，主要矿化层间构造为 T_2y^{1-1}/T_2y^{1-2}、T_2y^{1-2}/T_2y^{1-3} 及 T_2y^{1-1} 内部岩性组构界面),老厂坡层间破碎带充填交代低品位黄铜矿斑铜矿辉铜矿型铜矿成矿期。

(4)表生成矿期:金属硫化物经氧化淋滤,形成蓝铜矿、孔雀石、褐铁矿,少量在次生硫化富集带及其附近形成自然铜及烟灰状辉铜矿,非金属矿物黏土化,并出现玉髓状石英及钙华等。

表 4-7 云南麻栗坡县杨万铜矿矿物生成顺序表

成矿期	喷流沉积成矿期	次火山热液成矿期	变质热液成矿期	表生成矿期
矿化阶段	喷流沉积矿化阶段	次火山热液矿化阶段	变质热液矿化阶段	氧化淋滤矿化阶段
钠长石	······	——		
透闪石(阳起石)		——······	——	
绿帘石		——	——	
绿泥石	······	——		
蛇纹石	——	—	——	
滑石			—	
石英	——	——	——	
方解石	——	——	——	
赤铁矿	—			
磁铁矿	—			
磁黄铁矿	—			
黄铁矿	——	—	—	
黄铜矿	——	——	—	
硫砷铜矿	—			
闪锌矿	—	—		
斑铜矿			——	
蓝辉铜矿			—	
辉铜矿			—	——
自然铜			—	——
蓝铜矿				——
孔雀石				——
胆矾				——
褐铁矿				——

续表 4-7

成矿期		喷流沉积成矿期	次火山热液成矿期	变质热液成矿期	表生成矿期
划分标志	矿体构造标志	层状、扁平透镜状，随褶皱同步变形	（北北西向）断裂充填的脉状，矿体切割火山岩地层	层间角砾岩化带充填交代的似层状、透镜状	地表、近地表原生矿（化）体及其近围裂隙孔隙充填
	矿物组合标志	黄铁矿-黄铜矿-闪锌矿组合，以黄铁矿为主，局部存在赤铁矿、磁铁矿、磁黄铁矿、硫砷铜矿	黄铜矿-黄铁矿-闪锌矿组合，以黄铜矿为主，闪锌矿极少量	斑铜矿-（蓝）辉铜矿-黄铜矿组合，以斑铜矿为主，蓝辉铜矿、辉铜矿次之，黄铜矿、黄铁矿少量，自然铜极少	蓝铜矿-胆矾-孔雀石-褐铁矿组合，近地表见自然铜及烟灰状辉铜矿
	矿石构造标志	致密块状构造、条带块状构造、劈理构造	块状构造、脉状构造	不规则脉状、细脉状构造，团块状、斑点状构造，浸染状构造	多孔状构造，蜂窝状构造，不规则脉状构造，斑点状构造
	矿石结构标志	微细粒自形—半自形晶粒结构、斑状变晶结构、交代溶蚀结构、交代残余结构、细脉-网脉交代结构	细粒自形—半自形晶粒结构，他形晶粒结构，交代溶蚀结构，细脉-网脉交代结构，定向乳滴状、叶片状固溶体分离结构	他形晶粒结构、细脉-网脉交代结构、文像交代结构、交代残余结构、交代溶蚀结构	变胶状结构，团粒结构，放射状、束状结构，环带结构，针状结构
	围岩蚀变标志	方解石化、硅化、钠长石化、绿泥石化、蛇纹石化，以方解石化、硅化及绿泥石化为主	透闪石（阳起石）化、绿帘石化、绿泥石化、硅化、方解石化，以绿帘石化、绿泥石化、硅化为主	绿帘石化、透闪石化、绿泥石化、硅化、方解石化、蛇纹石化、滑石化，矿化阶段以方解石化为主，硅化次之	黏土化、玉髓状硅化、褐铁矿化
	叠加改造标志	层状、扁平透镜状矿体内致密块状黄铁矿发育斑状变晶结构，矿层顶、底板发育劈理化带，可见黄铁矿及极少量黄铜矿细脉-浸染状分布，致密块状黄铁矿矿石劈理化，含黄铁矿残留体的黄铜矿矿石则无劈理化，那竜矿段局部赤铁矿磁铁矿化。脉状矿体旁侧劈理化带充填-浸染少量中细粒黄铁矿及极少量黄铜矿			

从表 4-7 可知，杨万铜矿床的原生硫化物存在叠加与改造，但主要在 3 个不同成矿期由 3 种不同类型成矿作用形成综合产物，相应形成杨万铜矿矿体 3 种矿体产出类型，分别为层状

(扁平透镜状)黄铁矿型铜矿体、断裂充填型黄铁矿黄铜矿铜矿体、层间破碎带充填交代型辉铜矿斑铜矿矿体,它们分别具有以下产出特征。

层状(扁平透镜状)黄铁矿型铜矿体

赋矿层位:T_2y^{1-1}底部至T_2y^{1-2}上部,但成形矿体主要赋存于T_2y^{1-2}中上部。

岩性组合:(底部玄武质熔岩+)(含铁)硅质岩±火山角砾岩+凝灰岩+粉砂岩、粉砂质泥岩。

控矿构造:火山通道旁侧局部凹陷+喷流(气)网状、不规则状裂隙系统(底板)。

围岩蚀变:硅化+方解石化+绿泥石化,根部网状、不规则状裂隙钠长石化、硅化、黄铁矿及黄铜矿矿化。

矿物组合:黄铁矿-黄铜矿-闪锌矿(+方解石+石英)组合,以黄铁矿为主。

矿石组构:致密块状、条带块状构造+劈理构造,显微斑状变晶结构+交代残余结构+微细粒结晶结构。

断裂充填型黄铁矿黄铜矿铜矿体

赋矿层位:主要为T_2y^{1-1},其次为T_2y^{1-2}和T_2y^{1-3}。

岩性组合:以(枕状)玄武岩为主,火山角砾岩及辉绿岩为赋矿岩性组合。

控矿构造:基底近南北向断裂(火山通道)复活上切形成的北北西向次级剪切断裂(尖灭再现)。

围岩蚀变:透闪石(阳起石)化、绿帘石化、绿泥石化、硅化、方解石化,以绿帘石化、绿泥石化、硅化为主要蚀变组合。

矿物组合:黄铜矿-黄铁矿-闪锌矿(+绿泥石+石英+绿帘石)组合,以黄铜矿为主,闪锌矿极少量。

矿石组构:块状构造,脉状构造,细粒自形—半自形晶粒结构,他形晶粒结构,交代溶蚀结构,细脉-网脉交代结构,定向乳滴状、叶片状固溶体分离结构。

层间破碎带充填交代型(蓝)辉铜矿斑铜矿矿体

赋矿层位:主要在T_2y^{1-1}顶部～T_2y^{1-3}下部,且以T_2y^{1-2}为主体。

岩性组合:由玄武岩、火山角砾岩、角砾凝灰岩、粉砂岩、粉砂质泥岩复杂组合形成的层间角砾岩化带。

控矿构造:随褶皱变形形成的层间压剪破碎带(层间角砾岩化带)。

围岩蚀变:以方解石化为主,硅化次之,蛇纹石化发育,以方解石化、硅化为主要标志。

矿物组合:斑铜矿-(蓝)辉铜矿-黄铜矿(+方解石+石英)组合,以斑铜矿为主,(蓝)辉铜矿次之,黄铜矿、黄铁矿少量,自然铜极少。

矿石组构:规则脉状、细脉状构造,团块状、斑点状构造,细脉-网脉交代结构,文象交代结构,交代残余结构,交代溶蚀结构。

不同类型矿体存在一定的叠加与改造,层状、扁平透镜状矿体内致密块状黄铁矿发育斑状变晶结构,矿层顶、底板发育劈理化带,可见黄铁矿及极少量黄铜矿细脉-浸染状分布,致密块状黄铁矿矿石劈理化,而含黄铁矿残留体的黄铜矿矿石则无劈理化,那竜矿段局部赤铁矿磁铁矿化。脉状矿体旁侧劈理化带充填或浸染少量中细粒黄铁矿及极少量黄铜矿。

第五章　成矿构造分析

矿区整体位于区域上的炭山-铜厂向斜东段南翼。区内褶皱、断裂较发育，褶皱为位于矿区北部的北东向龙寿背斜和位于矿区中部的北东向牛厂-老厂坡向斜。断裂分为北东向、北西向、近东西向3组。

第一节　构造形迹

一、褶皱

矿区内发育2个北东向褶皱，即牛厂-老厂坡向斜和龙寿背斜。它们是区域性炭山-铜厂复式向斜的组成部分，褶皱轴向总体为NE—SW向。

1. 向斜

牛厂-老厂坡向斜地处矿区中部，轴向约60°，位于矿权内长约1500m，该向斜向两端延伸超出矿权外，其中核部地层为T_2y^{1-5}、T_2y^{2-1}，两翼地层依次为T_2y^{1-4}、T_2y^{1-3}、T_2y^{1-2}、T_2y^{1-1}，北翼地层总体向南倾，南翼地层总体向北倾。头道河矿段位于向斜南翼偏东，新寨矿段位于向斜北翼，老厂坡矿段位于向斜南翼近核部。

2. 背斜

龙寿背斜位于矿区西北部，轴向70°～80°，核部地层为T_2y^{1-1}，两翼地层依次为T_2y^{1-2}、T_2y^{1-3}、T_2y^{1-4}、T_2y^{1-5}，北翼地层总体向北倾，南翼地层总体向南倾，转折端位于矿区西部2号拐点附近，区内轴向长800m左右，背斜向东延伸出矿权外。

二、断裂

矿区内断裂构造较发育，地表出露的NE向F4断层，与地层产状基本一致，为层间挤压破碎带，是主要的容矿构造，常被NW向断裂切割。NW向断层有F1、F2、F3、F5、F6和F7，主要为后期平移断层，错断切割NE向断层。本次工作利用平面地形地质图，依据甲方提供的矿化露头、地质构造点、岩石露头，以那竜、老厂坡、新寨坑道为重点，对坑道内主控矿构造、次含矿构造、后期构造进行研究总结（表5-1），最后归纳矿区内主控矿断裂分为NE向、

NNW 向、近 EW 向 3 组。

表 5-1　矿区坑道构造类别统计

坑道	构造类别	走向	倾向	产状	性质	备注
K1	主控矿构造	45°	N	315°∠62°		含矿劈理带，侧伏向 244°，侧伏角 15°
	次含矿构造	335°～5°	W	275°∠55°	左旋平移断层	
		75°	S	165°∠19°		
	后期构造	80°	N	350°∠71°		
		20°	NW	290°∠65°		侧伏向 200°，侧伏角两组 10°、32°(后期)
K2	主控矿构造	51°	W	321°∠25°	右旋平移逆断层	含矿劈理带
	次含矿构造	150°	N	240°∠23°	左旋平移断层	
	后期构造	60°	NW	330°∠50°		侧伏向 240°，侧伏角 45°
K6	主控矿构造	350°～10°	倾向有翻转，波动	倾角 65°～85°	右旋平移逆断层	侧伏向 160°，侧伏角 11°
	次含矿构造	65°	SE	155°∠55°	右旋平移逆断层	侧伏向 245°，侧伏角 10°
	后期构造	80°	S	170°∠58°	右旋平移逆断层	侧伏向 260°，侧伏角 30°
K5	主控矿构造	56°	NW	326°∠29°		两条逆推压剪性破碎带
		61°	NW	330°∠15°		
	次含矿构造	80°	N	350°∠45°		侧伏向 315°，侧伏角 8°
		30°	NW	300°∠60°	右旋逆断层	
	后期构造	20°	NW	290°∠45°		
		65°	NW	335°∠81°		
新寨	主控矿构造	65°	S	155°∠75°	右旋断层	
	后期构造	45°	S	180°∠60°		

三、层间破碎带

层间破碎带属于特殊类型的断层构造，在矿区内部及边缘，沿 T_2y^{1-1} 顶部至 T_2y^{1-3} 底部的岩性组构界面(细碧玄武质熔岩与角砾凝灰岩界面，细碧玄武质熔岩与粉砂岩、粉砂质泥岩界面)发育，主要分布于 T_2y^{1-2}，伴随北东向褶皱，形成 NE—NEE 向层间破碎带，是主要的容矿构造(图 5-1)。这类破碎带没有连续稳定的主破裂面，呈舒缓波状断续延伸，总体大致顺层

(局部小角度切层),主要位于破碎带顶、底板,NE—NEE 向延伸,裂面两侧具劈理化带的压剪性右旋平移逆断层,其间可见与上述断裂大角度相交的不规则张性、张剪性小断层,破碎带岩石呈棱角、次棱角状,靠近压剪性右旋平移逆断层可呈扁平透镜状定向,角砾间除少量岩石碎粒、碎粉外,充填物主要为方解石及少量石英,部分被(蓝)辉铜矿、斑铜矿、少量黄铜矿及极少量黄铁充填。含矿层间破碎带常被 NW 向断裂切割。矿区内典型层间破碎带位于 F4 断裂附近,走向北东 30°~60°,倾向北西,倾角 50°~80°,中部被 F3 错移,与地层产状基本一致。

a. K1 坑道层间破碎带(黄铜矿化)

b. K2 坑道层间破碎带(黄铁矿化)

c. K5 坑道层间破碎带(辉铜、斑铜矿化)

d. K5 坑道层间破碎带(辉铜、斑铜矿化)

图 5-1 杨万铜矿坑道内层间破碎带

四、节理、劈理

1. 节理

矿区节理发育,本次研究在那竜 1 号坑河边($T_2y^{1\text{-}1}$玄武岩)、中铜厂北西约 264m 头道河($T_2y^{1\text{-}1}$玄武岩)和那竜 ZK006 钻孔孔位附近路边转弯处(侵入 $T_2y^{1\text{-}1}$的辉绿岩)共 3 个观测点分别统计了上百条节理。现场观测点节理发育良好,局部规模较大且密集分布,按走向节理可归于 NW、NNW、NE、NNE、NWW、NNW 6 个方向,其优选性较强,集中分布于 NNE、NW、NEE 3 个延伸方位,其余走向的节理相对较为稀疏(图 5-2)。

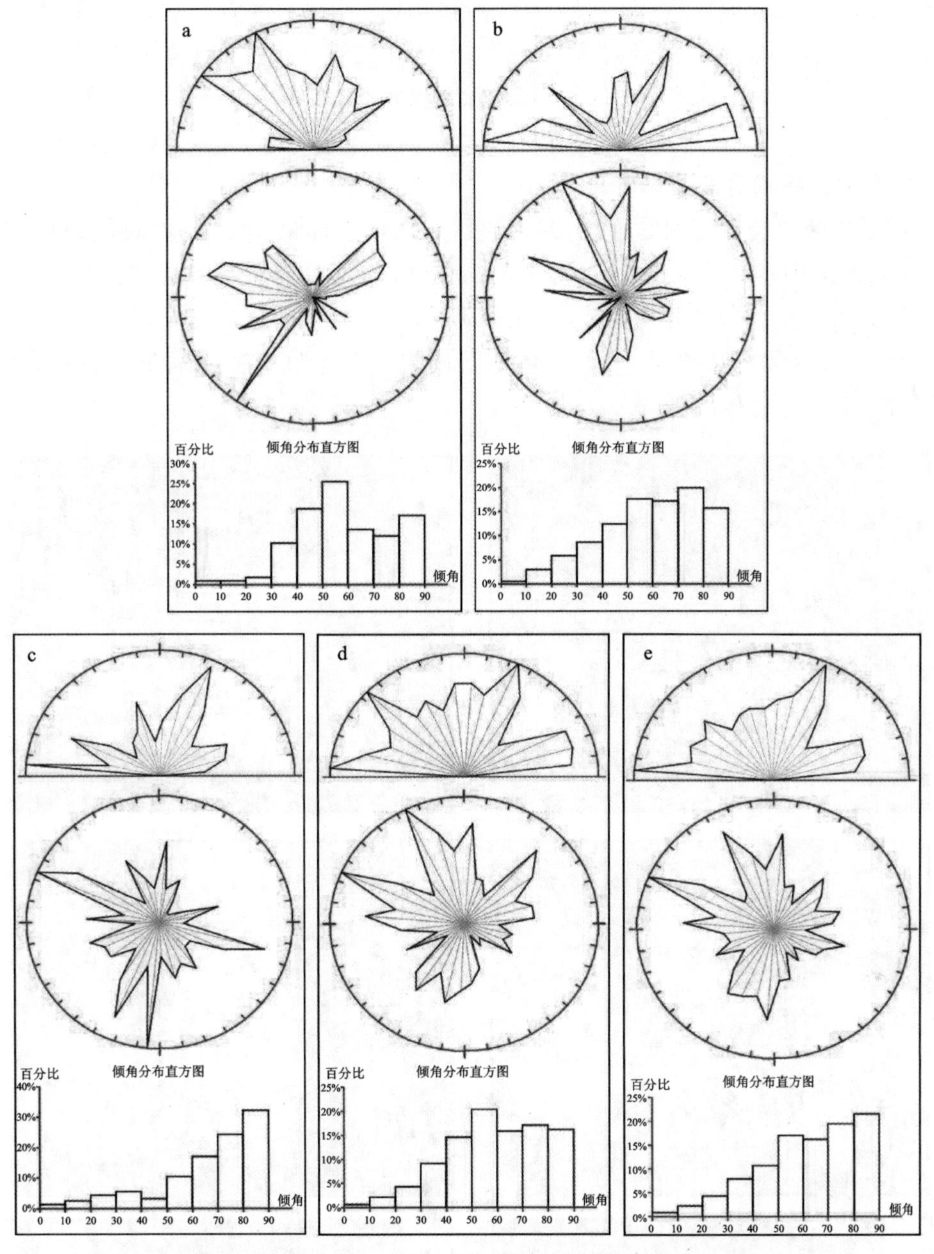

图 5-2　研究区走向(半圆)、倾向(整圆)节理玫瑰花图与倾角分布直方图

a. 那竜 1 号坑河边玄武质熔岩;b. 中铜厂北西约 264m 头道河玄武岩;
c. ZK006 钻孔那竜路边转弯处辉绿岩;d. a 与 b 合并;e. a、b、c 合并

2. 劈理

坑道内壁观测劈理较发育,多出现于构造挤压位置。那竜 K1 坑道晚期控矿构造的强挤压破碎带的厚度产生膨胀收缩,膨胀位置岩块多出现劈理化现象,原生的片理化岩呈现稀疏劈理,劈理化带内可见网脉状、脉状黄铁矿化,图 5-3a 与图 5-3b 为 K1 坑道所拍摄,图 5-3a 为

劈理化强烈多组运动叠加导致，图 5-3b 为劈理化带内见细脉状、透镜状黄铁、黄铜矿沿劈理裂隙充填；那竜 K2 洞口含矿劈理化带规模较少，劈理化带厚 25～45cm 或更厚，见断层上下盘均发育宽 1～3cm 不等的强片理化带，其内较强劈理化，亦可见弱劈理化透镜体，黄铁矿、黄铜矿矿化主要沿劈理面、片理面分布，图 5-3c 是在 K2 坑道所拍摄的，为断层内劈理化带，厚约0.5m，局部见细脉状黄铁黄铜矿。

新寨坑道内断层上盘强烈劈理化，致密块状黄铁矿矿体也在部分地段强烈劈理化，见原生黄铁、黄铜矿外围劈理化，重结晶后，呈显晶黄铁矿，部分劈理化呈透镜体、条带状(图 5-3d)，矿体上盘由近及远为强劈理化带，岩性为薄层(厚 1～2cm)硅质岩与薄层紫红色、紫灰色凝灰岩，劈理化带总体产状与层一致；矿体下盘围岩内见紫红色凝灰岩劈理化带，薄层透镜体，硅质条带、硅质透镜体(图 5-3e)。

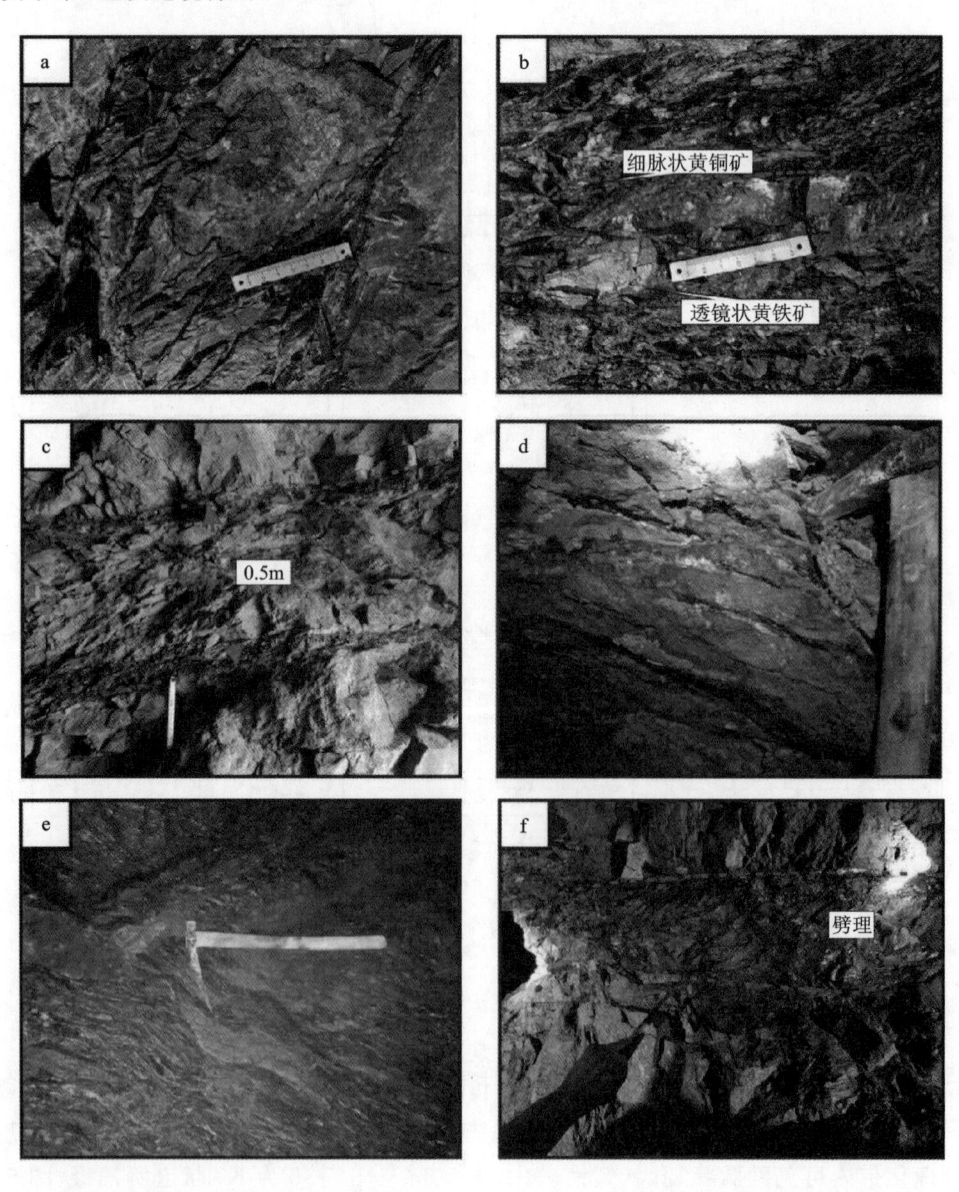

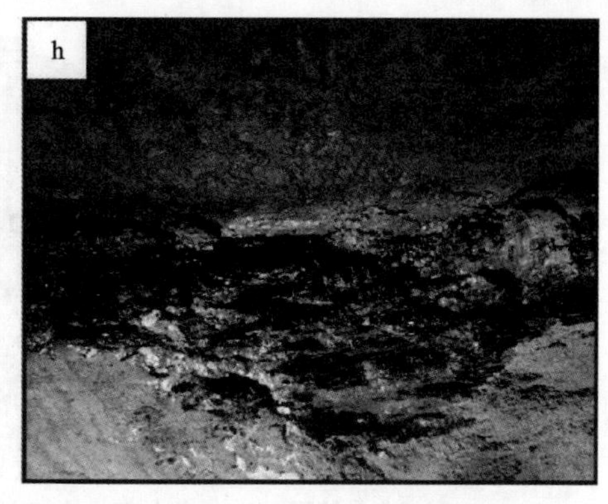

图 5-3 坑道内岩壁照片

(a、b 在 K1 坑道拍摄;c 在 K2 坑道拍摄;d、e 在新寨坑道拍摄;f、g、h 在 K6 坑道拍摄)

a. 劈理化强烈,多组运动叠加挤压导致;b. 劈理化带,见细脉状、透镜状黄铁黄铜矿沿劈理裂隙充填;c. 断层内劈理化带厚约 0.5m,局部见细脉状黄铁黄铜矿;d. 原生黄铁、黄铜矿外围劈理化,重结晶后,呈显晶黄铁矿,部分劈理化呈透镜体、条带状;e. 见紫红色凝灰岩劈理化带,薄层透镜体,硅质条带、硅质透镜体;f. 断层破碎带收缩部位,厚 0.3m 左右,见浸染状黄铜矿化,劈理化强烈;g. 含矿劈理化带,见剪节理;h. 片理化带厚 20~30cm

老厂坡 K6 坑道在三中段采坑区空场,局部可寻的控矿边界断裂,断裂夹持带劈理、片理化,矿化连续性差,绿泥石化强烈,但硅化较多,黄铜矿、黄铁矿带内劈(片)理面充填,石英细脉具膨胀收缩现象;坑道内见断层破碎带收缩部位劈理化强烈,含矿劈理带内还可见剪节理、片理化(图 5-3f~h)。

第二节 构造应力场

一、区域构造应力场

从区域地质图分析可知,印支早中期 NW—SE 向挤压应力作用导致 NE—SW 向强烈拉伸,形成八布至越南北部的 NW—SE 向裂陷槽,其控制了中三叠世火山盆地及其基底轮廓;印支晚期—燕山早期,在 NW—SE 向挤压应力作用下,中三叠世火山盆地压缩封闭,形成主构造线呈北东向延伸的构造形迹。这两期区域构造应力场明显控制了八布盆地与中三叠世火山活动有关的杨万铜矿床的形成及矿化空间就位;燕山中晚期—喜马拉雅期,特别是燕山中晚期,整个滇东南地区在 NW—SE 向挤压应力作用下,向南东方向逃逸运动,形成了多条区域性左行走滑断裂,并伴有强烈的抬升活动;尤其是北西向文麻断裂在新生代的左旋走滑活动,对中生代及早期的构造格局再次进行改造。

本研究主要分析杨万矿区中三叠世杨万组火山活动期开始所经历的构造变形期次及相应期次的构造应力场。

二、杨万矿区构造应力场

对杨万矿区 3 个节理统计点分析,分别作出节理极点图、等密度图与赤平投影图,如图5-4所示。

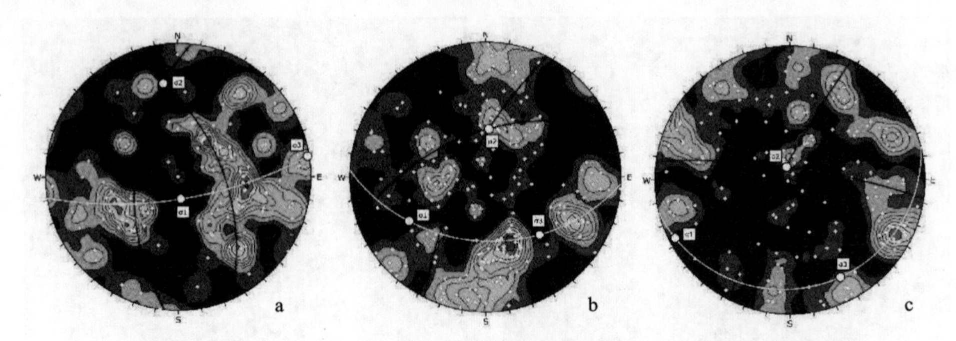

图 5-4　杨万矿区节理极点图、等密度图、赤平投影图及主应力方位

a. 那竜 1 号坑河边；b. 中铜厂北西约 264m 头道河；c. ZK006 钻孔那竜路边转弯处

节理极点图：是用节理法线或真倾斜线的极点投影绘制的，按节理面法线产状投影到投影网（吴氏网或施氏网）上的节理极点图。节理极点图上半径方位代表节理倾向，自正北（0°）顺时针旋转 360°，半径长度可表示节理倾角，自圆心到圆周为 0°～90°。极点图的优点是编制简便，所表示的各个节理的产状比较准确，能明确反映节理发育的优势方位。

节理等密度图：是在节理极点图的基础上进行绘制的，用中心密度计和边缘密度计分别统计极点图内和边缘的裂隙点，将每次统计的数字分别记在圆心上，选择适当等密线距把等值的点连接起来的图。

赤平投影图：是将结构面的产状投影到通过参考球体中心的赤道平面上的几何图。做出两共轭节理的赤平投影（径向大圆），其交点的产状为两共轭节理的交线产状（$\sigma2$）；做出其公垂线的径向大圆，其与两节理交点被纬线小圆所划分的交角有两个，所夹钝角的中心点即为 $\sigma3$ 的投影，锐夹角的中心点即为 $\sigma1$ 的投影。

1. 那竜 1 号坑河边玄武岩节理分析

该点位于那竜 1 号坑河边，岩性为玄武岩，节理产状稳定，延伸较远，野外未识别共轭节理。从节理极点等密图（图 5-4a）上可以看出，该点的节理优势产状为 276°∠54°和 67°∠54°。利用这组共轭剪节理测算主应力，得到主应力方向见表 5-2，主压应力轴为向南陡倾的近 SN 向，中间应力轴为向北小角度倾斜的近 SN 向，拉伸主应力方向为近乎水平的 EW 向。

表 5-2　基于优势节理产状的应力场恢复

编号	观测位置	优势节理产状		主应力轴产状		
		Ⅰ组	Ⅱ组	$\sigma1$	$\sigma2$	$\sigma3$
1	那竜 1 号坑河边	276°∠54°	67°∠54°	173°∠71°	351°∠20°	81°∠1°
2	中铜厂北西 264m 头道河	340°∠53°	297°∠72°	240°∠24°	3°∠51°	137°∠30°
3	ZK006 那竜路边转弯处	297°∠82°	8°∠79°	242°∠3°	346°∠78°	28°∠12°

2. 中铜厂北西约 264m 头道河玄武岩节理分析

该点位于中铜厂北西约 264m 头道河，岩性为 T_2y^{1-1} 玄武岩，从节理走向玫瑰花图上可以看出，节理以走向 20°～30°、60°～80°为主，其次还有走向为 280°～290°，节理倾角以 50°～90°为主。野外未识别共轭节理，从节理极点图、等密图（图 5-4b）上可以看出，该点的节理优势产状为 340°∠53°和 297°∠72°，通过赤平投影分析得到主应力方向见表 5-2，即主压应力轴为向南西缓倾斜的 NE—SW 向，中间应力轴为向北中等倾斜的近 SN 向，主拉伸应力轴为向南东较缓倾斜的 NW—SE 向。

3. ZK006 那竜路边转弯处辉绿岩节理分析

该点位于 ZK006 钻孔附近那竜路边转弯处，岩性为侵入 T_2y^{1-1} 的辉绿岩。由图 5-4c 可知，节理以走向 20°～30°为主，节理倾角以 70°～90°为主。将辉绿岩节理的优势产状投影极点拟合成大圆弧（图 5-4c），该处的节理优势产状分别为 297°∠82°和 8°∠79°。最大主应力轴 $\sigma1$ 产状 242°∠3°，与中铜厂北西约 264m 头道河 T_2y^{1-1} 玄武岩所测几乎相同，为近水平延伸的 NE—SW 向，$\sigma2$ 主应力轴产状 346°∠78°；最小主应力轴 $\sigma3$ 产状 28°∠12°，与中铜厂北西约 264m 头道河 T_2y^{1-1} 玄武岩测得者明显不同，为小角度向北北东倾斜的 NNE—SSW 方向。

结合矿区各组成矿构造的产状、切割关系、力学性质、运动方向及控矿特征，可大致将 3 个节理统计点所获得的 3 个局域构造应力场分别归结为：①杨万组火山岩系及以辉绿岩为代表的次火山活动期（T_2y^{1-1}～T_2y^{1-3}）近东西向拉伸和玄武质火山岩浆沿近南北向火山一次火山通道上涌所形成的局域应力场，矿区层状（扁平透镜状）黄铁矿型铜矿体及北北西向右旋雁列式压剪性成矿断裂充填型脉状黄铁矿黄铜矿矿体的成矿构造局域应力场；②火山活动期后在区域北西—南东向水平挤压应力作用下盆地收缩变形期的杨万矿区局域构造应力场，可能为矿区层间破碎带充填型辉铜矿斑铜矿矿体的成矿局域构造应力场；③燕山晚期—喜马拉雅期以北西向文麻断裂为代表的区域性断裂左旋走滑活动在杨万铜矿区以北西向断裂为代表的破矿构造形成期的局域构造应力场。

第三节 构造控矿特征及规律

一、那竜矿区

本次工作对那竜坑道的 K1、K2 号坑道进行了详细勘探，在坑道内共观测到 2 组主控矿构造、3 组次含矿构造及 3 组后期构造。在 2 组主控矿构造的劈理带内均见矿石矿脉，主要是以黄铁矿为主的黄铜矿，并以板块状、细脉状黄铜矿化产出；其中 3 组次含矿构造断层性质均为右旋平移断层，其断层内均见有经过后期活化作用转移成矿的石英脉黄铜矿化现象；另外 3 组后期构造断裂中，K1 坑道后期构造围岩以构造角砾岩与硅化含矿破碎带为主，见次级节理裂隙，其裂隙内含有 2～3cm 的矿脉；K2 坑道后期构造虽然规模较大，但是未见矿化现象。那竜坑道内的构造主要为主控矿构造切割次含矿构造后被后期构造切割改造的关系。

那竜赋矿构造早期矿化总体受北东东破碎带控制，晚期控矿构造明显为强挤压破碎带，其厚度规模膨胀收缩比较明显，膨大部位岩块间强劈理化、片理化。在较大规模的片理化、劈理化带内，岩块可见网脉状、脉状黄铁矿矿化；片理化带内也可见黄铁矿矿石团块或矿脉的残留体。那竜 K2 坑道内含矿劈理化带规模较小，劈理化(片理化)带厚度为 25～45cm 或更厚，断裂上下盘均发育平行走向且延伸宽度 1～3cm 不等的强片理化带，明显构成顶底板断裂，其内多强烈片理化，较强劈理化。坑道内亦可见弱劈理化透镜体，黄铁矿、黄铜矿矿化主要沿劈理面、片理面分布，硅化较强，绿帘石化普遍。其他较具规模的断裂主要有近东西向断裂(352°∠71°)，两侧发育角砾岩化带，角砾约 5～35cm，较小者呈次圆状，较粗者呈板状，上盘角砾岩化带厚度较薄(最大 60cm)，下盘角砾岩化带较厚(最大 1.3m)，为右旋平移逆断层。

二、新寨矿区

在新寨坑道主要观测到 1 组主控矿构造、1 组后期构造。主控矿构造为右旋断层，走向近 SN，其中矿体走向近似 EW 方向；后期构造走向近似 0°。主控矿构造内见紫红色凝灰岩劈理化带、薄层透镜体、硅质条带，以及硅质透镜体。后期构造靠近矿体见有灰绿色凝灰岩中夹紫红色凝灰岩角砾。新寨坑道主要为后期构造切割主控矿构造的切割关系。

新寨主矿体为致密块状、扁平透镜状含铜黄铁矿矿体，坑道内断层上盘见强烈劈理化，导致致密块状黄铁矿矿体也在部分地段发生强烈劈理，但劈理面因黄铁矿重结晶而愈合，其矿体厚度为 0.5～3m，沿走向两端延伸变弱近尖灭。早期矿体内部可见沿上下盘断层(劈理)间张剪性断裂充填的以黄铜矿为主的呈不规则脉状产出的透镜状块状矿石，下盘见有绿帘石化、绿泥石化凝灰岩及斑点状黄铜矿化。

三、老厂坡

老厂坡坑道的 K5 坑道内见主控矿构造、次含矿构造、后期构造各 3 组。其中主控矿构造主要为 2 条逆推压剪性破碎带，走向均为 NNE 方向。主控矿构造内矿体类型主要为辉铜矿、斑铜矿及少量黄铜矿，矿体上下围岩均为紫红色火山角砾岩，上盘见绿帘石硅质条带，无矿化现象；下盘见厚约 60cm 的含矿灰绿色火山角砾岩，再过渡到灰绿色、紫红色、杂色火山角砾岩，最后为纯色紫红色火山角砾岩。次含矿构造分为走向近 EW、NNE 方向，断层内硅化、绿泥石化较强烈，见有多条平行次级节理、次级节理脉(绿帘石硅质条带)。坑道内后期构造走向近 NNE、NEE 方向，断层面见石英脉，且遭后期破坏促使石英脉变阶步，断层面镜面(不污手非碳质)、擦痕、阶步明显规模较大。

K5 坑道揭露北东向矿体两层(水平间距 40～50m)，赋矿地层为紫红色凝灰质角砾岩，坑道内近 NEE 方向为后期构造的主运动方向，2 组逆推压剪性破碎带(主控矿构造，NE 向构造)切割 NNE 向次含矿构造，然后被后期构造(NNE、NEE 方向)断层切割。

四、无底洞—头道河近 SN 向矿带

K6 坑道内主控矿构造为 NNW 走向，断层性质为右旋平移逆断层；次含矿构造断层性质

为右旋平移逆断层(走向 NNW),其中断层内劈理带宽 2m 左右,带内常见细脉黄铜矿,以及团块状、浸染状黄铁矿化;后期构造走向为近 EW,断层性质为右旋平移断层,断面见有碳质镜膜和含铁方解石薄膜,围岩以灰绿色玄武岩为主。NNW 向主矿脉含矿构造、NEE 向次含矿构造及 EW 向后期构造断层性质右旋平移逆断层,分析此坑道内 NNW 向矿脉切错 NEE 向矿脉,又被近 EW 向矿脉切错,NNW 向矿脉成矿后仍有一次轻微构造活动,活动产物为上盘边界断裂片理化的断层泥,块状矿石呈角砾状、脉状,且局部被错断。

K6 坑道二中段平段可观察到 NNW 向坑道揭露矿脉产状为 260°∠60°,但结合其他中段揭露情况来看,矿脉倾向总体向东倾。另外在三中段采坑区空场,局部可寻的控矿边界断裂,并见矿脉内部在较膨胀部位被多组裂隙充填,黄铜矿矿脉、块状黄铜矿矿石主要沿顶板断裂充填于矿脉上盘边界带内,以及矿脉状裂隙部位,另外矿脉边界上盘羽状断裂发育密度较高,下盘边界断裂内次级构造较稀疏,上盘脉状剪裂隙充填黄铜矿矿脉较常见,而下盘较少见。

整体分析,在二中段、三中段可见 NNW 向矿脉切割 NEE 向矿脉,其牵引指示 NNW 向为左旋断裂,NEE 向断裂靠近 NNW 向断裂,因牵引而走向东偏(60°～55°NE)。NNW 向矿脉越向北延伸,脉幅越小,断裂清晰程度越差,矿化连续性稳定性越差,在北端可见近东西向断裂切割 NNW 向矿脉。近东西向断裂具两次活动,早期为左旋平移断裂,裂面旁侧绿帘石化;晚期右旋平移裂面充填碳质泥页岩,亦可见含铁锰方解石(粉红色)沿裂面脉状分布。

第六章　含矿火山岩系地球化学特征

岩石化学成分分析是研究火山岩很重要的一个方法。通过岩石化学成分有助于深入了解火山岩形成时的构造环境、物质来源、成因类型、演化和成矿关系等(李睿昱等,2024)。

根据已有钻孔地质情况,选择深度较大、穿层较多、具有空间代表性的 4 个钻孔 ZK401、ZK3101、ZK8007 和 JJZK001 进行了系统地球化学采样,每 10m 为 1 个混合样,共采集完成了 163 个岩石样的主微量元素分析。所有样品的地球化学测试工作在中南大学有色金属成矿预测与地质环境监测教育部重点实验室完成。主量元素使用 X 射线荧光光谱仪(XRF-1500)测试完成,分析误差小于 5%。微量及稀土元素利用酸溶法制备样品,使用 Element Ⅱ型 ICP-MS 仪测试完成。分析精度:当元素含量(质量分数,下同)大于 10×10^{-6}时,精度小于 5%;当元素含量小于 10×10^{-6}时,精度小于 10%。

第一节　主量元素特征

研究区火山岩样品主量元素分析结果及相关参数见表 6-1。

表 6-1　杨万矿区火山岩主量元素组成及相关参数

岩性	SiO_2/%	TiO_2/%	Al_2O_3/%	Fe_2O_3/%	MnO/%	MgO/%	CaO/%	Na_2O/%	K_2O/%	P_2O_5/%	烧失量/%	$w(SiO_2)/w(Al_2O_3)$	$w(Na_2O)/w(K_2O)$
玄武岩(104 个)													
最小值	35.37	0.83	12.80	8.23	0.12	3.99	1.70	1.47	0.04	0.07	3.10	2.26	1.95
最大值	53.88	2.40	18.91	21.07	0.28	12.81	15.11	4.87	1.54	0.31	10.69	3.75	132.14
中值	45.98	1.44	15.62	9.94	0.17	7.85	8.85	3.31	0.31	0.16	5.57	2.93	10.75
平均值	45.47	1.49	15.58	10.10	0.17	8.13	9.11	3.33	0.38	0.16	5.88	2.93	17.65
凝灰岩(29 个)													
最小值	40.74	0.93	13.57	8.12	0.09	4.07	5.95	1.29	0.14	0.07	4.62	2.13	0.43

续表 6-1

岩性	SiO_2/%	TiO_2/%	Al_2O_3/%	Fe_2O_3/%	MnO/%	MgO/%	CaO/%	Na_2O/%	K_2O/%	P_2O_5/%	烧失量/%	$w(SiO_2)/w(Al_2O_3)$	$w(Na_2O)/w(K_2O)$
最大值	49.44	1.70	20.13	11.10	0.20	10.88	15.64	3.98	2.98	0.19	10.01	3.62	21.83
中值	44.54	1.20	15.53	9.50	0.16	7.02	10.97	2.86	0.42	0.10	6.69	2.81	8.01
平均值	44.44	1.21	16.01	9.61	0.16	7.30	10.64	2.82	0.85	0.11	6.64	2.81	6.94
火山角砾岩(18 个)													
最小值	39.28	0.26	5.29	2.49	0.05	1.31	1.13	0.74	0.19	0.06	4.52	2.52	0.26
最大值	77.19	1.73	17.84	10.56	0.18	8.69	14.22	4.72	4.55	0.19	12.47	14.59	25.37
中值	45.00	1.35	15.92	9.44	0.16	5.28	7.96	2.42	1.34	0.15	6.63	2.86	1.50
平均值	51.67	1.18	14.90	8.13	0.14	5.20	6.87	2.30	1.87	0.15	7.34	4.09	4.02
辉绿岩(8 个)													
最小值	44.40	0.97	14.23	8.52	0.15	7.42	6.80	2.55	0.10	0.09	3.00	2.64	4.08
最大值	48.18	1.90	16.98	12.22	0.23	9.92	10.85	4.25	0.62	0.23	6.32	3.38	37.57
中值	46.55	1.62	15.64	9.59	0.19	8.60	8.65	3.61	0.11	0.19	4.37	2.96	30.24
平均值	46.36	1.55	15.62	10.08	0.19	8.53	8.98	3.50	0.21	0.18	4.57	2.98	25.04
杂砂岩(4 个)													
JJZK001-H29	45.55	0.45	6.17	4.08	0.09	2.62	21.97	1.39	0.42	0.07	17.06	7.39	3.32
JJZK001-H30	61.11	0.64	9.70	5.47	0.10	3.35	9.55	1.97	0.98	0.08	6.86	6.30	2.01
平均值	53.33	0.54	7.94	4.78	0.10	2.98	15.76	1.68	0.70	0.07	11.96	6.84	2.67
硅质岩(1 个)													
ZK401-H1	85.87	0.17	5.25	2.47	0.29	1.36	0.33	0.72	1.04	0.04	2.35	16.37	0.69

下面对主量元素进行图解分析,采用 4 种方法。

1. 基于 TAS 图解的火山岩化学特征

把样品的主量元素数据投影到 SiO_2-(K_2O+Na_2O)(TAS)图解上进行分类，在 TAS 分类图解中(图 6-1)，大部分样品点均投图在玄武岩区域内，少部分样品点投图在碧玄岩、碱玄岩、苦橄玄武岩区域内。该套火山岩组合类型以基性岩(玄武岩)为主，其次为碧玄岩、碱玄岩，还有少量苦橄玄武岩，复杂的岩性组合可能与岩浆分异演化和多源物质混染有关。

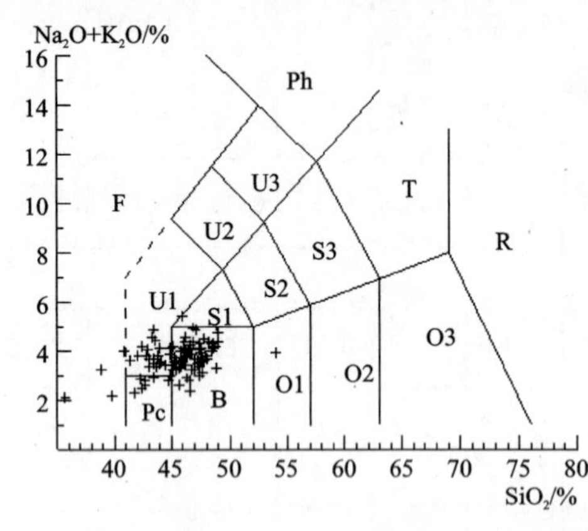

F. 副长石岩；Pc. 苦橄玄武岩；B. 玄武岩；O1. 玄武安山岩；O2. 安山岩；O3. 英安岩；S1. 粗面玄武岩；S2. 玄武粗安岩；S3. 粗安岩；T. 粗面岩、粗面英安岩；R. 流纹岩；U1. 碧玄岩、碱玄岩；U2. 响岩质碱玄岩；U3. 碱玄质响岩；Ph. 响岩。

图 6-1 火山岩 TAS 图解(据 Lebas et al.，1986)

2. 基于火山岩 Q-A-P-F 图解的火山岩化学特征

测区岩石分类将岩石化学分析结果及测算结果投图到国际地质科学联合会岩浆岩分类委员会推荐的火山熔岩 Q-A-P-F 图解中(图 6-2)，投影结果显示矿区岩石主要落入玄武岩、安山岩区内，部分落入碧玄岩、碱玄岩区域内，少量投影点落入响岩质碧玄岩、响岩质碱玄岩区内。

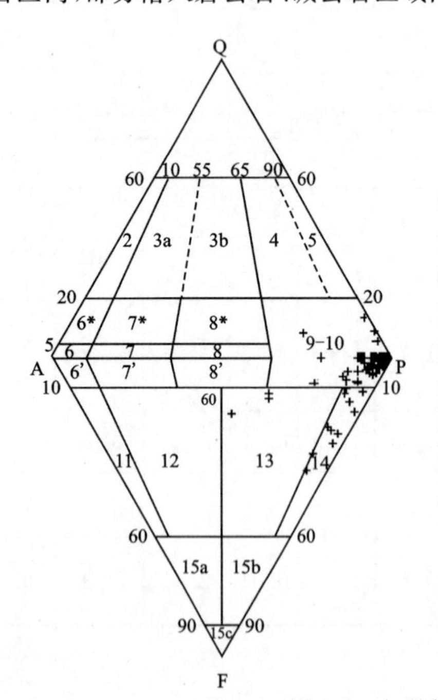

Q. 石英；A. 碱性长石；P. 斜长石；F. 副长石；2. 碱长流纹岩；3a、3b. 流纹岩；4、5. 英安岩；6＊. 石英碱长粗面岩；6. 碱长粗面岩；6’. 含副长石碱长粗面岩；7＊. 石英粗面岩；7. 粗面岩；7’. 含副长石粗面岩；8＊. 石英安粗岩；8. 安粗岩；8’. 含副长石安粗岩；9-10. 玄武岩、安山岩；11. 响岩；12. 碱玄质响岩；13. 响岩质碧玄岩、响岩质碱玄岩；14. 碧玄岩、碱玄岩；15a. 响岩质副长石岩；15b. 碱玄质副长石岩；15c. 副长石岩。

图 6-2 火山岩 Q-A-P-F 图解(据李庭柱，1987)

3. 基于碱-二氧化硅图解与碱度率图解的火山岩化学特征

把云南麻栗坡矿区的主量元素数据投影到碱-二氧化硅图解与碱度率图解上进行分类(图 6-3、图 6-4),绝大多数样品投影点落入碱性区域内,少部分落入亚碱性区域内。故矿区内的火山岩应该属于碱性系列。

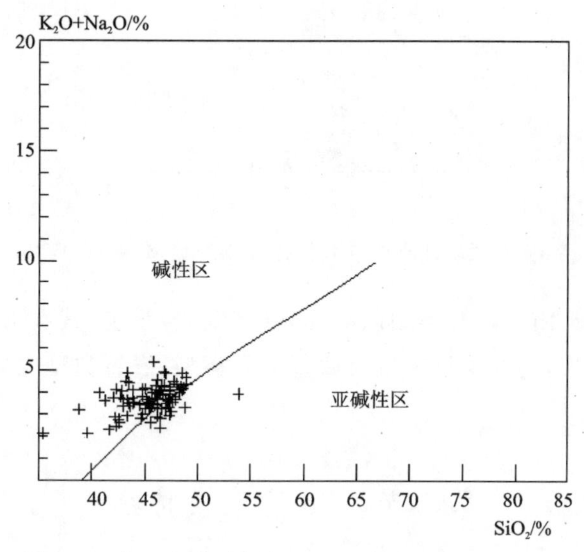

图 6-3　碱-二氧化硅图解(据 Irvine and Baragar, 1971)

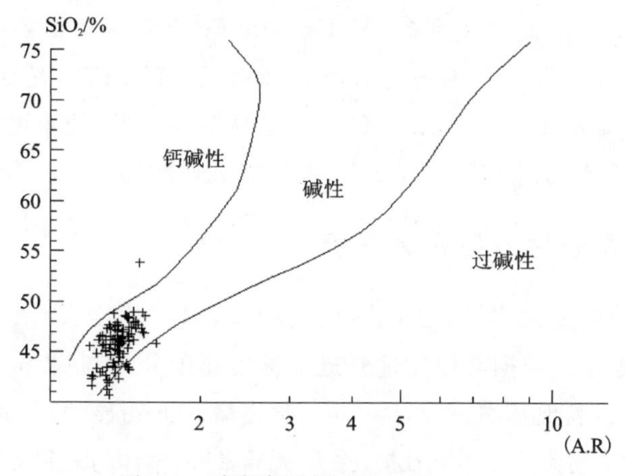

图 6-4　碱度率图解(据 Wright, 1969)

4. 基于碱性岩 An-Ab′-Or 图解的火山岩化学特征

经过碱-二氧化硅图解与碱度率图解主量元素数据投影已经知道矿区内的火山岩属于碱性系列,现将主量元素数据投影到碱性岩 An-Ab′-Or 图解内(图 6-5),投影结果显示大部分投影点落在钠质系列火山岩区内,少部分样品落在钾质系列火山岩区内,因此矿区内火山岩主要为钠质系列。

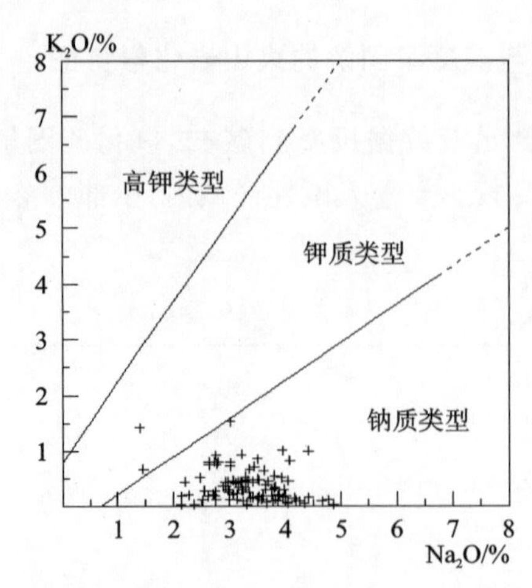

图 6-5　玄武岩钾质钠质系列划分图解(据 Middlemost, 1972)

综上所述,矿区内火山岩组合类型以基性岩(玄武岩)为主,其次为碧玄岩、碱玄岩、响岩质碧玄岩、响岩质碱玄岩,还有少量苦橄玄武岩岩石类型,岩石类型主要属于碱性-钠质系列火山岩。

第二节　微量元素特征

微量元素除了稀土元素外,还包括一些高场强元素(Sc、Th、Pb、Ti、Ta、Hf 等)、低场强元素(Cs、Rb、K、Ba、Sr 等)、过渡金属元素(V、Cr、Mn、Fe、Co、Ni、Cu、Zn 等)和铂族元素。其中,Nb、Ta、Th、Cs、Rb、Sr 等元素,被称为大离子亲石元素(LILE),是成岩作用的指示器,也属于不相容元素;非活动元素(Nb、Ta、Zr、Hf、Ti 等高场强元素)的丰度变化有助于揭示区域的地球动力学背景;放射性元素(K、U、Th 等)可以提供地球热状态的有关信息。

一、火山岩系不同岩性微量元素分析

研究区火山岩系的微量元素测试结果列于表 6-2,以玄武岩、凝灰岩、火山角砾岩、辉绿岩、硅质岩等为主,将表中的数据与原始地幔进行标准化配分,绘制微量元素蛛网图(图 6-6)。

(1)玄武岩和凝灰岩表现基本一致,Ba、U 明显富集,Th 明显亏损,其中 Ba 比较散乱。

(2)辉绿岩中 Ba 明显富集,Th 明显亏损,除 U 无异常外,整体与玄武岩和凝灰岩表现一致。

(3)火山角砾岩和硅质岩中 Rb 比较散乱,Ba、U、Nd 明显富集,Sr、P、Ti 明显亏损。

(4)杂砂岩中 Ba、U、Eu 明显富集,Th、P、Ti 明显亏损。

综上所述,研究区内玄武岩和凝灰岩均富集大离子亲石元素(LILE)Ba,亏损 Th 高场强元素(HFSE),除了辉绿岩中放射性元素 U 未亏损,其余岩石均有亏损。角砾岩、硅质岩、杂砂岩中高场强元素 Ti 出现亏损,表明与钛铁矿的分离结晶密切相关。大离子亲石元素(LILE)Ba 的富集,可能与大陆拉张环境下地壳混染或地幔源区有富集 Ta、Nb 的残留体有关。

表 6-2 杨万矿区火山岩微量元素数据

单位：$\times10^{-6}$

元素	Rb	Ba	Th	U	K	Nb	Ta	La	Ce	Sr	P	Nd	Hf	Zr	Sm	Eu	Ti	Gd	Tb	Dy	Y	Er	Yb	Lu
玄武岩(104 个)																								
最小值	0.57	51.40	0.05	0.07	306	0.41	0.03	1.76	6.55	81.30	323	6.03	1.31	45.00	1.76	0.85	4982	2.63	0.48	3.24	18.30	1.91	1.58	0.24
最大值	25.40	725.00	3.51	5.00	12 763	5.91	0.34	23.00	37.50	344.00	1375	27.70	4.73	210.00	7.02	2.24	14 366	7.50	1.43	8.62	54.20	5.09	4.90	0.75
中值	3.70	649.00	0.12	0.18	2553	1.01	0.08	4.68	14.90	183.00	698	12.50	2.60	118.00	3.93	1.35	8648	4.35	0.81	5.05	29.50	3.07	2.90	0.40
平均值	4.68	535.20	0.23	0.26	3140	1.36	0.10	5.11	15.45	195.67	720	12.63	2.73	121.42	3.84	1.39	8959	4.46	0.83	5.15	30.32	3.13	2.96	0.42
凝灰岩(29 个)																								
最小值	2.54	63.30	0.04	0.07	1160	0.39	0.03	2.17	7.85	118	303	6.43	1.40	49.50	2.08	0.78	5565	2.43	0.49	3.08	18.80	2.01	1.99	0.30
最大值	42.70	697.00	1.56	0.58	24 746	2.42	0.16	7.81	18.20	230	815	14.00	3.20	141.00	4.44	1.54	10 205	5.13	0.96	5.95	33.30	3.36	3.49	0.46
中值	5.84	557.00	0.08	0.20	3500	0.61	0.05	2.74	9.74	173	448	8.20	1.88	73.40	2.83	1.12	7162	3.37	0.64	4.09	24.20	2.57	2.45	0.34
平均值	12.33	525.07	0.19	0.21	7015	0.75	0.06	3.29	10.33	176	471	8.72	1.95	77.95	2.90	1.11	7275	3.45	0.66	4.20	24.55	2.60	2.49	0.35
火山角砾岩(18 个)																								
最小值	3.21	63.10	0.09	0.21	1543	0.82	0.06	3.66	13.90	50.90	281	10.40	2.24	100.00	2.28	0.58	1529	1.89	0.31	2.00	11.70	1.22	1.16	0.16
最大值	198.00	1 335.00	19.90	4.90	37 781	18.10	1.27	49.70	108.00	343.00	814	39.90	6.94	277.00	7.74	1.97	10 396	6.04	1.02	6.12	36.10	3.89	3.62	0.51
中值	23.30	695.00	0.17	0.85	11 157	1.38	0.10	6.16	18.70	138.00	671	14.70	3.32	135.50	4.36	1.45	8101	5.18	0.90	5.44	30.70	3.18	3.04	0.43
平均值	59.57	665.13	5.79	1.71	15 505	6.19	0.44	18.01	42.28	148.63	645	20.54	3.74	158.06	4.86	1.39	7087	4.81	0.85	5.16	29.33	3.06	2.95	0.41

续表 6-2

元素	Rb	Ba	Th	U	K	Nb	Ta	La	Ce	Sr	P	Nd	Hf	Zr	Sm	Eu	Ti	Gd	Tb	Dy	Y	Er	Yb	Lu
辉绿岩(8 个)																								
最小值	1.21	52.90	0.08	0.09	802	0.53	0.04	2.27	7.83	148	380	6.84	1.57	73.40	2.34	1.04	5790	2.96	0.57	3.66	21.70	2.24	2.05	0.33
最大值	9.82	641.00	0.52	0.30	5182	3.72	0.17	11.10	24.40	389	1019	18.60	3.61	174.00	5.44	1.78	11 381	6.12	1.13	6.66	37.90	4.07	3.65	0.53
中值	1.76	563.50	0.13	0.14	953	1.34	0.10	7.31	18.75	250	843	14.95	2.91	133.50	4.24	1.38	9702	4.70	0.88	5.39	31.70	3.27	3.01	0.43
平均值	2.91	394.33	0.18	0.16	1752	1.64	0.11	6.67	18.25	240	808	14.17	2.88	131.80	4.10	1.43	9287	4.54	0.86	5.20	30.74	3.19	2.91	0.42
杂砂岩(2 个)																								
JJZK001-H29	9.66	831.00	1.82	1.13	3462	2.22	0.16	9.81	18.90	173.00	315	10.20	1.70	59.80	2.36	0.65	2696	2.76	0.43	2.55	16.50	1.55	1.38	0.21
JJZK001-H30	28.90	780.00	1.92	2.75	8152	2.10	0.22	6.97	16.50	146.00	338	10.90	2.08	93.10	2.36	1.45	3836	2.37	0.45	2.97	17.10	1.73	1.69	0.25
平均值	19.28	805.50	1.87	1.94	5807	2.16	0.19	8.39	17.70	159.50	327	10.55	1.89	76.45	2.36	1.05	3266	2.57	0.44	2.76	16.80	1.64	1.54	0.23
硅质岩(1 个)																								
ZK401-H1	49.30	969.00	5.67	0.79	8602	5.34	0.27	15.40	50.50	54.40	156	14.50	1.83	59.70	2.47	0.69	1017	2.73	0.43	2.65	12.00	1.23	1.63	0.23

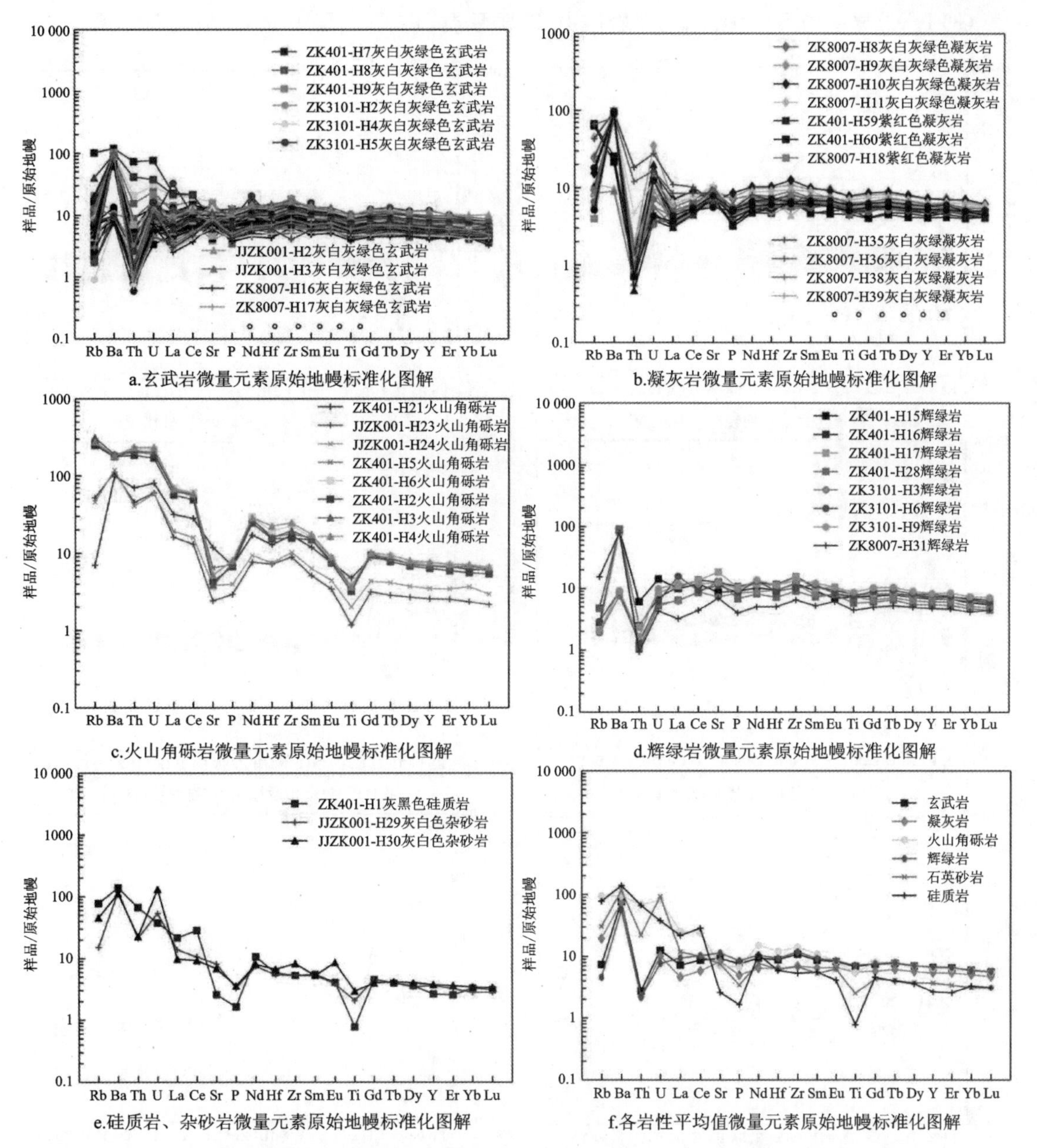

图 6-6 火山岩系不同岩性微量元素原始地幔标准化图解(标准化值据 Sun and McDonough, 1989)

二、火山岩系不同岩层微量元素分析

图 6-7 为火山岩系不同岩层微量元素原始地幔标准化蛛网图,对比各岩层形成的原始地幔标准化图解可知:T_2y^1 中各岩层的微量元素分布形式整体相似,与 T_2y^2 明显不同。

(1)T_2y^{1-1}、T_2y^{1-2}、T_2y^{1-3}、T_2y^{1-4} 和 T_2y^{1-5} 岩层中 Ba、U 明显富集,Th 明显亏损。

(2)T_2y^{1-1} 岩层中个别显示 La 富集,T_2y^{1-5}、T_2y^{1-4} 岩层中 Sr 弱富集,T_2y^{2-1} 岩层中 Eu 显示弱富集。

(3)T_2y^{1-3}岩层中 Sr 亏损，T_2y^{1-5}岩层中 Ti 弱亏损，T_2y^{2-1}岩层中 P、Ti 呈现弱亏损。

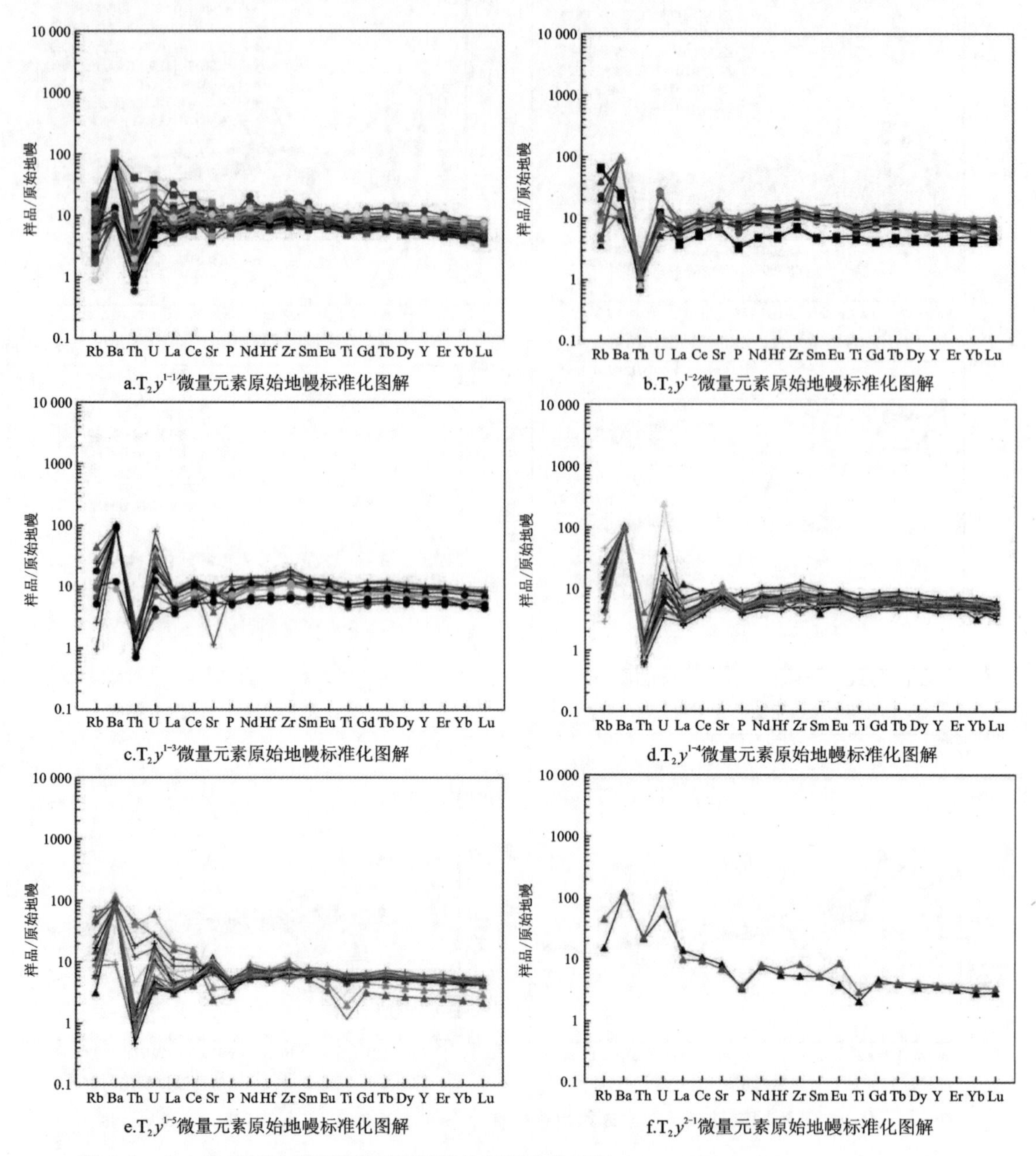

图 6-7　火山岩系不同岩层微量元素原始地幔标准化图解(标准化值据 Sun and McDonough，1989)

第三节　稀土元素特征

稀土元素具有比较相似的物理化学性质，它们在低级变质作用热液蚀变作用和风化过程中保持相对的稳定性，且只要在样品中发现一种稀土元素，其他元素也必定存在，因此稀土的含量、内部分馏和整体分配曲线直接反映岩石的成因和源区的特点，故利用稀土元素分析火山岩是十分有效的手段。

一、岩石稀土元素地球化学分析

对研究区火山岩系及其他地质体分别采集代表性样品进行全岩稀土元素地球化学含量分析，原始分析数据见表6-3；根据测试结果对其进行球粒陨石标准化计算，并计算相应的化学参数，列于表6-4。因硅质岩在研究区仅有1个样品，不具有代表性，后文不作展开描述。

表6-3 杨万矿区火山岩稀土元素测试结果表 单位：$\times10^{-6}$

元素	La	Ce	Pr	Nd	Sm	Eu	Gd	Tb	Dy	Ho	Er	Tm	Yb	Lu	Y
玄武岩(104个)															
最小值	1.76	6.55	1.12	6.03	1.76	0.85	2.63	0.48	3.24	0.66	1.91	0.28	1.58	0.24	18.30
最大值	23.00	37.50	6.85	27.70	7.02	2.24	7.50	1.43	8.62	1.77	5.09	0.77	4.90	0.75	54.20
中值	4.83	15.20	2.59	12.75	3.97	1.35	4.38	0.82	5.08	1.06	3.08	0.43	2.91	0.41	29.95
平均值	5.13	15.60	2.59	12.77	3.89	1.40	4.51	0.84	5.21	1.07	3.16	0.46	3.00	0.42	30.67
凝灰岩(29个)															
最小值	2.17	7.85	1.28	6.43	2.08	0.78	2.43	0.49	3.08	0.67	2.01	0.31	1.99	0.30	18.80
最大值	7.81	18.20	2.72	14.00	4.44	1.62	5.13	0.96	5.95	1.26	3.57	0.49	3.49	0.46	33.30
中值	2.76	9.74	1.67	8.65	2.91	1.14	3.39	0.65	4.13	0.87	2.57	0.37	2.45	0.34	24.30
平均值	3.36	10.60	1.76	8.96	2.96	1.14	3.50	0.67	4.25	0.89	2.63	0.37	2.51	0.35	24.83
火山角砾岩(18个)															
最小值	3.66	13.90	2.41	10.40	2.28	0.58	1.89	0.31	2.00	0.43	1.22	0.21	1.16	0.16	11.70
最大值	49.70	108.00	11.10	39.90	7.74	1.97	6.04	1.02	6.12	1.28	3.89	0.53	3.62	0.51	36.10
中值	6.16	18.70	3.18	14.70	4.36	1.45	5.18	0.90	5.44	1.07	3.18	0.47	3.04	0.43	30.70
平均值	18.01	42.28	5.10	20.54	4.86	1.39	4.81	0.85	5.16	1.04	3.06	0.44	2.95	0.41	29.33
辉绿岩(8个)															
最小值	2.27	7.83	1.33	6.84	2.34	1.04	2.96	0.57	3.66	0.77	2.24	0.30	2.05	0.33	21.70
最大值	11.10	24.40	4.14	18.60	5.44	1.78	6.12	1.13	6.66	1.39	4.07	0.56	3.65	0.53	37.90
中值	7.31	18.75	3.27	14.95	4.24	1.38	4.70	0.88	5.39	1.12	3.27	0.48	3.01	0.43	31.70
平均值	6.67	18.25	3.04	14.17	4.10	1.43	4.54	0.86	5.20	1.08	3.19	0.45	2.91	0.42	30.74
杂砂岩(2个)															

续表 6-3

元素	La	Ce	Pr	Nd	Sm	Eu	Gd	Tb	Dy	Ho	Er	Tm	Yb	Lu	Y
JJZK001-H29	9.81	18.90	2.49	10.20	2.36	0.65	2.76	0.43	2.55	0.53	1.55	0.24	1.38	0.21	16.50
JJZK001-H30	6.97	16.50	2.11	10.90	2.36	1.45	2.37	0.45	2.97	0.59	1.73	0.24	1.69	0.25	17.10
平均值	8.39	17.70	2.30	10.55	2.36	1.05	2.57	0.44	2.76	0.56	1.64	0.24	1.54	0.23	16.80
硅质岩(1个)															
ZK401-H1	15.40	50.50	3.86	14.50	2.47	0.69	2.73	0.43	2.65	0.43	1.23	0.20	1.63	0.23	12.00

表 6-4　杨万矿区火山岩稀土元素地球化学参数表

参数	ΣREE/ ($\times10^{-6}$)	LREE/ ($\times10^{-6}$)	HREE/ ($\times10^{-6}$)	LR/HR	δEu	δCe	La/Sm	Sm/Nd	Gd/Y	$(La/Yb)_N$	$(Ce/Yb)_N$	$(Sm/Nd)_N$
玄武岩(104个)												
最小值	48.49	18.44	11.75	1.57	0.68	0.30	0.75	0.23	0.13	0.48	0.61	0.70
最大值	168.01	85.79	30.37	4.15	1.92	1.10	3.28	0.38	0.16	3.25	2.38	1.14
中值	87.90	41.28	18.23	2.14	1.13	0.92	1.14	0.31	0.15	0.90	1.03	0.92
平均值	90.71	41.38	18.67	2.19	1.14	0.90	1.29	0.31	0.15	1.00	1.04	0.93
凝灰岩(29个)												
最小值	52.50	22.33	11.29	1.61	0.99	0.58	0.83	0.28	0.12	0.54	0.63	0.85
最大值	98.22	43.82	21.10	2.99	1.34	1.12	2.51	0.37	0.15	1.89	1.50	1.12
中值	65.80	27.33	14.86	1.77	1.21	0.92	0.98	0.33	0.14	0.69	0.80	1.00
平均值	68.79	28.78	15.18	1.89	1.20	0.91	1.13	0.33	0.14	0.79	0.85	1.00
火山角砾岩(18个)												
最小值	69.67	37.01	7.38	1.98	0.67	0.82	0.85	0.18	0.14	0.74	0.95	0.53
最大值	270.40	217.15	22.45	10.57	1.40	0.95	7.03	0.33	0.20	9.31	6.89	0.98
中值	99.11	49.54	19.90	2.34	1.04	0.91	1.41	0.28	0.16	1.13	1.14	0.85
平均值	140.24	92.19	18.72	4.96	0.99	0.90	3.23	0.26	0.16	3.67	2.91	0.78
辉绿岩(8个)												

续表 6-4

参数	ΣREE/($\times10^{-6}$)	LREE/($\times10^{-6}$)	HREE/($\times10^{-6}$)	LR/HR	δEu	δCe	La/Sm	Sm/Nd	Gd/Y	$(La/Yb)_N$	$(Ce/Yb)_N$	$(Sm/Nd)_N$
最小值	56.23	21.65	12.88	1.68	0.90	0.51	0.97	0.27	0.14	0.66	0.77	0.82
最大值	121.37	59.36	24.11	2.92	1.34	0.99	2.19	0.34	0.16	2.01	1.58	1.03
中值	104.89	53.21	19.30	2.59	1.16	0.95	1.58	0.29	0.15	1.34	1.28	0.87
平均值	97.02	47.65	18.63	2.52	1.14	0.87	1.57	0.29	0.15	1.31	1.25	0.88
杂砂岩(2 个)												
JJZK001-H29	70.56	44.41	9.65	4.60	0.86	0.78	4.16	0.23	0.17	4.22	2.77	0.69
JJZK001-H30	67.68	40.29	10.29	3.92	2.04	0.89	2.95	0.22	0.14	2.45	1.97	0.65
平均值	69.12	42.35	9.97	4.26	1.45	0.84	3.56	0.22	0.15	3.33	2.37	0.67
硅质岩(1 个)												
ZK401-H1	108.95	87.42	9.53	9.17	0.89	1.34	6.23	0.17	0.23	5.61	6.26	0.51

1. 玄武岩

各样品稀土配分型式基本相似，稀土分布模式较平缓(图 6-8a)。稀土总量ΣREE 在(48.49～168.01)$\times10^{-6}$之间，平均含量 90.71$\times10^{-6}$，反映轻重稀土元素分馏程度的几个重要参数值都较高；LR/HR 范围在 1.57～4.15 之间，$(La/Yb)_N$ 在 0.48～3.25 之间，表明岩石轻稀土元素富集，重稀土分馏程度较高；Sm/Nd 在 0.23～0.38 之间，大部分小于 0.325，化学分异程度较高；铕异常不明显(δEu 为 0.68～1.92)，δEu 平均值为 1.14，反映岩浆演化过程中未发生强烈的斜长石分离结晶作用；铈异常不明显(δCe 为 0.30～1.1)，δCe 平均值为 0.9。

2. 凝灰岩

凝灰岩各样品稀土配分型式基本相似，具平缓型稀土分布模式(图 6-8b)。稀土总量ΣREE普遍较低，在(52.50～98.22)$\times10^{-6}$之间，平均含量 68.79$\times10^{-6}$，反映轻重稀土元素分馏程度的几个重要参数值都较高；LR/HR 范围在 1.61～2.99 之间，$(La/Yb)_N$ 在 0.54～1.89 之间，表明岩石轻稀土元素富集，重稀土分馏程度较高；Sm/Nd 在 0.28～0.37 之间，化学分异程度较高；铕异常显示为负异常(δEu 为 0.99～1.34)，δEu 平均值为 1.20，反映岩浆演化过程中发生过强烈的斜长石分离结晶作用；铈为弱负异常(δCe 为 0.58～1.12)，δCe 平均值为 0.91，表明氧化作用较弱。

3. 火山角砾岩

角砾岩各样品稀土配分型式基本相似，具平缓右倾型稀土分布模式(图 6-8c)。稀土总量

∑REE 较低，在(69.67～270.40)×10^{-6}之间，平均含量 140.24×10^{-6}，反映轻重稀土元素分馏程度的几个重要参数值都较高；LR/HR 范围在 1.98～10.57 之间，稀土分布模式图表明岩石轻稀土元素富集，重稀土分馏程度较高。Sm/Nd 在 0.18～0.33 之间，化学分异程度较低。铕异常不明显(δEu 为 0.67～1.40)，δEu 平均值为 0.99，反映岩浆演化过程中未发生强烈的斜长石分离结晶作用；铈为弱负异常(δCe 为 0.82～0.95)，δCe 平均值为 0.90，表明氧化作用较弱。

4. 辉绿岩

辉绿岩各样品稀土配分型式基本相似，具平缓型稀土分布模式(图 6-8d)。稀土总量∑REE较低，在(56.23～121.37)×10^{-6}之间，平均含量 97.02×10^{-6}，反映轻重稀土元素分馏程度的几个重要参数值都较高；LR/HR 范围在 1.68～2.92 之间，$(La/Yb)_N$ 在 0.66～2.01 之间，表明岩石轻稀土元素富集，重稀土分馏程度较高。Sm/Nd 在 0.27～0.34 之间，化学分异程度较低。铕异常不明显(δEu 为 0.90～1.34)，δEu 平均值为 1.14，反映岩浆演化过程中未发生强烈的斜长石分离结晶作用；铈为弱负异常(δCe 为 0.51～0.99)，δCe 平均值为 0.87，表明氧化作用较弱。

5. 杂砂岩

杂砂岩各样品稀土配分型式基本相似，具平缓右倾型稀土分布模式(图 6-8e)。稀土总量∑REE 较低，在(67.68～70.56)×10^{-6}之间，平均含量 69.12×10^{-6}，反映轻重稀土元素分馏程度的几个重要参数值都较高，LR/HR 范围在 3.92～4.60 之间，稀土分布模式图表明岩石轻稀土富集，重稀土分馏程度较高；Sm/Nd 在 0.22～0.23 之间，化学分异程度较低；铕异常不明显(δEu 为 0.86～2.04)，δEu 平均值为 1.45，反映岩浆演化过程中未发生强烈的斜长石分离结晶作用；铈为弱负异常(δCe 为 0.78～0.89)，δCe 平均值为 0.84，表明氧化作用较弱。

综上所述，从各类岩性平均值稀土元素分布曲线图(图 6-8f)可知，研究区火山岩系玄武岩、凝灰岩和辉绿岩稀土元素总量(∑REE)偏低，具有相同的配分模式特征，说明岩石具有相似的源区特征和较为类似的岩浆演化特征，样品呈现出平缓右倾式稀土配分模式特征，轻稀土元素富集且轻，重稀土元素之间存在较强的分馏作用。

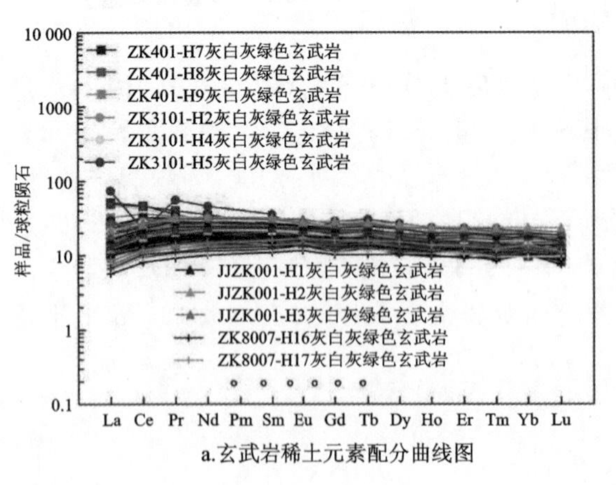

a.玄武岩稀土元素配分曲线图

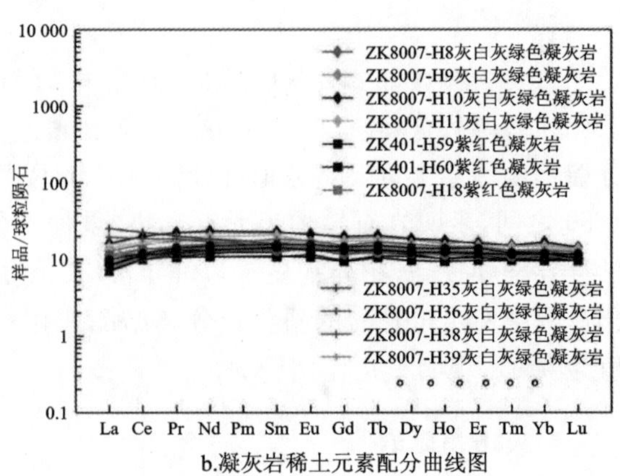

b.凝灰岩稀土元素配分曲线图

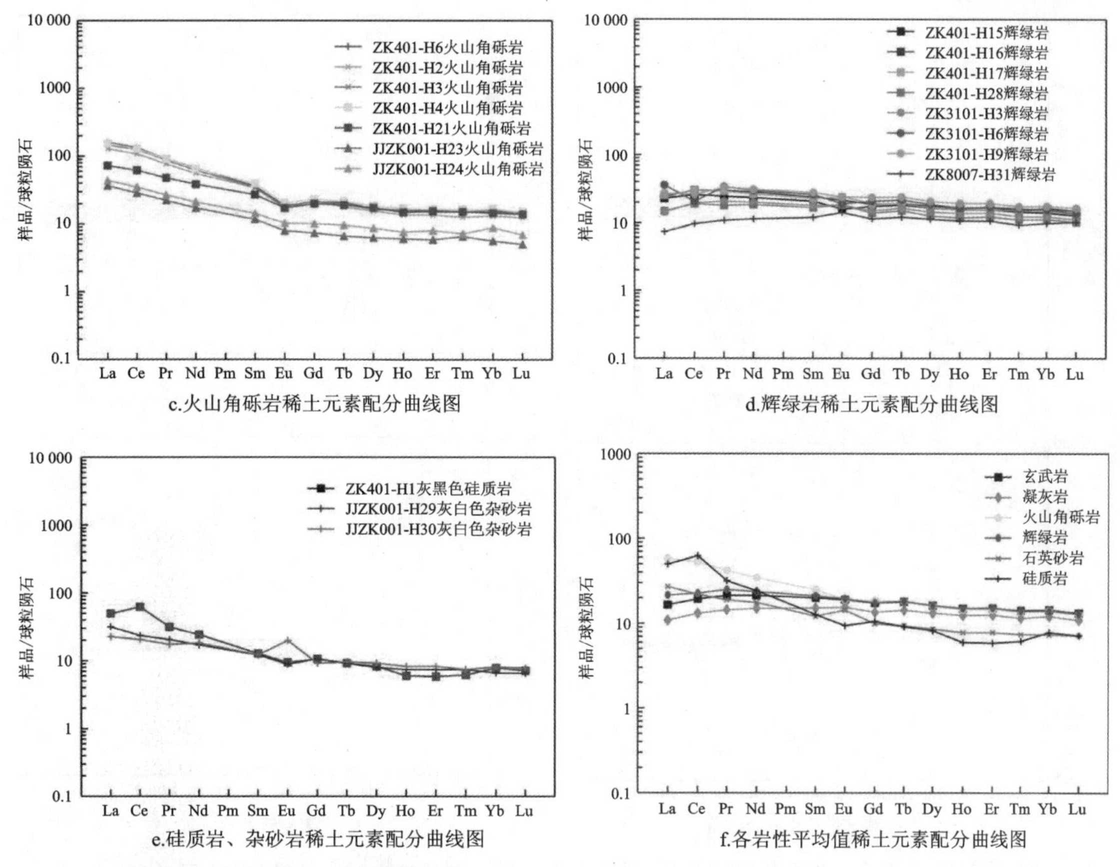

图 6-8 杨万火山岩系及其他地质体稀土元素配分曲线图(标准化值据 Sun and McDonough，1989)

二、杨万火山岩系各地层稀土元素地球化学分析

在云南麻栗坡火山岩地层的稀土元素球粒陨石标准化分布型式图中(图 6-9)，地层样品的稀土配分曲线大致一致，均呈现出平缓式稀土配分模式特征，其中 T_2y^{1-5} 与 T_2y^{2-1} 显示具平缓右倾型稀土分布模式，其余地层呈现一致特征。

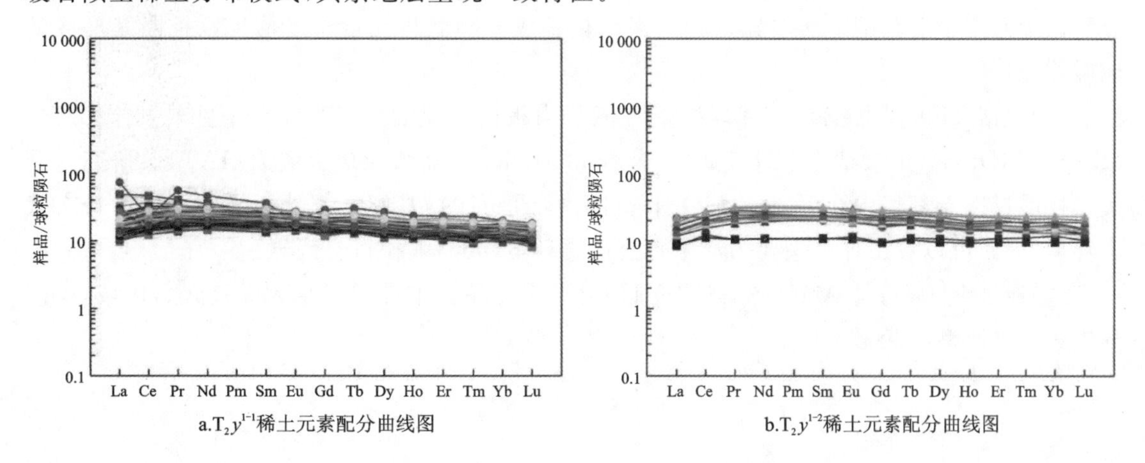

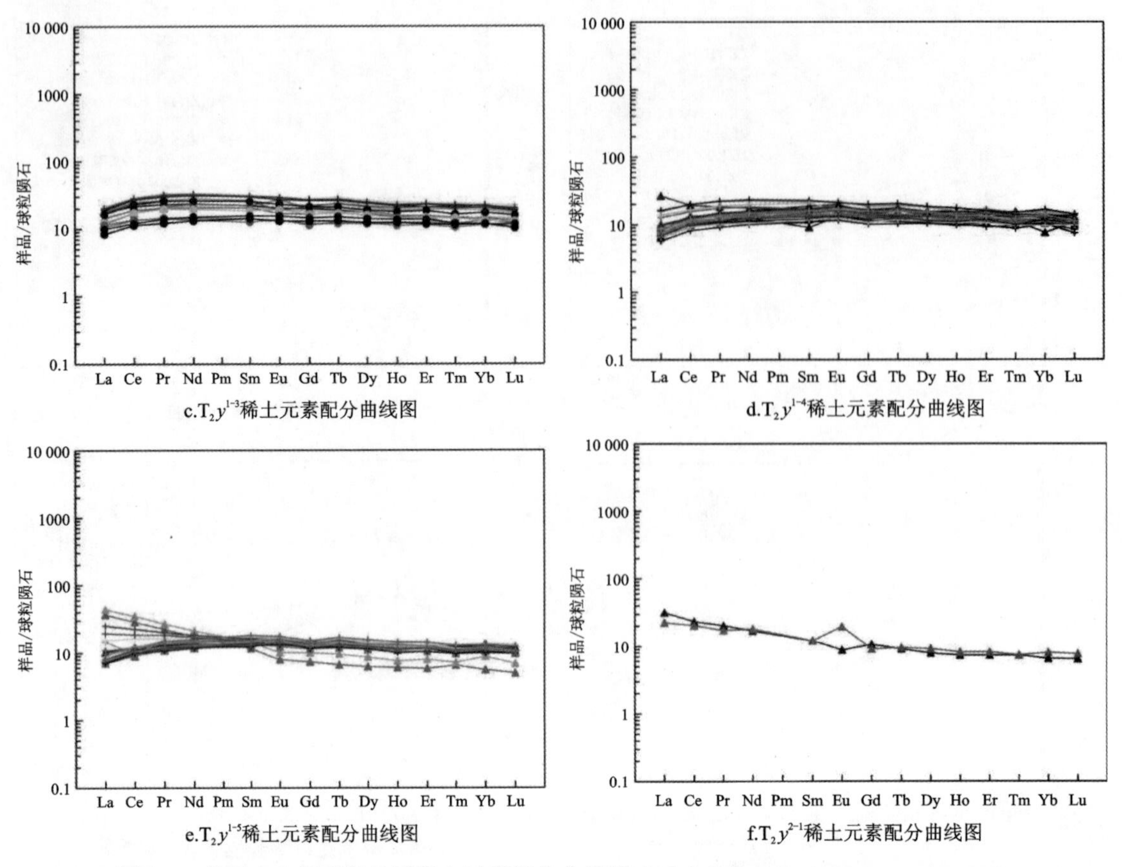

图 6-9 杨万火山岩系各地层稀土元素配分曲线图(标准化值据 Sun and McDonough，1989)

第四节 构造环境分析

地球上玄武岩类分布广泛，占据了整个大洋盆地和中洋脊地，以及海底高原和大洋岛屿，而且也广泛分布于大陆内、岛弧区和裂谷带。由于不同地质环境中产生的火山岩，其化学成分和微量元素丰度范围有所差异，因此，根据化学成分和微量元素丰度值可以推断其形成的地质构造环境。

(1)根据 TiO_2-Y 图解将玄武岩构造环境分为板内玄武岩(WPB)、异常型洋中脊玄武岩(E-tybe MORB)、正常型洋中脊玄武岩(N-tybe MORB)、岛弧拉斑玄武岩(IAT)。研究区玄武岩样品投影点都集中在 E-type MORB 范围内(图 6-10)，基本上都处于异常型洋中脊玄武岩环境，因此可以看出样品主要为洋中脊玄武岩环境，无岛弧拉斑玄武岩。

(2)通过 K_2O-TiO_2-MgO 图解(图 6-11)可看出样品基本都投影于大洋玄武岩区域，少部分投影在过渡型玄武岩区域。

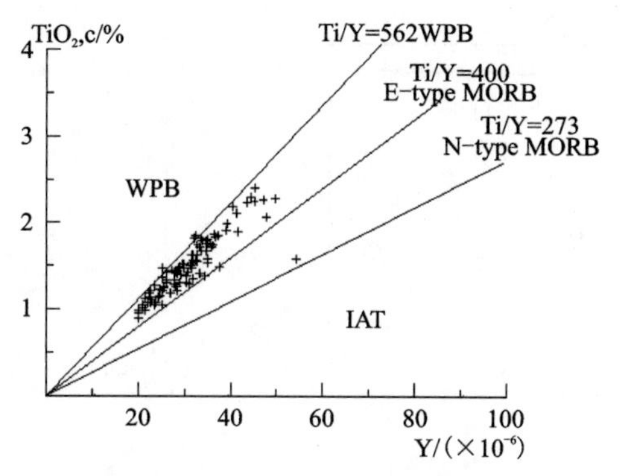

WPB. 板内玄武岩；E-type MORB. 异常型洋中脊玄武岩；N-type MORB. 正常型洋中脊玄武岩；IAT. 岛弧拉斑玄武岩。

图 6-10　TiO_2-Y 图解（据张旗等，1985）

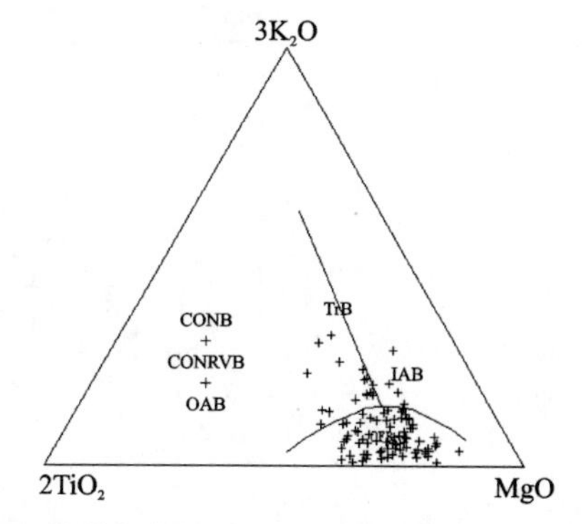

OFB. 大洋玄武岩；IAB. 岛弧玄武岩；TrB. 过渡型玄武岩；OAB. 大洋碱性玄武岩；CONB. 大陆玄武岩；CONRVB. 大陆裂谷玄武岩。

图 6-11　K_2O-TiO_2-MgO 图解（据莫宣学等，1993）

（3）由 Ti-Zr 图解（图 6-12）可以看出样品大部分投影于洋中脊玄武岩中，少部分投影点落入洋中脊玄武岩中、岛弧玄武岩和板内玄武岩的附近区域。

（4）由 Ti-Cr 图解（图 6-13）将玄武岩类型分为洋底玄武岩、岛弧拉斑玄武岩两部分，矿区内投影点全部投影在洋底玄武岩区域，无岛弧拉斑玄武岩。

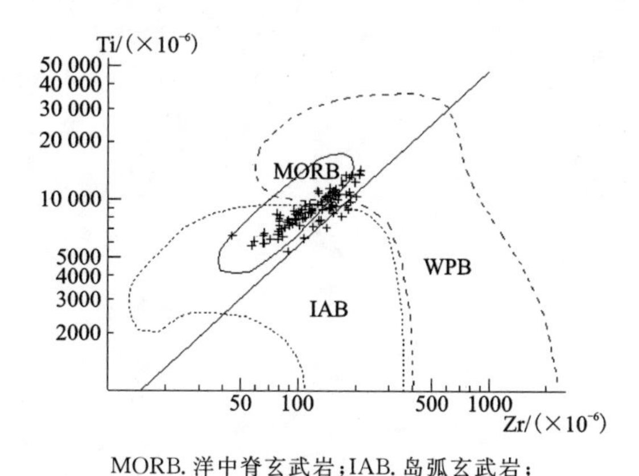

MORB. 洋中脊玄武岩；IAB. 岛弧玄武岩；WPB. 板内玄武岩。

图 6-12　Ti-Zr 图解（据 Pearce，1982）

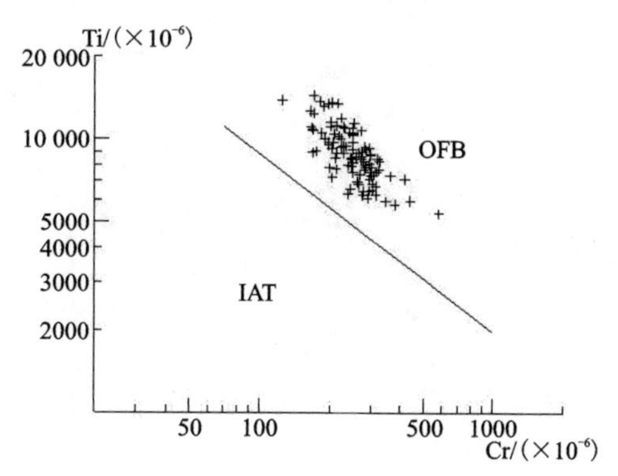

OFB. 洋底玄武岩；IAT. 岛弧拉斑玄武岩。

图 6-13　Ti-Cr 图解

（5）岩浆在分离结晶过程中，La 和 Sm 丰度几乎同步增长，因此 La/Sm 比值基本保持不变，而在平衡部分熔融过程中，由于 La 和 Sm 所表现的分配系数不同，造成 La/Sm 比值逐渐增大，因此 La/Sm 可以有效地区分两种岩浆演化过程，从图 6-14 中可见，随着 La 丰度增高，La/Sm 值逐渐增加，表明玄武岩岩浆的平衡部分熔融作用是岩石形成的主要控制作用。

综上所述，研究区含矿火山岩系形成环境以洋中脊、大洋、洋底环境为主，少部分为岛弧玄武岩环境，玄武岩岩浆的平衡部分熔融作用是岩石形成的主要控制作用。

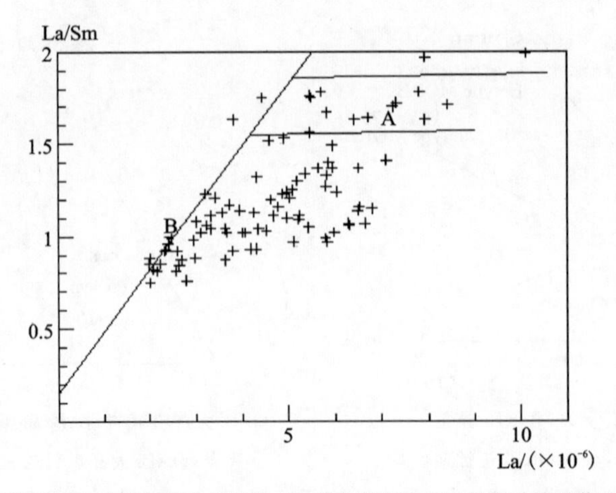

A. 玄武岩岩浆的分离结晶作用趋势；B. 玄武岩岩浆的平衡部分熔融作用趋势。

图 6-14 La/Sm-La 图解(底图据 Allègre and Minster,1978)

第七章　含矿火山岩系层序特征

20世纪20年代我国学者就针对浙闽赣中生代火山岩开展了火山旋回研究(王中杰等，1988,1999)，起初针对火山岩地区是以地质填图的方式进行地质勘探工作，伴随着实际野外地质勘探工作的发展，学者总结出火山喷发活动具有一定规律性和岩层特殊性，因此归纳出一类以岩系-旋回-韵律-期次为主的火山岩地层划分方案，该方案在一定时期具有显著成果(赵野，2012；曾胜强，2021)。随着我国科学技术的进步及众多科研学者的深度探索，涉及火山旋回的科研成果越来越多，不同的学者依据不同的地质情况提出了不同类型的火山旋回划分方案。谢家莹(1996)认为在陆相火山岩矿区中利用旋回-组-岩相-层的方法划分火山岩层序是有效的，而罗权生等(2009)认为划分火山岩层序采用旋回-亚旋回-期次-韵律-层的方法是比较可靠的。伴随着火山旋回划分方案的不断改进，紧接着涌现出了更多的旋回划分方法：衣健等(2011)利用地球物理二维精细解剖的方法识别出了具有旋回韵律划分特征的地质界面；韩世礼等(2012)对埃塞俄比亚北部施瑞地区利用小波分析处理的方法完成了火山旋回、韵律的划分，也为火山岩地区研究工作提供了一种新的手段。针对火山旋回韵律的划分，不同学者针对不同地区采取了不同手段进行探索，已经涉及地球物理、地球化学、数学分析、同位素定年等多方面学科知识，也展现了我国学者智慧的结晶。

第一节　含矿火山岩系岩相学研究

杨万铜矿火山岩建造为一套中三叠统喷发的基性熔岩和凝灰质岩类，由海相基性火山岩、陆相基性火山岩和次火山岩组成，并以海相基性火山岩为主。岩性有玄武岩、玄武质角砾岩、凝灰岩等，以玄武岩为主。杨万铜矿火山岩系受变质变形的影响，其产出分布、矿物组成、结构构造都发生了明显的变化，甚至化学组成也有所改变，加之多期次次火山岩辉绿岩、辉长岩侵入，从而使得火山旋回的划分变得较为困难。本次研究工作，通过坑道、钻孔综合观测与采样，结合岩矿鉴定与测试分析，综合研究该火山岩系的岩性、岩相类型、火山旋回特征。本次研究对象主要为杨万含矿火山岩系杨万组下段 T_2y^1，共5个亚段，从上到下分别是 $T_2y^{1\text{-}5}$、$T_2y^{1\text{-}4}$、$T_2y^{1\text{-}3}$、$T_2y^{1\text{-}2}$ 和 $T_2y^{1\text{-}1}$。

一、岩性组构特征

1. 杨万组下段第五亚段(T_2y^{1-5})

此亚段以灰白色、灰绿色凝灰岩为主，夹凝灰质泥岩，灰白色、灰绿色玄武岩次之，局部见有斑状玄武岩，厚35～100m。

(1)玄武岩：灰白色、黄绿色，新鲜面呈浅灰绿色，隐晶质结构，块状构造。矿物成分主要由辉石、斜长石等组成；见碳酸盐化、微细脉状硅化，岩石绿泥石化、方解石化较明显，钻孔编录时见玄武岩、凝灰岩互层(图7-1a)；肉眼(借助放大镜)可见组成矿物主要为板条状斜长石、绿泥石化短柱状辉石，见方解石脉充填的不规则网状微细裂隙发育，岩石节理发育；在玄武岩局部见少量星点状、条带状、脉状黄铁矿化；T_2y^{1-5}与T_2y^{2-1}岩性分界线比较清晰，下部为T_2y^{1-5}玄武岩，上部为T_2y^{2-1}杂砂岩(图7-1b)。

a. 玄武岩与凝灰岩互层

b. T_2y^{1-5}玄武岩与T_2y^{2-1}杂砂岩

图7-1 T_2y^{1-5}玄武岩

(2)斑状玄武岩：灰白色、灰绿色，无明显风化现象，新鲜面呈浅棕灰色，斑状、玻基斑状结构，块状构造。矿物成分主要由斑晶斜长石、基质辉石、少量橄榄石等组成；岩石碳酸盐化，绿泥石化。

(3)凝灰岩：灰白色、灰绿色，凝灰质结构，块状构造。矿物成分主要由玄武岩岩屑、矿物碎屑组成，矿物碎屑的主要矿物为长石、辉石。岩石局部裂隙发育、破碎，碳酸盐化强烈；局部碳酸盐化、绿泥石化(图7-2)。

图7-2 T_2y^{1-5}凝灰岩

2. 杨万组下段第四亚段(T_2y^{1-4})

黄绿色、灰绿色玄武岩与灰白色、灰绿色凝灰岩互层，夹凝灰角砾岩，凝灰岩局部夹有薄层泥岩、凝灰质泥岩、中粒岩屑砂岩，厚100～260m。

(1)玄武岩：黄绿色、灰绿色、暗紫红色，隐晶质结构，块状构造。矿物成分主要由辉石、斜长石等组成;见碳酸盐化、微细脉状硅化,岩石绿泥石化、方解石化较明显;肉眼(借助放大镜)可见组成矿物主要为板条状斜长石、绿泥石化短柱状辉石,见方解石脉充填的不规则网状微细裂隙发育,岩石节理发育;在玄武岩局部见少量星点状、条带状、脉状黄铁矿化(图 7-3)。

a. ZK8007 灰绿色玄武岩

b. 绿帘石化玄武岩

图 7-3 T_2y^{1-4}玄武岩

(2)凝灰岩:灰白色、灰绿色、黄绿色,凝灰结构,块状构造。碎屑成分主要为晶屑、玻屑及火山微尘。晶屑主要为石英及斜长石,填隙物为火山微尘,呈灰绿色,粒度细小;凝灰岩中夹有中粒岩屑砂岩(图 7-4)。

a. ZK8001 黄绿色间暗灰绿色凝灰岩

b. 凝灰岩夹中粒岩屑砂岩

图 7-4 T_2y^{1-4}凝灰岩

(3)凝灰角砾岩:灰白色、黄绿色、灰绿色,凝灰-角砾结构,块状构造(图 7-5a)。角砾颜色组成复杂,有灰色、黄绿色、浅灰白色角砾,以黄绿色角砾为主,无明显稀盐酸反应;基质总体颜色为浅灰色,常见浅灰白色、白色斑点,稀盐酸反应较强。常见黄铁矿化、绿泥石化、蛇纹石化(图 7-5d)。角砾/基质比例约 3∶1。镜下常见斑状结构,间隐、间玻结构(图 7-5b),纤维、纤柱变晶结构,细粒结晶结构。金属矿物总量小于 0.5%,仅见黄铁矿;包括隐晶-玻璃质在内,非金属矿物总量大于 99.5%。其中,玄武岩角砾的隐晶-玻璃呈棕色,半透明,约占 50%;晶质矿物主要为斜长石(35%)、蚀变辉石(10%)、橄榄石(<0.5%)、透闪石(2%)、蛇纹石(2%)、石英(2%)、绿帘石(<1%)、方解石(<1%)。斜长石主要呈格架状分布在玄武岩角砾内,长径 0.05~0.15mm,其间充填隐晶质、玻璃质,构成间隐、间玻结构。辉石透闪石化、绿

泥石化较明显。透闪石纤柱状，长径 0.1～0.2mm，主要呈脉状穿插玄武岩角砾。蛇纹石纤维状集合体，长径 0.1～0.2mm，集合体呈不规则脉状、网脉状穿插岩石，尤以熔岩角砾蛇纹石脉更加发育。石英在玄武岩角砾内，呈他形粒状，粒径 0.05～0.1mm，主要为细脉状、网脉状他形石英集合体，多为石英单矿物脉，可与黄铁矿共生，构成石英黄铁矿脉，脉内石英可环绕黄铁矿晶粒梳状生长，角砾间石英碎屑、硅质岩碎屑及凝灰质胶结(图 7-5c)。橄榄石(粒径 0.05～0.15mm)主要在斑状玄武岩角砾内呈半自形—自形粒状稀疏分布。绿帘石主要呈不规则脉状在玄武岩角砾内分布。黄铁矿为半自形—他形立方体晶粒，粒径 0.1～0.3mm，主要在基质中呈短小脉状、斑点状分布，与石英伴生，可见石英沿黄铁矿颗粒边缘梳状生长。

a. ZK8001-3y 基性凝灰角砾岩

b. 玄武岩角砾具长石透闪石化辉石间粒间隐结构 10×(－)

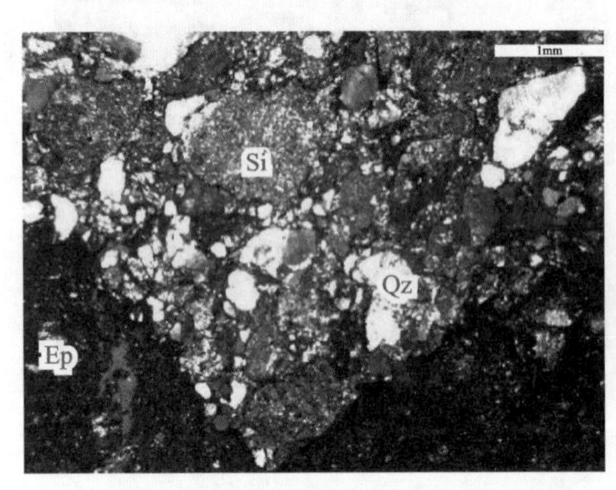

c. 角砾间石英碎屑、硅质岩碎屑及凝灰质胶结 2.5×(＋)

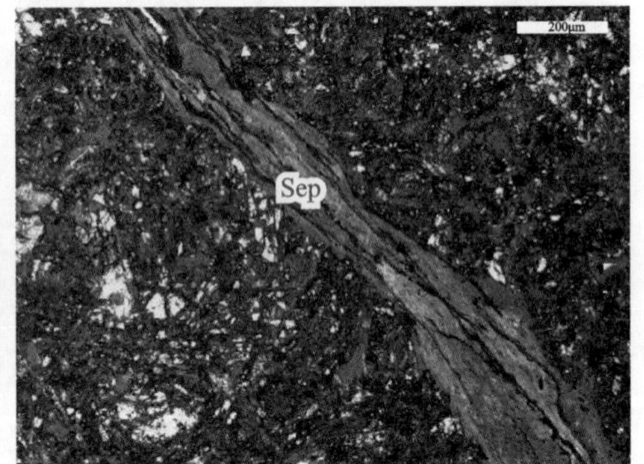

d. 蛇纹石脉穿切绿帘石化玄武岩角砾 10×(＋)

图 7-5　T_2y^{1-4} 凝灰角砾岩

3. 杨万组下段第三亚段(T_2y^{1-3})

此亚段以紫红色、紫灰色凝灰角砾岩为主，浅灰色、黄褐色玄武岩次之，局部夹斑状玄武岩透镜体，零星分布有辉绿岩脉，顶部为紫红色泥质岩。为那竜一带铜矿含矿层位，厚 274～310m。

(1)斑状玄武岩：浅灰绿色、黄褐色(图 7-6a)，玻基斑状结构(图 7-6b)，镜下常见纤维-鳞片变晶结构、柱粒状变晶结构、微细粒结晶结构，基质具间粒间隐结构(图 7-6c)，块状构造。常见绿泥石化、方解石化、微细脉状硅化。金属矿物总量小于 0.1%，仅见黄铁矿。非金属矿物总量(包括隐晶-玻璃质)大于99.9%。

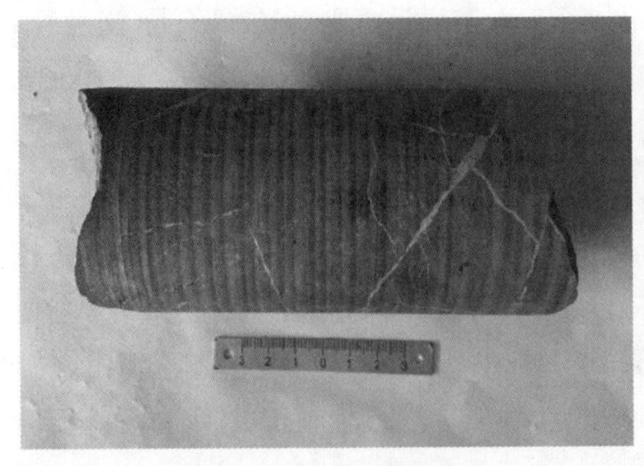

a. ZK2705-4y变斑状玄武岩

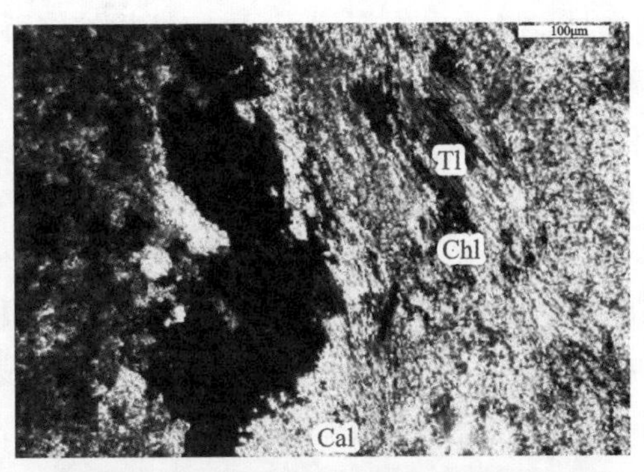

b. 玻璃质中的斜长石斑晶，玻基斑状结构 5×(−)

c. 基质具间粒间隐结构 5×(+)

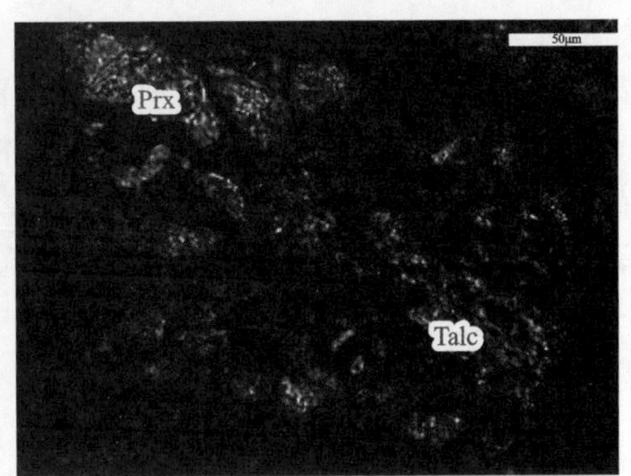

d. 辉石滑石化较强烈 50×(+)

图7-6　T_2y^{1-3}变斑状玄武岩

其中，隐晶-玻璃质含量40%～45%，各类晶质矿物含量55%～60%。晶质矿物主要为斜长石(20%～25%)、假象辉石(15%～20%)、绿泥石(3%～4%)、方解石(4%～5%)，少量绿帘石(0.2%～0.3%)、透闪石(0.1%～0.2%)，极少量蛇纹石及滑石。斜长石有两种产出形式：其一为自形板柱状，粒径0.1～0.3mm；其二为细长柱状，长径0.1～0.2mm，呈格架状分布在隐晶质、玻璃质内。辉石主要为普通辉石，常见透闪石化、绿泥石化、方解石化、滑石化(图7-6d)。绿泥石鳞片状集合体，长径0.05～0.15mm，主要呈脉状产出，部分交代辉石，在其内部及边缘分布。石英主要为不规则脉状集合体产出的粒径为0.01～0.15mm的细粒他形石英(90%)。绿帘石为短柱状，长径0.05～0.1mm，主要沿解理、裂隙交代辉石，使辉石呈残留体。方解石主要为粒径0.01～0.02mm的不规则粒状集合体呈脉状产出。透闪石为纤柱状，长径0.1～0.2mm，主要在方解石脉内呈残留体产出，可被绿泥石集合体穿插交代。滑石为鳞片状，片径0.02～0.03mm，呈不规则集合体在辉石内部沿解理、裂隙交代。黄铁矿他形、半自形立方体晶粒，粒径0.005～0.01mm，主要在蛇纹石、绿泥石集合体内稀疏浸染，部分则呈显微脉状穿插蛇纹石绿泥石集合体。

(2)凝灰角砾岩：灰紫色、紫灰色，凝灰—角砾结构，块状构造(图7-7a)。镜下可见鳞片变晶结构、柱粒状变晶结构、细粒结晶结构、块状构造。凝灰质基质为紫红色，角砾颜色主要为紫红色，有灰色、紫灰色角砾，角砾砾径5～20mm，多呈次圆粒状、次棱角状，角砾间晶屑凝灰质胶结(图 7-7b),角砾与基质界面较清晰。角砾/凝灰质比例约 3∶1。基质除紫灰色凝灰质以外,也见少量火山岩屑,凝灰质胶结物蛇纹石化(图 7-7c)。不规则状方解石脉较发育,多数沿角砾与基质界面充填交代。肉眼(借助放大镜)可见组成矿物主要为粒径 0.1～0.2mm 的长石和脉状方解石。金属矿物总量小于 0.1%,仅见黄铁矿;包括隐晶-玻璃质在内,非金属矿物总量大于 99.9%。其中,隐晶-玻璃呈质棕色,半透明,约占 60%。晶质矿物主要为斜长石(30%)、绿泥石(4%)、绿帘石(1%)、滑石(1%～2%)、石英(1%)、方解石(2%)。除在偏光显微镜下无法有效鉴定的弱脱玻化隐晶质及玻璃质(60%)外,可辨矿物包括:斜长石主要呈格架状分布在细碧岩角砾内,长径 0.05～0.15mm,部分为中空结构,其间充填隐晶质、玻璃质,构成间隐、间玻结构。绿泥石鳞片状集合体,片径 0.1～0.2mm,主要呈不规则脉状、网脉状穿插岩石。绿帘石半自形—他形柱粒状,长径 0.05～0.1mm,主要呈不规则脉状穿切岩石,脉状绿帘石集合体常被绿泥石、蛇纹石交代。滑石为片状、纤维状,长径 0.03～0.1mm,集合体主要呈脉状穿切岩石,明显交代绿帘石、绿泥石及石英。石英他形粒状,粒径 0.05～0.1mm,主要为细脉状、网脉状他形石英集合体,多为石英单矿物脉,可见石英绿帘石脉及方解石石英脉。在凝灰质基质可见极少量粒径 0.01～0.02mm 的石英晶屑。方解石大部分呈单矿物细脉、方解石滑石脉或在石英脉、石英绿帘石脉内沿石英、绿帘石粒间孔隙分布(图 7-7d)。

a. ZK8007-4y 凝灰角砾岩

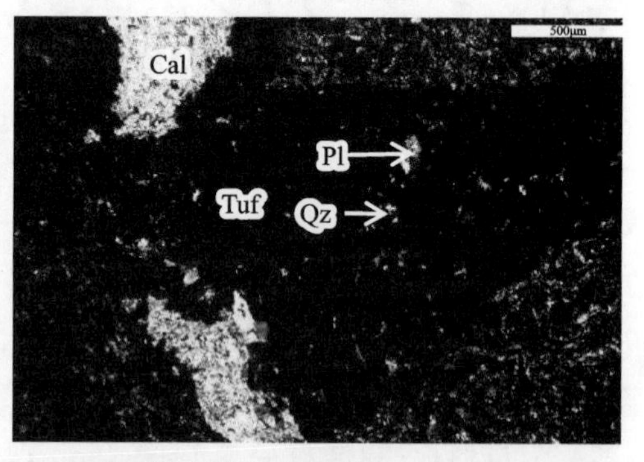

b. 角砾间晶屑凝灰质胶结物 5×(+)

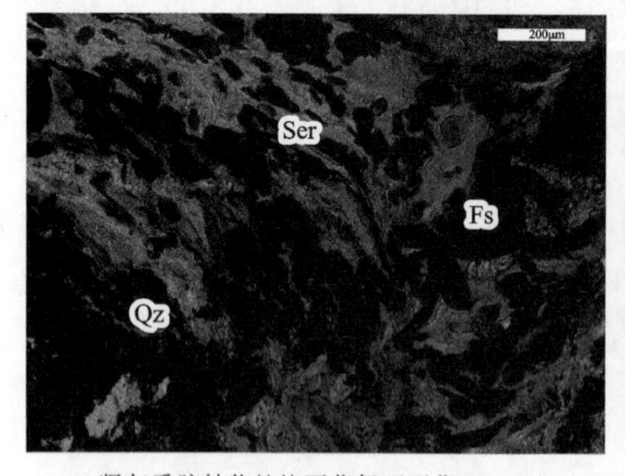

c. 凝灰质胶结物蛇纹石化伊丁石化 10×(+)

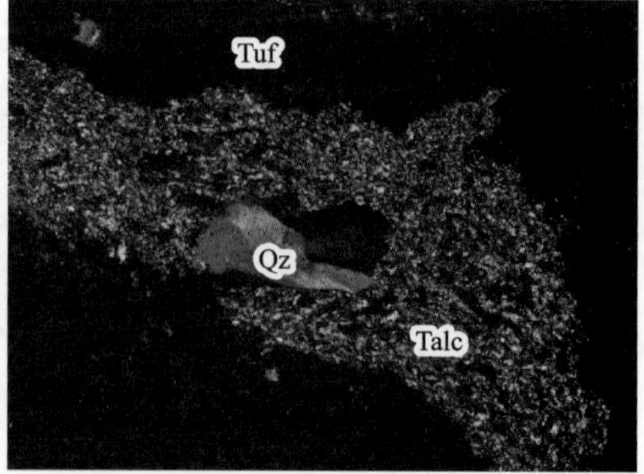

d. 方解石脉穿插角砾间晶屑凝灰质胶结物 10×(－)

图 7-7　T_2y^{1-3}凝灰角砾岩

(3)泥质岩:紫红色,质地较软,泥质结构,有厚 1～2mm 具颗粒感的浅紫红色纹层和厚 3～5mm 的深紫红色纹层的纹层状构造(图 7-8a、d)。肉眼(借助放大镜)可见组成矿物主要为粒径不足 0.2mm 的碎屑状石英。金属矿物总量约 5%,仅见铁氧化物;镜下常见晶屑凝灰结构(图 7-8b),非金属矿物总量约 95%,主要为石英粉屑和黏土矿物组成的泥质组分(其中,石英粉屑 20%～30%,黏土矿物 70%～80%,总量占比约 90%)、粉砂级碎屑石英(3%～5%)及粉砂级硅质岩岩屑(<1%)。泥质物和粉砂级碎屑的含量比例随纹层岩性而明显变化。石英主要呈粒径为 0.03～0.05mm 的棱角状、次棱角状粉砂级碎屑,穿插紫红色晶屑凝灰岩(图 7-8c)。在浅紫红色次要纹层,石英粉砂含量比例可达 5%～6%;在深紫红色主要纹层,粉砂级石英含量约 3%。黏土矿物大部分为粒径不足 0.005mm、光学显微镜难以有效鉴别的其他黏土矿物。铁氧化物大多数呈吸附态分散于黏土矿物,相对而言,团粒状铁氧化物在石英粉砂含量较高的纹层含量比例略高。

a. ZK8007-5y 紫红色纹层状含铁泥质岩

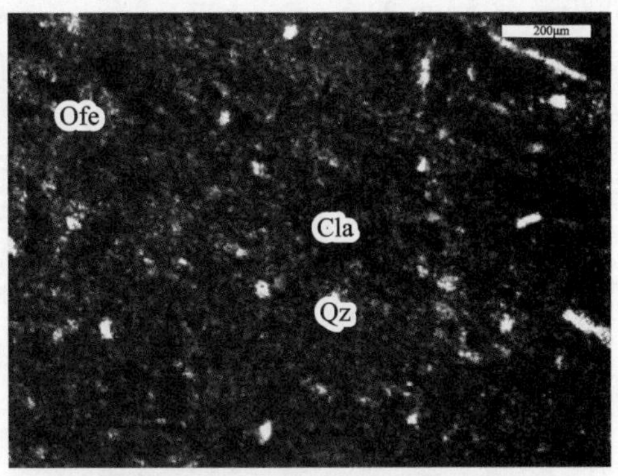

b. 紫红色凝灰岩晶屑凝灰结构 10×(—)

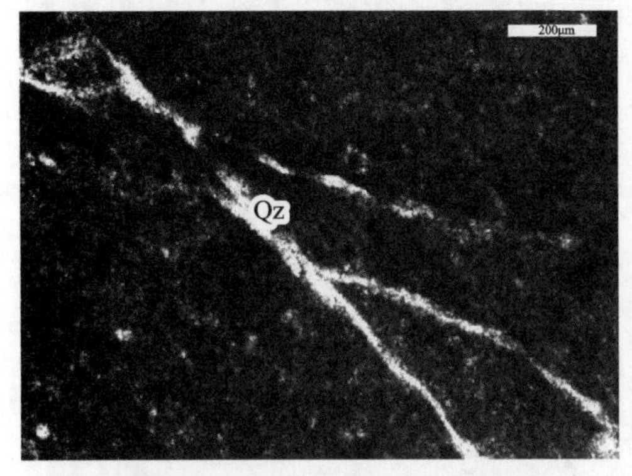

c. 石英脉穿插紫红色晶屑凝灰岩 10×(+)

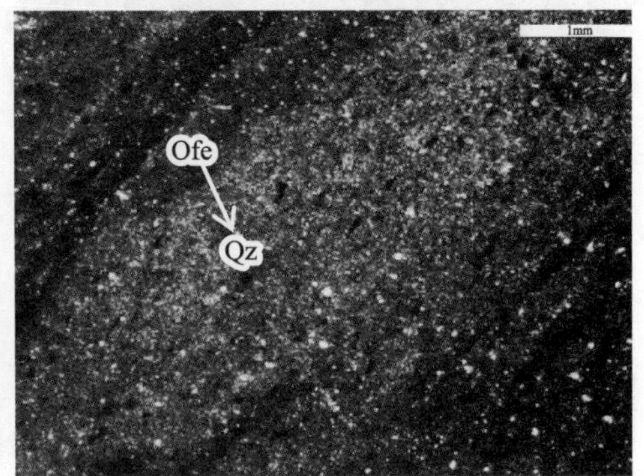

d. 紫红色晶屑凝灰岩具纹层状构造 2.5×(—)

图 7-8　T_2y^{1-3} 泥质岩

4. 杨万组下段第二亚段(T_2y^{1-2})

暗灰绿色、灰白色玄武岩与紫红色凝灰岩互层,夹紫红色—暗灰绿色凝灰角砾岩,局部夹斑状玄武岩透镜体,零星分布有辉绿岩脉,为新寨矿段、老厂坡矿段主要含矿层位,厚 18～120m。

（1）玄武岩：暗灰绿色、灰白色，少量浅灰褐色，镜下常见角砾结构，间隐、间玻结构（图 7-9b），鳞片变晶结构，柱粒状变晶结构，细粒结晶结构，块状构造（图 7-9a）。基质为浅灰色，角砾主要为暗灰绿色，部分为灰色。角砾砾径 5～45mm，差异悬殊，以粗砾为主，细砾较少，形态多为次棱角状，部分较小角砾为次圆粒状，角砾/凝灰质比例约 3∶1。除脉状方解石以外，肉眼（借助放大镜）可见组成矿物主要为粒径 0.1～0.2mm 的长石、蚀变辉石，脉状绿帘石及脉状绿泥石，偶见石英脉。岩石方解石化、绿泥石化、硅化、绿帘石化。金属矿物总量小于 0.1%，仅见黄铁矿；包括隐晶-玻璃质在内，非金属矿物总量大于 99.9%。其中，隐晶-玻璃质呈棕色，半透明，约占 50%。晶质矿物主要为斜长石（25%）、方解石（15%）、辉石（3%）、绿泥石（4%）、绿帘石（2%）、石英（<1%），极少量伊丁石。斜长石主要呈格架状分布在玄武岩角砾内，长径 0.05～0.15mm、部分为中空结构。方解石多数呈单矿物细脉穿插角砾或沿角砾间裂隙空隙充填交代，部分则在基质中呈斑点状、不规则短小脉状产出。辉石大部分在基质中呈 0.005～0.05mm 的短柱状、碎粒状浸染。绿泥石鳞片状集合体，长径 0.1～0.2mm，集合体梳状、放射状，主要呈不规则脉状、网脉状穿插岩石，尤以熔岩角砾间绿泥石脉更加发育，绿泥石脉可包含绿帘石残留体，可被方解石脉穿切，角砾与胶结物间含伊丁石绿帘石的绿泥石脉（图 7-9c），见方解石脉穿切绿泥石脉（图 7-9d）。绿帘石半自形—他形柱粒状，长径 0.05～0.15mm，不规则脉状，沿角砾与基质界面或在基质内多见，可在脉状绿泥石集合体内呈残留体。石英他形粒状，粒径 0.05～0.1mm，主要为细脉状、网脉状他形石英集合体。

a. ZK8001-2y 玄武岩

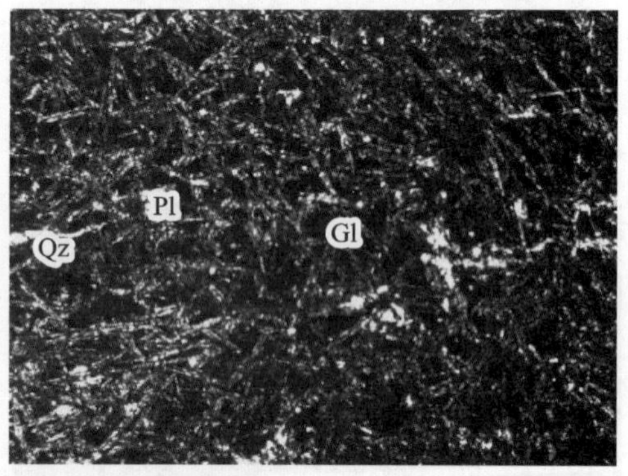

b. 细碧质熔岩角砾间隐（间玻）结构 10×（+）

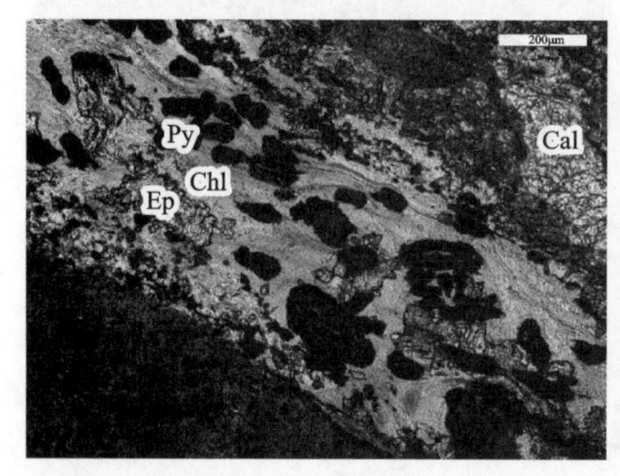

c. 角砾与胶结物间含伊丁石绿帘石的绿泥石脉 10×（一）

d. 角砾间碎屑见方解石脉穿切绿泥石脉 10×（+）

图 7-9 T_2y^{1-2} 玄武岩

(2)斑状玄武岩：浅棕灰色、灰绿色、灰白色，斑状结构、玻基斑状结构(图7-10b)，块状构造。镜下常见纤维变晶结构、鳞片变晶结构、粒状变晶结构、微细粒结晶结构(图7-10c)、玻璃球粒结构(图7-10a)。肉眼常见组成矿物有粒径为0.1～0.2mm的板条状斜长石、短柱状辉石。常见绿泥石化、蛇纹石化、可见微细脉状硅化，局部方解石化。金属矿物总量小于0.1%，非金属矿物总量(包括玻璃质)大于99.9%。其中，玻璃质含量70%～75%，各类晶质矿物含量25%～30%。晶质矿物主要为斜长石(7%～8%)、辉石(4%～5%)、橄榄石(0.5%)、绿泥石(1%～2%)、蛇纹石(1%～2%)、滑石(1%～2%)，方解石(0.5%～1%)、绿帘石(0.5%)。

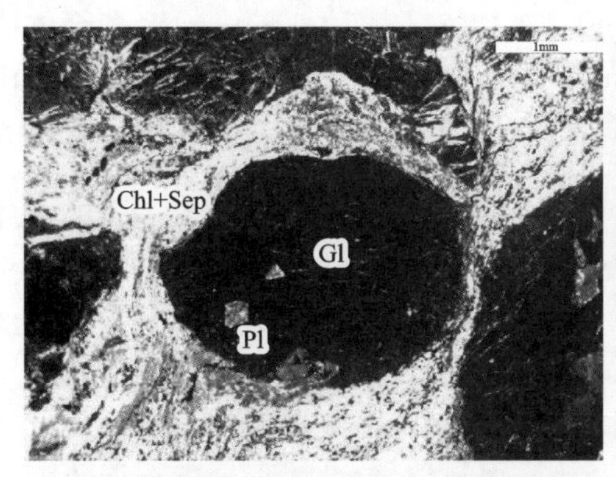

a. 斑状玄武岩玻璃球粒结构 2.5×(－)

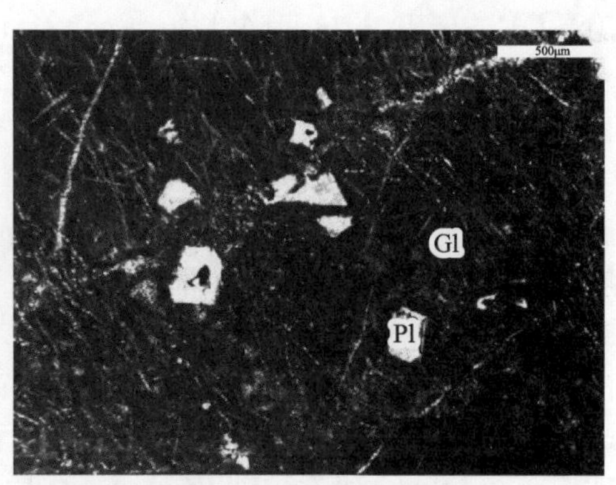

b. 玻璃质中的斜长石斑晶，玻基斑状结构 5×(－)

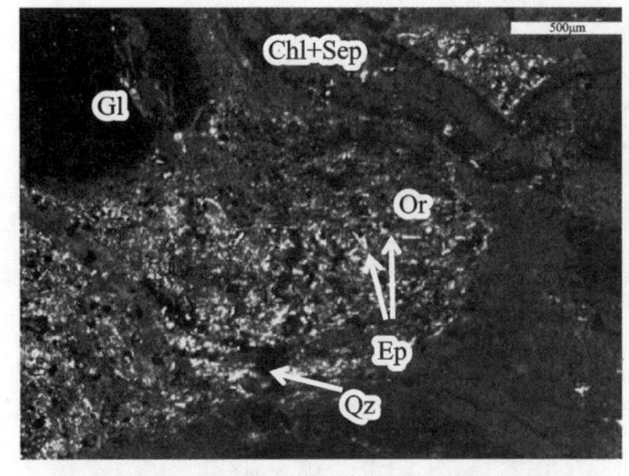

c. 球粒状残余玻璃脱玻化形成细粒变晶结构 5×(+)

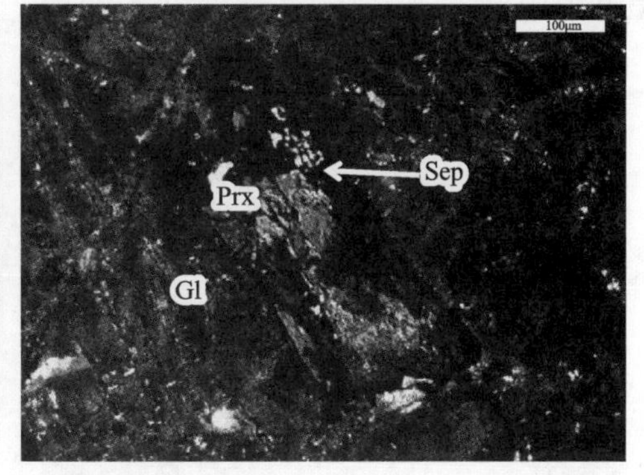

d. 玻璃质中的辉石斑晶、基质为间玻结构 20×(+)

图7-10　T_2y^{1-2}斑状玄武岩

长石主要为斜长石，有两种产出形式：自形板柱状、细长柱状；辉石主要为普通辉石，自形短柱状，粒径0.2～0.3mm，在棕色玻璃质内呈斑晶产出(图7-10d)，蛇纹石化、方解石化较强烈。橄榄石自形、半自形粒状，粒径0.1～0.2mm，在棕色玻璃体内呈斑晶出现，绿泥石化较强。石英主要为呈细脉、网脉状集合体产出的粒径为0.01～0.05mm细粒他形石英(90%)。蛇纹石为纤维状集合体，长径0.05～0.15mm，主要分布在球状玻璃残留体颗粒之间。滑石为纤维状集合体，长径0.05～0.15mm，主要分布在球状玻璃残留体颗粒之间，穿插绿泥石脉、蛇纹石脉。绿泥石为细鳞片状，片径0.05～0.15mm，绝大部分呈显微脉状在玻璃质球粒间穿插蛇纹石集合体。绿帘石短柱状，长径0.05～0.1mm，主要分布在脱玻化球粒中。方解石主要呈粒径为0.01～0.02mm的不规则粒状，与蛇纹石组成显微脉体。黄铁矿为他形、半自形立方体晶粒，粒径0.005～0.01mm，主要在蛇纹石、绿泥石集合体内稀疏浸染。

(3)凝灰角砾岩：紫红色—暗灰绿色，凝灰-角砾结构，块状构造(图7-11a)，凝灰质基质为黄褐色，角砾颜色组成复杂，有灰色、暗灰绿色及紫红色角砾，以暗灰绿色角砾为主。角砾与凝灰质比例约 3∶1；石英细脉网脉较发育，熔岩角砾间凝灰质胶结（图 7-11b）。肉眼（借助放大镜）可见组成矿物主要为粒径为 0.1～0.2mm 的长石、脉状石英、脉状绿帘石及脉状绿泥石，石英脉内偶见方解石。岩石细脉状硅化、绿帘石化较明显，方解石化。金属矿物总量小于 0.1%，仅见黄铁矿；包括隐晶-玻璃质在内，非金属矿物总量大于 99.9%。其中，隐晶-玻璃质呈棕色，半透明，约占 60%。晶质矿物主要为斜长石（25%）、绿泥石（5%）、绿帘石（3%）、石英（5%）、方解石（1%）。斜长石主要呈格架状分布在玄武岩角砾内，长径 0.05～0.15mm，其间充填隐晶质、玻璃质，构成间隐结构。绿泥石纤柱状集合体，长径 0.1～0.2mm，集合体梳状、放射状，主要呈不规则脉状、网脉状穿插岩石，尤以熔岩角砾绿泥石脉更加发育。绿帘石半自形—他形柱粒状，绿帘石或石英绿帘石集合体主要呈不规则脉状、网脉状穿切岩石（图 7-11c），与石英共生的脉体可含少量黄铁矿。石英呈他形粒状，粒径 0.05～0.1mm，主要为细脉状、网脉状他形石英集合体，多为石英单矿物脉，可含黄铁矿的石英绿帘石脉及方解石石英脉。在凝灰质基质可见极少量粒径 0.01～0.02mm 的石英晶屑。方解石呈粒径 0.003～0.005mm 的粒状他形晶凝灰质基质均匀散布，少部分呈单矿物细脉或在石英脉、石英绿帘石脉内沿石英、绿帘石粒间孔隙分布。斜黝帘石仅在熔岩角砾边缘褪色化带呈粒径为 0.05～0.15mm的半自形—他形柱粒状稀疏浸染。黄铁矿为半自形—他形立方体晶粒（图 7-11d），粒径 0.03～0.05mm，主要在熔岩角砾与凝灰质基质界面星散状分布，部分与石英、绿帘石伴生，呈脉状产出。

a. ZK2705-2y 基性凝灰角砾岩

b. 灰绿色（左上）、紫红色（右）熔岩角砾间凝灰质胶结及石英脉穿插 2.5×（一）

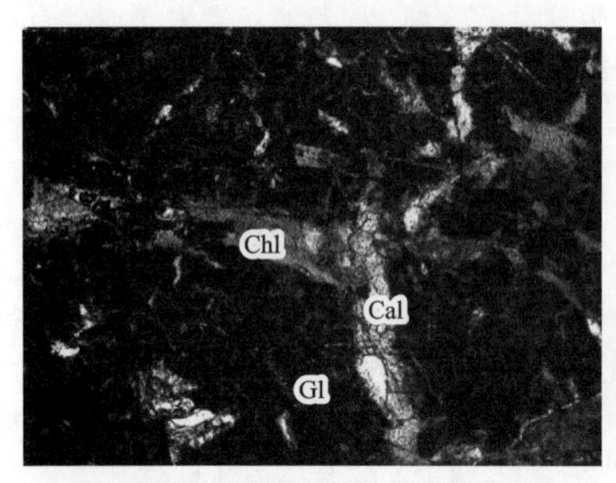

c. 熔岩角砾绿帘石绿泥石脉被方解石脉穿插 5×（一）

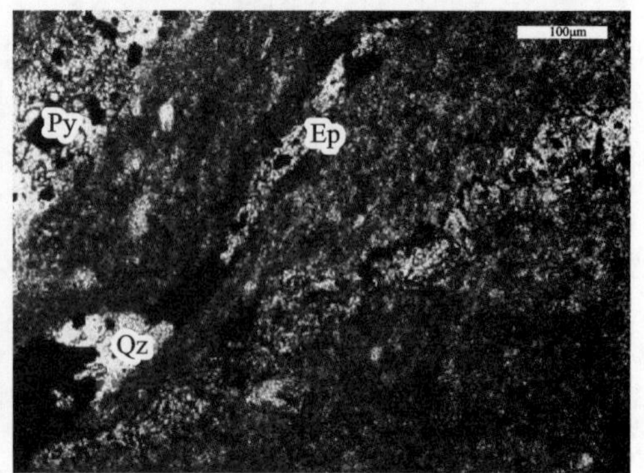

d. 石英绿帘石脉含半自形黄铁矿 20×（一）

图 7-11　$T_2y^{1\text{-}2}$ 变斑状玄武岩

(4)变辉绿岩:暗灰绿色,变余辉绿结构,细粒结晶结构,块状构造(图 7-12a)。肉眼(借助放大镜)可见组成矿物主要有粒径为 0.5～1.5mm 的斜长石、辉石及其退变质纤柱状矿物(图 7-12b)。岩石透闪石化、绿泥石化、方解石化、蛇纹石化、硅化。金属矿物总量小于 0.5%,为黄铁矿;非金属矿物总量大于 99.5%,主要为斜长石(45%),透闪石化、绿泥石化辉石(25%),透闪石(10%),绿泥石(3%),方解石(2%～3%),蛇纹石(1%),少量绿帘石(<0.5%),石英(<0.5%)。斜长石呈粒径为 0.15～0.25mm 的半自形板柱状,个别可见聚片双晶,在格架内均匀分布,格架内充填短柱状辉石。辉石呈粒径为 0.1～0.2mm 的他形—半自形短柱状分布在斜长石格架内,少数被透闪石、绿泥石交代(图 7-12c)。透闪石完全交代辉石晶体颗粒。绿泥石为鳞片状集合体,片径 0.1～0.2mm,交代辉石,沿辉石内部及边沿、斜长石裂隙及孔隙充填交代,析出铁质形成自形立方黄铁矿。绿帘石大部分呈粒径为 0.03～0.15mm 的短柱状半自形—他形晶集合体脉状穿插岩石,较厚脉体内绿帘石晶粒较粗,较薄脉体内绿帘石晶粒较小,随远离绿帘石脉体含量降低直至消失。蛇纹石为纤维状集合体,长径 0.03～0.1mm,呈细脉状穿插岩石,但常被方解石脉穿切或构成复脉。方解石主要呈他形晶集合体呈细脉状产出,部分则呈斑点状集合体在透闪石、斜长石粒间及内部裂隙充填交代,方解石细脉状穿切绿帘石脉、石英脉及蛇纹石脉(图 7-12d)。石英主要呈粒径为 0.1～0.2mm 的半自形—他形粒状呈细脉状产出,部分与绿帘石构成绿帘石石英脉,少量在脉体旁侧零星浸染。黄铁矿他形—半自形立方体晶粒,粒径 0.05～0.1mm,呈较均匀星散状分布在造岩矿物粒间。

a. ZK3701-1y 变辉绿岩

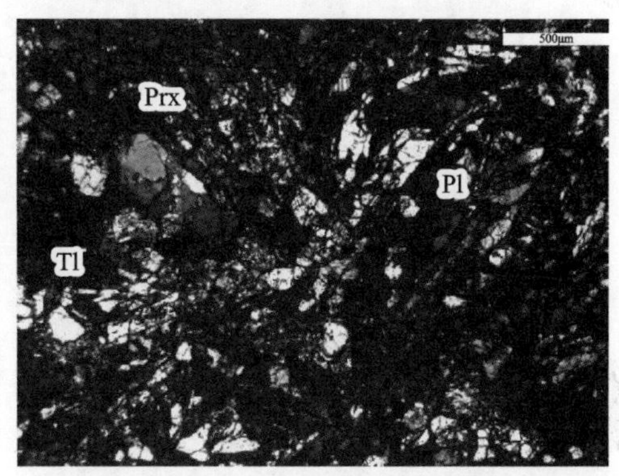

b. 岩石由斜长石和辉石及其蚀变矿物组成 5×(+)

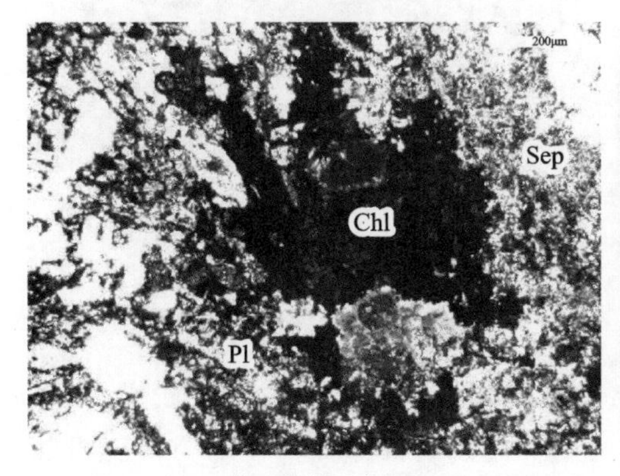

c. 辉石绿泥石化 10×(-)

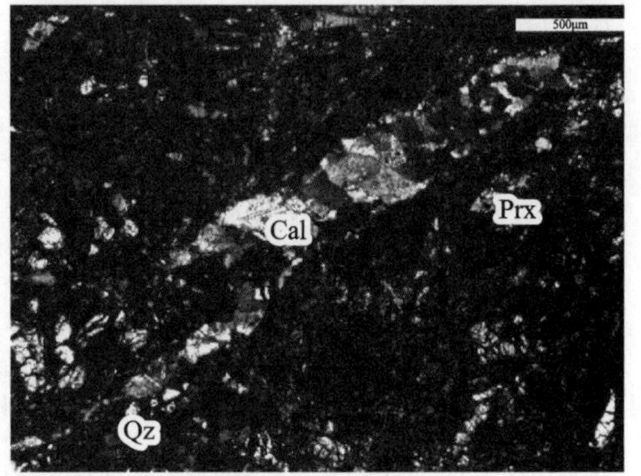

d. 方解石脉状穿插辉绿岩 5×(+)

图 7-12　$T_2y^{1\text{-}2}$变辉绿岩

(5)变基性凝灰岩：紫红色、灰绿色，变凝灰结构，镜下常见纤维变晶结构、柱粒状变晶结构、细粒结晶结构，块状构造(图 7-13a)。金属矿物总量 40%，主要为黄铁矿，其次为黄铜矿。非金属矿物(包括凝灰质)总量约 60%，主要为绢云母(20%)、蛇纹石(20%)、滑石(5%)、石英(4%～5%)、方解石(1%～2%)、残余玻屑(1%～2%)及隐晶质。绢云母为片状，片径 0.005～0.15mm，主要在凝灰质角砾与基质中为较均匀定向分布(图 7-13d)。蛇纹石为纤维状，长径 0.05～0.25mm，常见呈束状集合体在凝灰质角砾与基质中为较均匀定向分布。滑石为片状、纤维状，长径 0.05～0.1mm，主要呈脉状产出，常见沿蛇纹石脉外侧边缘放射状生长及脉状穿插蛇纹石脉的现象。石英呈他形粒状，粒径 0.003～0.05mm，石英脉穿切蛇纹石化凝灰岩(图 7-13b)。残余玻屑黄褐色(图 7-13c)，次圆粒状，粒径 0.03～0.05mm，主要不均匀分布在凝灰质中，部分具脱玻化。方解石粒度微细，呈星点状在凝灰质中均匀浸染，极少量在石英脉内沿石英粒间充填交代。

a. ZK8001-1y 变基性凝灰岩

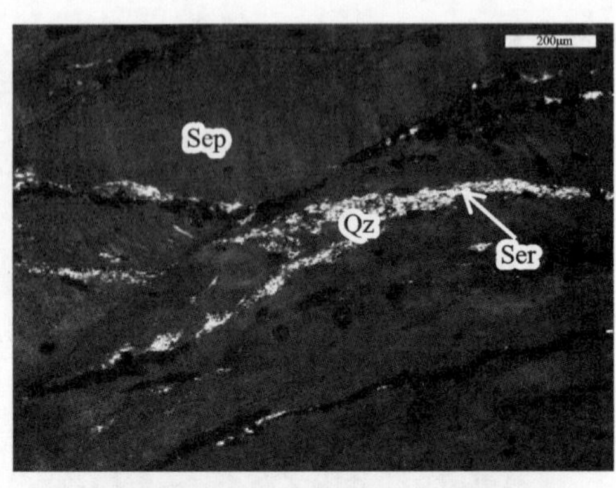

b. 石英脉穿切蛇纹石化凝灰岩 10×(+)

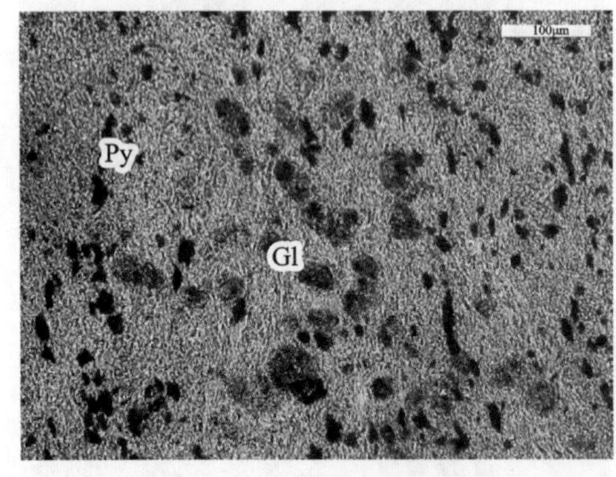

c. 凝灰岩可见半透明残余玻屑均匀分布 20×(−)

d. 凝灰质脱玻化，绢云母定向排列 10×(+)

图 7-13　T_2y^{1-2} 变基性凝灰岩

5)杨万组下段第一亚段(T_2y^{1-1})

以灰绿色玄武岩为主，灰绿色凝灰岩、火山角砾岩次之，局部为细碧-玄武岩、凝灰岩、凝灰质火山角砾岩及斑状玄武岩透镜体，底部偶见枕状玄武岩、硅质岩，顶部为薄层粉砂岩、粉砂质泥岩(±1m)。内有后期辉绿岩岩脉侵入。为老厂坡、那竜、无底洞、头道河、牛厂、龙寿矿区主要含矿层位，厚 540～580m。与下伏地层 T_2f 为不整合接触。

(1)玄武岩:浅灰绿、灰白色,块状构造(图 7-14a、b),隐晶-玻璃质结构。镜下常见(显微)斑状玻基结构,显微斑状结构(图 7-14d),岩石绿泥石化较强,常见微细脉状钠长石化、硅化、绿帘石化及方解石化。隐晶质玻璃质含量 85%以上,可辨非金属矿物总量小于 15%,其中可辨矿物主要为斜长石(5%)、石英(5%)、绿帘石(3%～4%)、绿泥石(1%),极少量辉石及方解石(0.5%)。斜长石呈均匀稀疏分布在隐晶质、玻璃质内的半自形显微斑晶(粒径 0.05mm 左右)及具熔蚀现象的斑晶(粒径 0.2mm 左右)(图 7-14c),熔蚀斑晶碳酸盐化绢云母化较强。石英粒径多为 0.1～0.2mm,呈脉状分布(>95%),其常垂直于脉壁生长,可为单纯的石英脉,也可为钠长石石英脉;少量是粒径为 0.03～0.05mm 的显微斑状半自形石英(<5%)。绿泥石鳞片状集合体,片径 0.05～0.15mm,主要呈脉状产出。绿帘石短柱状,长径 0.05～0.5mm,呈脉状、斑点状产出,脉状绿帘石随脉体厚度不同,粒径也不同,斑点状分布的绿帘石集合体,晶体粒径可达 0.5mm,常与石英共生。在显微斑晶中,粒径 0.03～0.05mm 的短柱状辉石呈半自形晶稀疏分布。方解石主要呈粒径 0.1～0.3mm 不等的不规则粒状集合体,沿钠长石石英脉、石英脉及绿帘石脉的矿物粒间充填,部分则沿脉壁充填交代。黄铁矿半自形—自形立方体晶粒,粒径 0.05～0.10mm,主要沿石英、长石等矿物粒间孔隙及显微裂隙断续分布。

a. ZK401-3y 玄武岩　　b. ZK1905-1y 玄武岩

c. 绢云母化、方解石化长石斑晶 10×(+)　　d. 显微斑状结构 10×(+)

图 7-14　T_2y^{1-1}玄武岩

(2)斑状玄武岩:灰绿色、灰白色,斑状结构,块状构造。斑晶主要为斜长石:灰白色,自形—半自形,板状,粒度 0.5mm×1mm～2mm×5mm;基质为隐晶质,斑状与无斑状玄武岩过渡明显(图 7-15d)。岩石黄铁矿化(图 7-15c)、绢云母化、绿泥石化、角砾岩化(图 7-15a),常见细脉状、不规则状石英及方解石,不规则团块状、脉状黄铁矿发育。偶见自然铜分布于含矿岩石,破碎强烈(图 7-15b),被黄铁矿集合体穿插切割成不规则角砾状、团块状残留体。

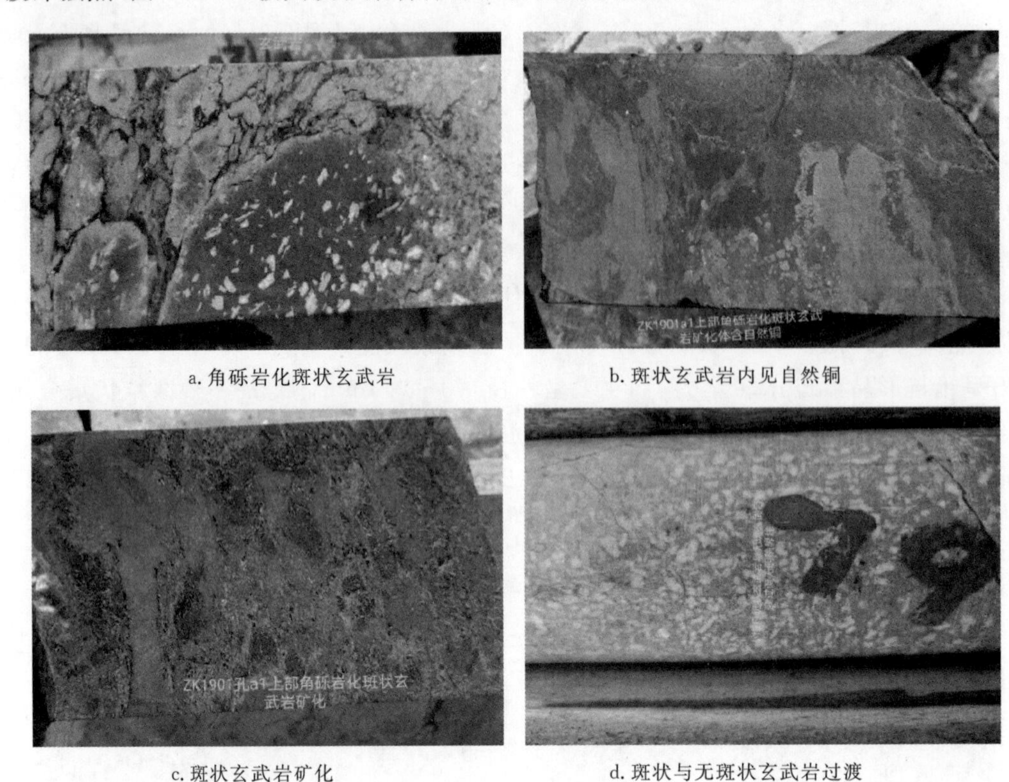

a. 角砾岩化斑状玄武岩　　b. 斑状玄武岩内见自然铜

c. 斑状玄武岩矿化　　d. 斑状与无斑状玄武岩过渡

图 7-15　T_2y^{1-1} 斑状玄武岩

(3)细碧-玄武岩:灰白色、灰绿色,块状构造(图 7-16a),玻基斑状结构。镜下常见间隐、间玻结构(图 7-16b),鳞片变晶结构,微细粒结晶结构。常见绿泥石化、硅化、方解石化及黄铁矿化。隐晶-玻璃质含量 45%~50%,各类晶质矿物含量 50%~55%,晶质矿物主要为斜长石(20%~25%)、辉石(15%~20%)、绿泥石(3%~4%)、方解石(4%~5%),少量石英(0.1%~0.2%)。斜长石有两种产出形式:其一为自形板柱状,粒径 0.1~0.3mm,在棕色玻璃质内呈斑晶产出;其二为细长柱状,长径 0.1~0.2mm,常具中空结构,呈格架状分布在隐晶质、玻璃质内。辉石主要为普通辉石,与斜长石相似,有两种产出形式:其一为自形短柱状,粒径 0.2~0.3mm,在棕色玻璃质内呈斑晶产出;其二为细短柱状,长径 0.1~0.2mm,分布在斜长石格架内。辉石绿泥石化较强,析出铁质。绿泥石鳞片状集合体,长径 0.05~0.15mm,主要呈脉状产出,可被方解石脉状穿插,在其内部及边缘分布。石英主要为呈不规则脉状集合体产出的粒径为 0.01~0.15mm 的细粒他形石英(90%)。方解石主要呈粒径 0.01~0.02mm的不规则粒状集合体呈脉状产出(图 7-16d)。黄铁矿他形、半自形立方体晶粒,粒径 0.005~0.01mm,主要在蛇纹石、绿泥石集合体内稀疏浸染。见玄武岩斑被蛇纹石脉穿插(图 7-16c)。

a. ZK001-5y 细碧岩

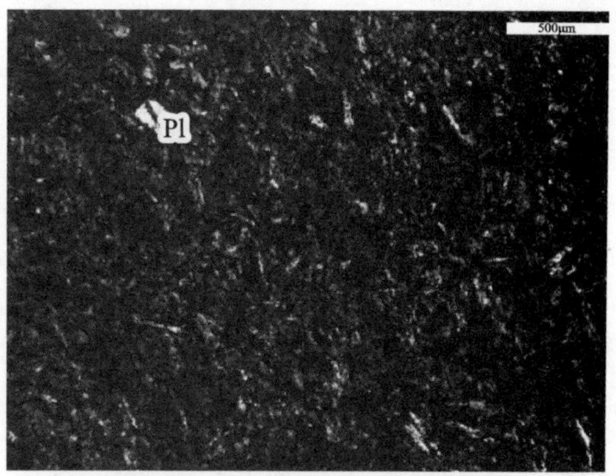

b. 玄武岩(含斑)间隐结构 5×(+)

c. 玄武岩斑点状方解石化并被蛇纹石脉穿插 5×(+)

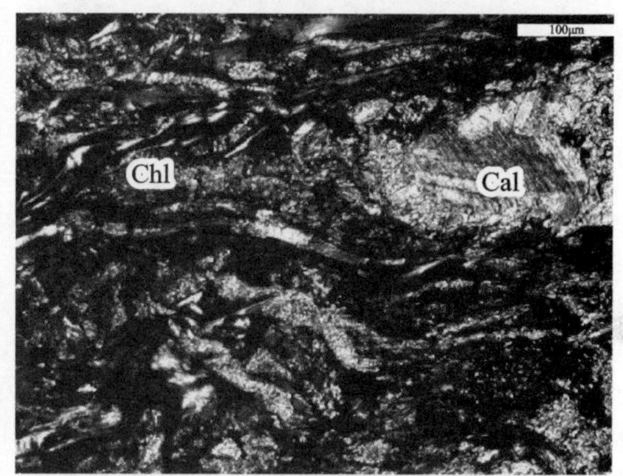

d. 方解石脉穿切绿泥石脉 20×(+)

图 7-16　$T_2y^{1\text{-}1}$ 细碧-玄武岩

(4)凝灰岩:灰绿色、浅灰绿色、黄绿色,凝灰结构,块状、细脉状构造。凝灰岩常见角砾浆屑凝灰岩(图 7-17b)、晶屑凝灰岩(图 7-17a)、角砾凝灰岩(图 7-17c)。镜下常见晶屑凝灰结构(图 7-17f)、纤维变晶结构、柱粒状变晶结构、细粒结晶结构。凝灰质基质为黄绿色,角砾以暗灰绿色角砾为主,角砾粒径 5~25mm 不等,粗者多呈次棱角状,细者多呈次圆粒状。角砾主要为浅紫红色玄武岩角砾,次圆状、次棱角状,砾径 5~25mm,含量 30%。边缘往往褪色化明显,形成由浅灰色、浅灰绿色、浅灰红色、紫红色圈层。核心部分见粒径 0.1~0.2mm 的斜长石组成格架,其间玻璃质、隐晶质充填,构成间隐结构。浆屑塑性特征明显,弯曲片条状,透镜状,长径 1~3mm,长轴明显定向,含量 45%。随脱玻化程度不同,凝灰岩呈现透明程度渐变、与外形轮廓相似的复杂弯曲环带,部分环带可辨矿物主要为蛇纹石,部分为透闪石,常有微粒方解石散布其内。玻屑塑性特征明显,鸡骨状,长径 0.3~0.5mm,长轴略具定向,含量 0.5%~1%。脱玻化明显,可辨矿物与浆屑相似。晶屑主要为石英晶屑,少量为斜长石晶屑,晶屑凝灰岩局部绿帘石化较强(图 7-17d)。凝灰质在浆屑、晶屑、玻屑间均匀分布(图 7-17e),重结晶明显,主要为微粒他形石英,纤维柱状透闪石,少量斜长石。

a. ZK1116-1y 晶屑凝灰岩

b. ZK1901-3y 基性角砾浆屑凝灰岩

c. ZK2706-8y 角砾凝灰岩

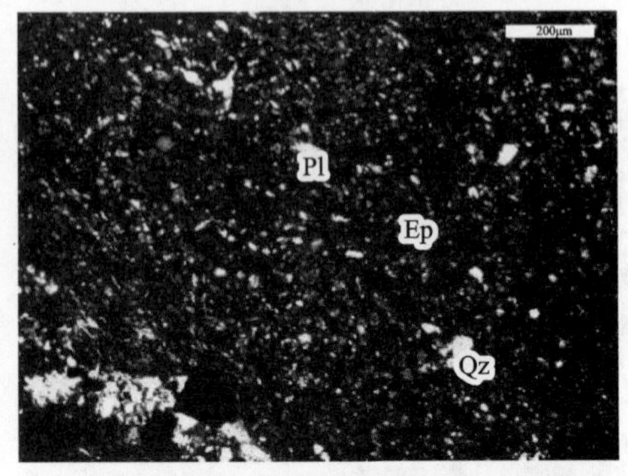

d. 晶屑凝灰岩局部绿帘石化较强 10×(+)

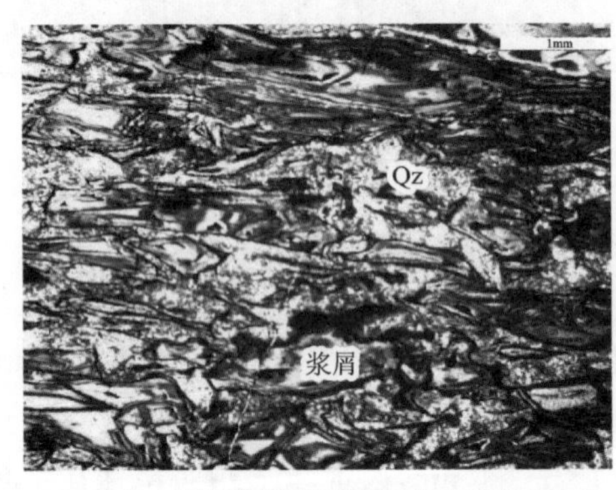

e. 浆屑、玻屑和凝灰质变形纹层交互 2.5×(−)

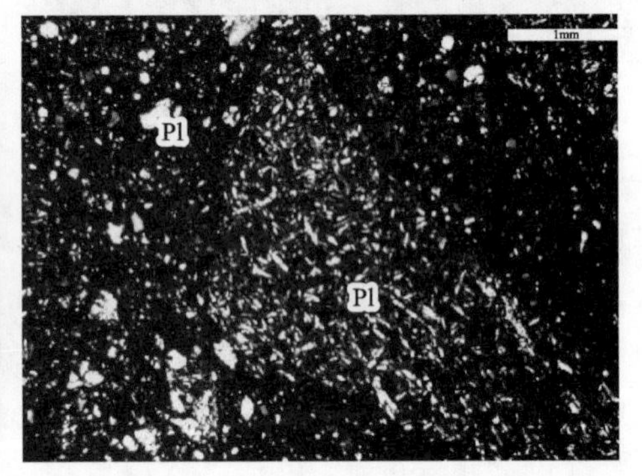

f. 细碧-玄武岩角砾具间隐结构，晶屑凝灰质胶结 5×(+)

图 7-17　T_2y^{1-1}凝灰岩

(5)硅质岩(隐晶-微晶石英岩)：浅灰色，质地坚硬，性脆，由隐晶硅质角砾和石英细脉网脉胶结物构成，块状构造(图 7-18a、b)，细脉网脉构造。角砾结构，细脉网脉胶结物主要为粒径小于 0.5mm 的石英，少量为沿石英粒间孔隙及裂隙充填的方解石。硅质岩段见含砾凝灰质砂岩(图 7-18c)，矿物种类主要为石英(99%)，极少量方解石(1%)。石英随结构成分不同，有两种产出类型：其一产于硅质岩角砾，为隐晶－微粒变晶石英(80%)；其二是作为细脉网脉胶结硅质岩角砾的石英(图 7-18e)，主要为粒径 0.01～0.02mm 的细粒他形粒状结晶石英(20%)，石英脉穿切硅质岩(图 7-18d)。方解石多为不规则粒状他形晶集合体沿结晶石英粒间孔隙及裂隙充填，并可溶蚀结晶石英，硅质岩纹层含少量自形斜长石(图 7-18f)。

a. ZK401-1y 角砾岩化硅质岩

b. ZK2706-7y 隐晶-微晶石英岩(硅质岩)

c. ZK2706 硅质岩段含砾凝灰质砂岩

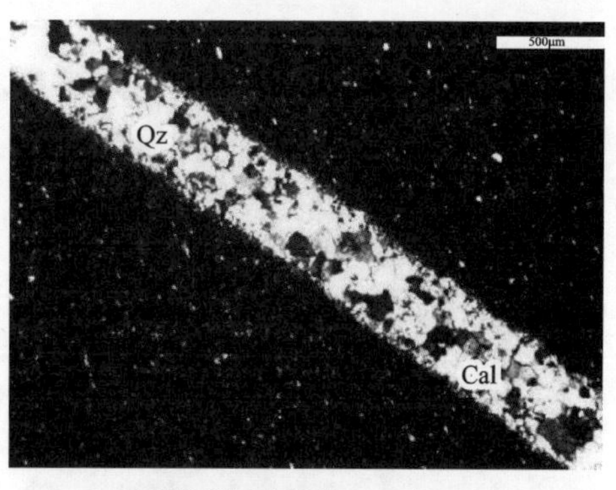

d. 石英脉穿切硅质岩 5×(+)

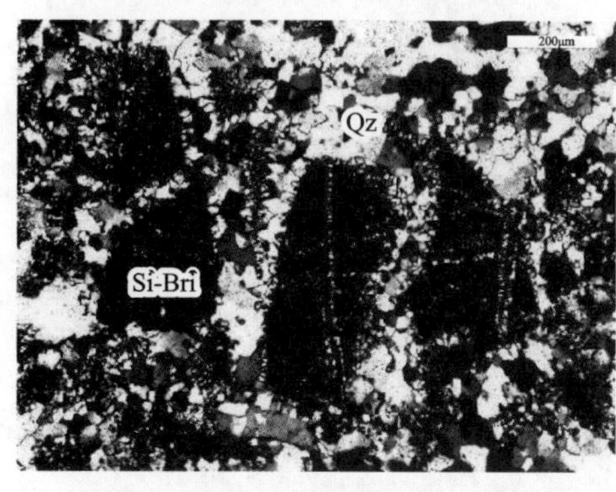

e. 结晶石英胶结及脉状穿插硅质岩 10×(+)

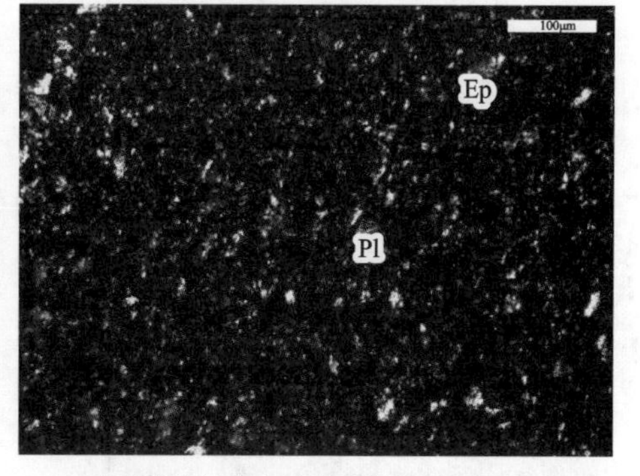

f. 硅质岩纹层含少量自形斜长石 20×(+)

图 7-18 T_2y^{1-1}硅质岩

(6)辉绿岩：暗灰绿色、黄绿色，辉绿结构(图 7-19c)，细脉状、网脉状构造，块状构造(图 7-19a、b)。镜下常见纤维、鳞片结构，细粒结晶结构。岩石绿泥石化和脉状硅化较强，局部绿帘石化、方解石化。金属矿物总量小于 0.1%，为黄铁矿。非金属矿物总量大于 99.9%，主要为斜长石(45%)、辉石(45%)、石英(3%～4%)，少量透闪石(3%)、绿帘石(1%～2%)、绿泥石(1%)。除钠长石石英脉以外，斜长石绝大部分呈粒径 0.15～0.25mm 的半自形板柱状，暗化强烈，伴随绢云母化、黏土化，少数呈粒径为 0.4～0.6mm 的半自形板状稀疏分布。此外，岩石中见少量穿插绿帘石脉的钠长石石英脉(图 7-19d)，脉体中钠长石呈粒径为 0.1～0.2mm 的半自形板柱状沿脉壁向内梳状排列，表面洁净，发育聚片双晶。辉石呈粒径为 0.1～0.2mm 的他形—半自形短柱状分布在斜长石格架间。绿帘石常见粒径为 0.03～

0.15mm的短柱状半自形—他形晶集合体脉状穿插岩石，较厚脉体内绿帘石晶粒较大，较薄脉体内绿帘石晶粒较小，少部分在绿帘石脉旁呈粒径为0.05～0.15mm的半自形短柱状交代浸染，随远离绿帘石脉体含量降低直至消失。透闪石交代或部分交代辉石晶体颗粒，常保留辉石假象，有时其内可见不规则状辉石残留体。绿泥石鳞片状集合体，片径0.1～0.2mm，交代透闪石化辉石，沿辉石内部及边沿、斜长石裂隙及孔隙充填交代，析出铁质形成自形立方黄铁矿。石英主要呈粒径为0.1～0.2mm的半自形—他形粒状呈细脉状产出。蛇纹石呈纤维状集合体，长径0.03～0.1mm，呈细脉状穿切绿帘石脉。黄铁矿他形—半自形立方体晶粒，粒径0.05～0.1mm，呈较均匀星散状分布在造岩矿物粒间。

a. ZK1901-1y 绿泥石化透闪石化辉绿岩

b. ZK2706-2y 绿泥石化绿帘石化弱蚀变辉绿岩

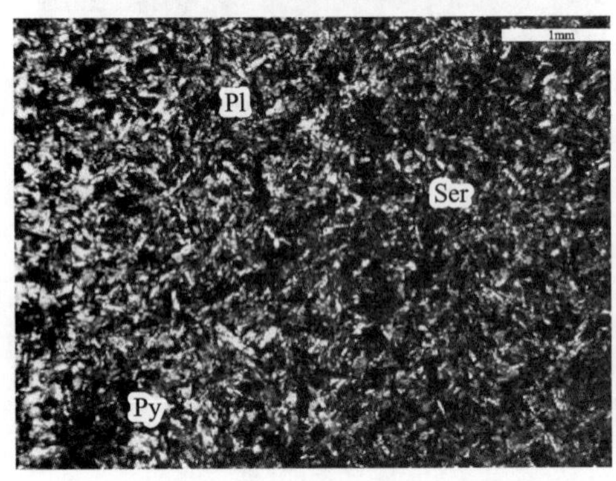

c. 岩石具辉绿结构×(+)

d. 钠长石石英脉穿插辉绿岩 10×(+)

图 7-19　$T_2y^{1\text{-}1}$ 辉绿岩

二、火山-沉积相划分

一个火山岩喷发旋回经历火山活动的平静期—强烈喷发期—平静期，而沉积夹层就是平静期的代表岩性，也是最明显的旋回韵律界面划分标志(王升，2022)。矿区内岩石类型按岩相可分为火山碎屑岩相(爆发相)、火山熔岩相(溢流相)、沉积岩相、次火山岩相。岩层岩性演化规律性明显，总体上在单个韵律中反映为爆发相—喷溢相—火山沉积相—沉积相，主要岩石特征如下。

1. 火山碎屑岩相

该类岩石为爆发相，该类岩石位于火山喷发韵律的底部，分为细碧质火山角砾岩，基性凝灰角砾岩。

（1）细碧质火山角砾岩：新鲜面为灰紫色，夹杂少量白色小斑块，无明显风化现象，块状构造，凝灰-角砾结构，凝灰质基质为紫红色，角砾颜色主要为紫红色，有灰色、紫灰色角砾，角砾砾径 5～20mm，呈次圆粒状、次棱角状，少量呈弯曲板条状，显示塑性变形特征，少数角砾间以弧形界面紧密接触，具焊接现象，显示部分角砾为熔浆角砾。角砾与基质界面较清晰。角砾与凝灰质比例约 3∶1。基质除紫灰色凝灰质以外，可见少量火山岩屑。不规则状方解石脉较发育，多数沿角砾与基质界面充填交代，部分则沿裂隙穿切角砾与基质。肉眼（借助放大镜）可见组成矿物主要为粒径 0.1～0.2mm 的长石和脉状方解石。镜下可见细碧岩角砾以间隐（间玻）结构为主，斜长石呈格架状分布，隐晶质、玻璃质充填其间，但塑性板条状角砾内斜长石晶体定向排列。基质除少量细碧岩碎屑以外，主要为凝灰质，可见少量长石、石英晶屑（图 7-20）。

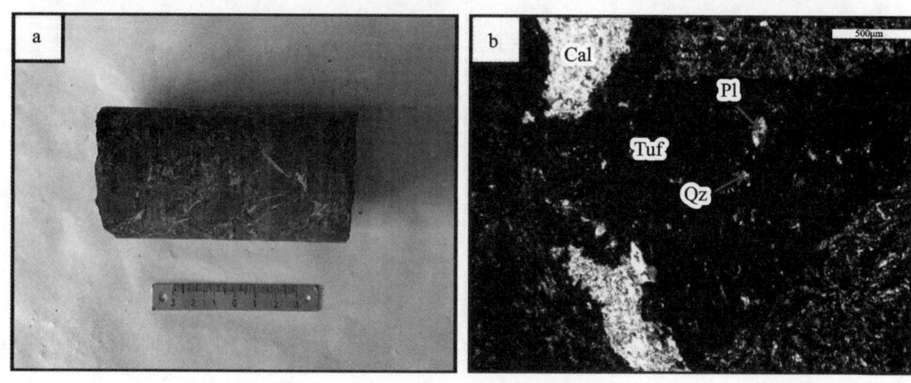

图 7-20　细碧质火山角砾岩

a. 火山角砾岩的手标本特征；b. 火山角砾岩的镜下特征

（2）基性凝灰角砾岩：新鲜面颜色较杂，无明显风化现象，块状构造，凝灰-角砾结构，角砾颜色组成复杂，有灰色、黄绿色、浅灰白色角砾，以黄绿色角砾为主，无明显稀盐酸反应；基质总体颜色为浅灰色，常见浅灰白色、白色斑点，稀盐酸反应较强。角砾与基质比例约 3∶1，方解石细脉、不规则脉稀疏分布。肉眼（借助放大镜）可见组成矿物主要为粒径 0.1～0.2mm 的长石、脉状黄铁矿、脉状石英、斑点状及脉状方解石。镜下可见角砾成分主要为细碧-玄武岩，少部分为硅质岩。细碧-玄武岩角砾以间隐（间玻）结构为主，玻基斑状结构次之，硅质岩角砾为隐晶-微晶结构。基质以凝灰质为主，岩屑次之，方解石较多，晶屑少见（图 7-21）。

2. 火山溢流相

该类岩石位于火山喷发韵律的中部，分为枕状玄武岩、变斑状玄武岩，绿泥石化碳酸盐化细碧-玄武岩，蛇纹石化透闪石化变玄武岩。

（1）枕状玄武岩：该类岩石主要位于火山喷发韵律的底部，主要见于火山喷出口附近，是近火山口相产物。坑道 K6 现场可见大量枕状玄武岩，直径约为 40～110cm（图 7-22）。

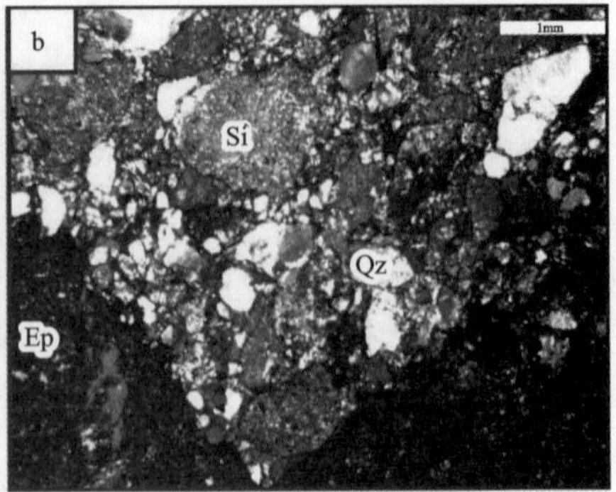

图 7-21　基性凝灰角砾岩

a. 基性凝灰角砾岩的手标本特征；b. 基性凝灰角砾岩的镜下特征

图 7-22　坑道 K6 中的枕状玄武岩特征

（2）变斑状玄武岩：新鲜面暗灰绿色间亮黄色，无明显风化现象，不规则团块状、脉状黄铁矿发育（图 7-23）。含矿岩石破碎强烈，被黄铁矿集合体穿插切割呈不规则角砾状、团块状残留体，暗灰绿色，鳞片变晶结构，变余斑状结构，块状构造，肉眼（借助放大镜）可辨组成矿物主要为斑点状、脉状绢云母，绿泥石，少量粒径为 0.1～0.2mm 的斑晶长石。岩石绢云母化、绿泥石化较明显，可见细脉状、不规则状石英及方解石。金属矿物总量占 45%，镜下可见黄铁矿及少量黄铜矿。非金属矿物总量 55%，主要为绿泥石（25%）、绢云母（20%），少量石英（5%）、滑石（0.5%～1%）、方解石（2%），极少量斜长石（0.2%）、绿帘石（0.1%）。

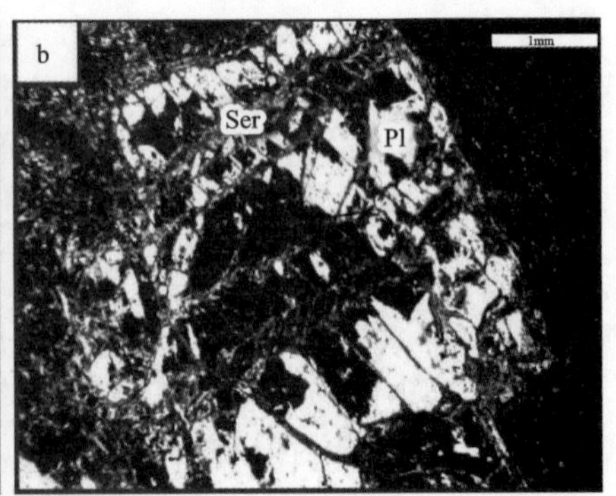

图 7-23　变斑状玄武岩

a. 变斑状玄武岩的手标本特征；b. 变斑状玄武岩的镜下特征

(3)绿泥石化碳酸盐化细碧-玄武岩:新鲜面浅灰绿色,无明显风化现象,被方解石脉充填的不规则网状微细裂隙发育,块状构造,玻基斑状结构。除脉状石英、方解石以外,肉眼(借助放大镜)可见组成矿物主要是粒径为 0.1～0.2mm 的板条状斜长石、绿泥石化短柱状辉石。岩石绿泥石化、方解石化较明显,可见微细脉状硅化。镜下可见金属矿物总量小于 0.1%,仅见黄铁矿。非金属矿物总量(包括隐晶-玻璃质)大于 99.9%。其中,隐晶-玻璃质含量 45%～50%,各类晶质矿物含量 50%～55%。晶质矿物主要为斜长石(20%～25%)、辉石(15%～20%)、绿泥石(3%～4%)、方解石(4%～5%),少量石英(0.1%～0.2%)(图 7-24)。

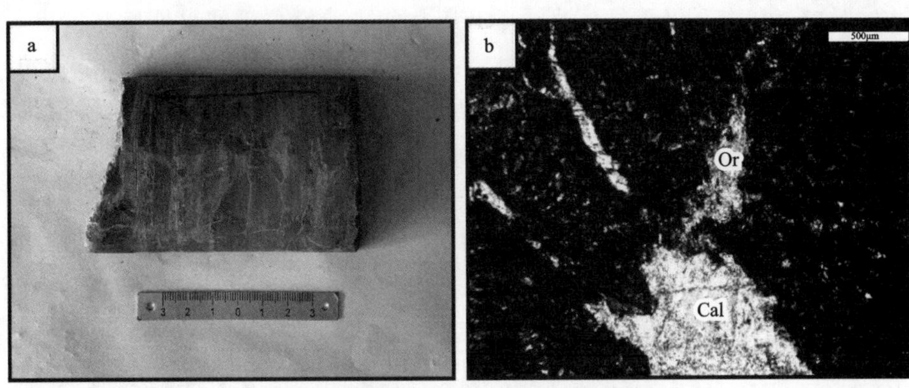

图 7-24　绿泥石化碳酸盐化细碧-玄武岩

a.细碧-玄武岩的手标本特征;b.细碧-玄武岩的镜下特征

(4)蛇纹石化透闪石化变玄武岩:岩石脉状侵入玄武岩(细碧岩),新鲜面黄绿色,无明显风化现象,稀疏出现蛇纹石细脉、石英细脉,细粒结晶结构,块状构造,肉眼(借助放大镜)可见组成矿物主要是粒径为 0.5～1.5mm 的斜长石、辉石及其退变质纤柱状矿物。岩石透闪石化、蛇纹石化较强。镜下可见金属矿物总量小于 0.1%,为黄铁矿。包括隐晶质、玻璃质在内,非金属矿物总含量大于 99.9%,主要为斜长石(10%)、辉石(10%),少量透闪石(15%)、蛇纹石(10%)、绿帘石及斜黝帘石(1%),极少量石英(<0.5%)、方解石(<0.5%),其余为隐晶质、玻璃质(图 7-25)。

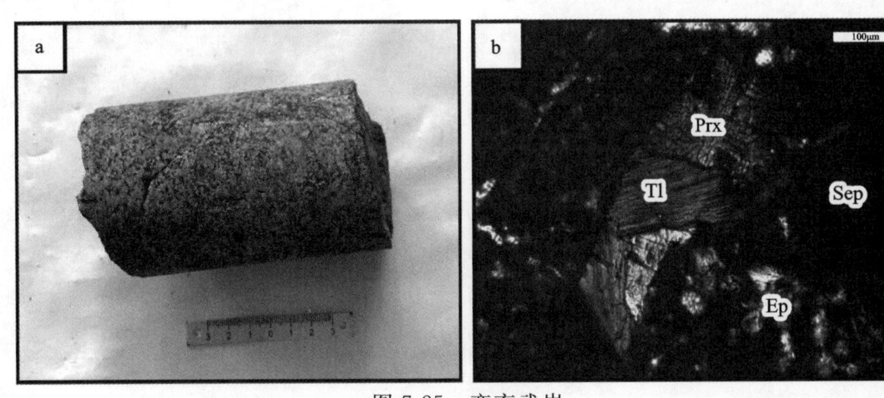

图 7-25　变玄武岩

a.变玄武岩的手标本特征;b.变玄武岩的镜下特征

3. 沉凝灰岩相

该类岩石位于火山喷发韵律的中上部。岩石类型分为变基性凝灰岩，弱蚀变基性角砾晶屑凝灰岩。

(1)变基性凝灰岩：赋矿岩石为暗灰绿色角砾岩化变凝灰岩，角砾为灰绿色，呈次圆粒状、次棱角状，砾径5～30mm，角砾具塑性变形、定向排列，局限于构造破碎带。次圆粒状角砾较粗，因蚀变强度及产物类型不同，次圆粒状角砾具圈层结构。角砾胶结物（基质）为凝灰质，角砾及基质强蛇纹石化，滑石化明显。黄铁矿等硫化物主要沿角砾间呈网脉状产出，部分呈细脉状、不规则脉状分布。岩石具3类结构组分：其一为不规则脉状、细脉状及胶结角砾的复杂网状产出的黄铜矿黄铁矿集合体，含量比例约为20%；其二为次圆粒状、次棱角状凝灰岩角砾，含量比例约为50%，次圆粒状凝灰岩角砾蚀变晕圈发育；其三为角砾间蚀变凝灰岩碎粒及粉末，含量比例约为30%。在角砾岩化破碎带旁侧，岩石结构组分只有强蚀变的凝灰质。镜下可见金属矿物总含量40%，主要为黄铁矿，其次为黄铜矿。非金属矿物（包括凝灰质）总含量约60%，主要为绢云母(20%)、蛇纹石(20%)、滑石(5%)、石英(4%～5%)、方解石(1%～2%)、残余玻屑(1%～2%)及隐晶质(图7-26)。

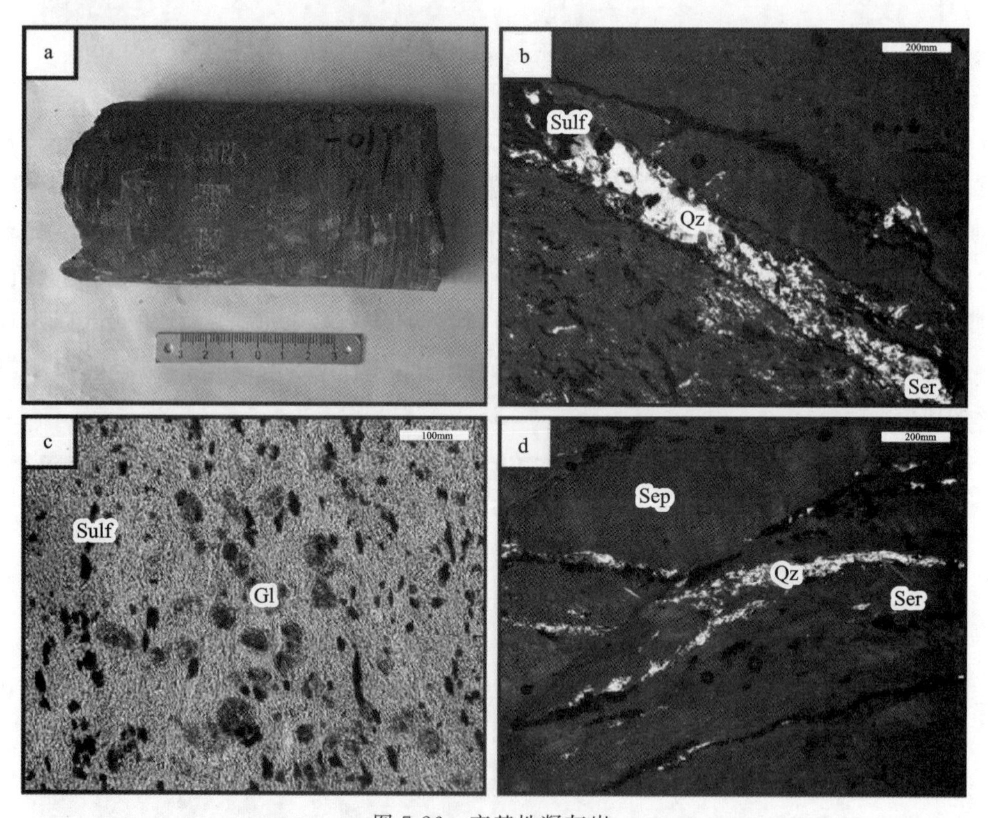

图7-26 变基性凝灰岩

a.变基性凝灰岩手标本特征；b.石英绢云母黄铁矿脉穿切凝灰岩10×(+)；

c.凝灰岩可见半透明残余玻屑均匀分布20×(−)；d.绢云母石英脉穿切蛇纹石化凝灰岩10×(+)

(2)弱蚀变基性角砾晶屑凝灰岩：新鲜面颜色为黄绿色见暗灰绿色斑块，无明显风化现象，块状构造，角砾-凝灰结构，凝灰质基质为黄绿色，角砾以暗灰绿色角砾为主，角砾径 5～25mm 不等，粗者多次棱角状，细者多次圆粒状。部分角砾为细晶结构，部分为间隐结构，角砾与凝灰质比例约 1∶2。稀疏出现石英细脉、网脉。肉眼(借助放大镜)可见组成矿物主要是粒径为 0.1～0.5mm 的长石、辉石(角砾内)，角砾间基质零星可见粒径不足 0.1mm 的长石、辉石及石英。另外，岩石出现较弱的细脉状硅化、方解石化。镜下可见岩石由辉长结构的辉长岩角砾、具间隐结构的细碧-玄武岩角砾和晶屑凝灰质基质构成。金属矿物总含量小于 0.1%，仅见黄铁矿，包括隐晶质、凝灰质在内，非金属矿物总含量大于 99.9%。其中，角砾中的隐晶质和基质中的凝灰质，约占 40%。晶质矿物主要为斜长石(25%)、辉石(20%)、石英(3%)、方解石(1%)，极少量透闪石(<0.3%)、绿帘石(<0.2%)、绿泥石(<0.2%)，斜黝帘石零星(图 7-27)。

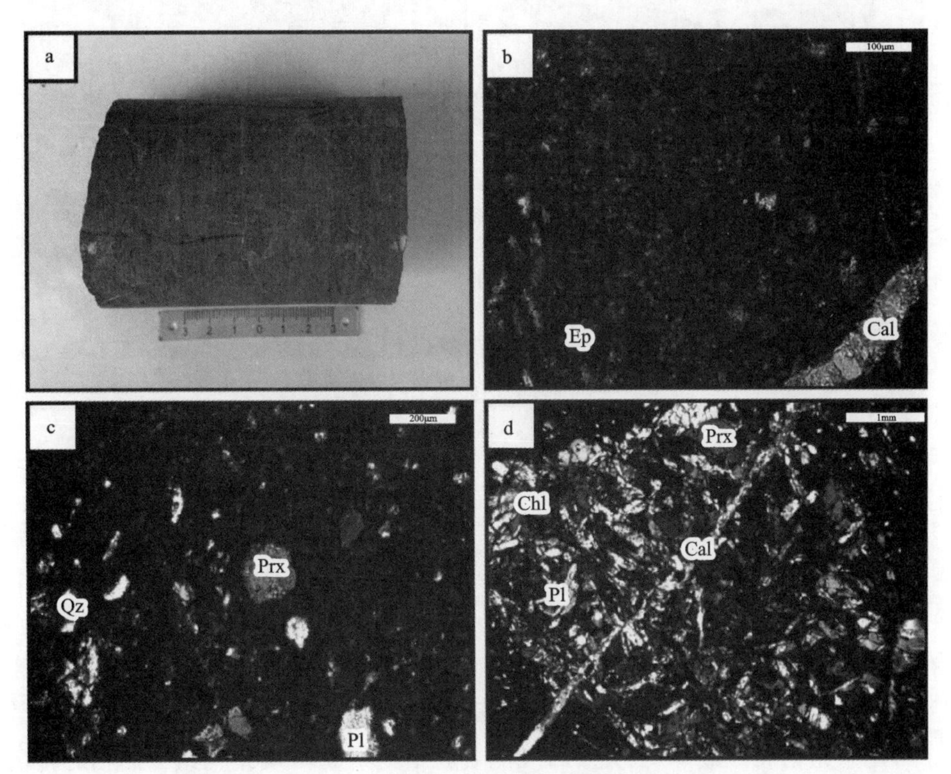

图 7-27　弱蚀变基性角砾晶屑凝灰岩

a. 弱蚀变基性角砾晶屑凝灰岩手标本；b. 基质主要由凝灰质组成，被方解石脉穿插 20×(+)；c. 凝灰质基质可见少量石英、长石及辉石晶屑 10×(+)；d. 方解石脉穿切角砾及晶屑凝灰质基质 2.5×(－)

4. 沉积岩相

该类岩石位于火山喷发韵律的上部，分为热水沉积相和正常沉积相。

(1)热水沉积相：隐晶－微晶石英岩(硅质岩)，新鲜面为浅灰色，无明显风化现象，质地坚硬，性脆，由隐晶硅质和石英细脉网脉胶结物构成，局部发育黄铁矿脉。岩石为块状构造，细脉网脉构造，隐晶－微粒变晶结构，细脉网脉为粒径小于 0.1mm 的石英，少量为沿石英粒间孔隙及裂隙充填的方解石。镜下可见矿物种类主要有石英(99%),少量绿帘石、斜长石及方解石(1%)(图7-28)。

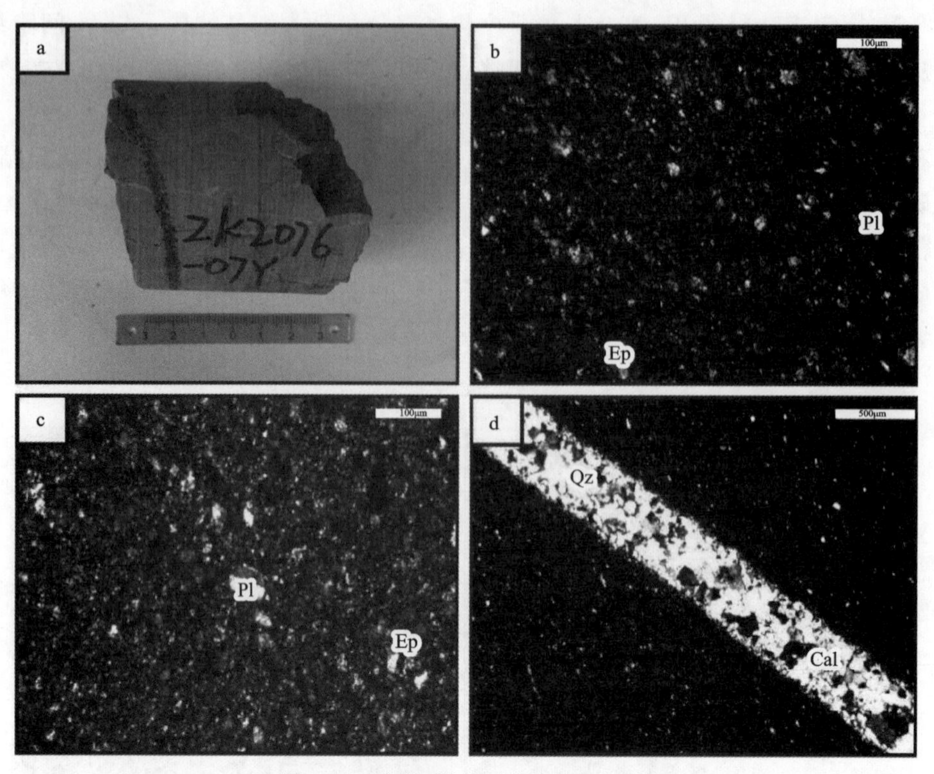

图7-28 隐晶-微晶石英岩(硅质岩)

a.隐晶-微晶石英岩(硅质岩)手标本;b.硅质岩含少量稀疏浸染的绿帘石20×(+);c.硅质岩纹层含少量自形斜长石20×(+);d.石英脉穿切硅质岩5×(+)

(2)正常沉积相:①纹层状钙质粉砂质泥岩间夹钙质细砂岩粉砂质泥质灰岩,新鲜面浅灰色、灰黄色,无明显风化现象,稀疏出现被石英充填的平直细脉及与之大角度相交的不规则微细脉,纹层状构造,粉砂泥质结构。肉眼(借助放大镜)可见组成矿物主要是粒径为0.03~0.2mm的碎屑状石英、不规则粒状方解石、片径不足0.1mm的绢云母及绿泥石化基性火山岩屑、微晶石英岩岩屑,借助稀盐酸反应,方解石在部分含粉砂泥质纹层相对其他纹层更加富集。镜下可见岩石由粉砂级碎屑、方解石及泥质胶结物组成,3类结构组分的相对含量比例在浅色、深色纹层有明显差别,灰色纹层泥质为主,粉砂及方解石次之;浅灰白色几乎不含泥质,粉砂为主,方解石胶结物次之;浅灰色纹层3类结构组分的含量比例介于灰色和浅灰白色纹层之间。金属矿物总含量小于0.1%,仅见黄铁矿。上述矿物的含量比例随纹层岩性而明显变化(图7-29)。②泥质岩:紫红色,泥质结构,由厚1~2mm具颗粒感的浅紫红色纹层和厚3~5mm的深紫红色纹层的纹层状构造(图7-8a、d)。肉眼(借助放大镜)可见组成矿物主要为粒径不足0.2mm的碎屑状石英。金属矿物总含量约5%,仅见铁氧化物;镜下常见晶屑凝灰结构(图7-8b),非金属矿物总含量约95%,主要为石英粉屑和黏土矿物组成的泥质组分(其中,石英粉屑20%~30%,黏土矿物70%~80%,总量占比约90%)、粉砂级碎屑石英(3%~

5%)及粉砂级硅质岩岩屑(<1%)。泥质物和粉砂级碎屑的含量比例随纹层岩性而明显变化。石英主要呈粒径为0.03～0.05mm棱角状、次棱角状粉砂级碎屑,穿插紫红色晶屑凝灰岩(图7-8c)。在浅紫红色次要纹层,石英粉砂含量比例可达5%～6%;在深紫红色主要纹层,粉砂级石英含量约3%。黏土矿物大部分粒径不足0.005mm,光学显微镜难以有效鉴别其他黏土矿物。铁氧化物大多数呈吸附态分散于黏土矿物,相对而言,团粒状铁氧化物在石英粉砂含量较高的纹层含量比例略高。③互层状薄层-纹层粉砂岩-粉砂质凝灰岩:新鲜面灰色、

a. 纹层状钙质粉砂质泥岩-钙质粉砂岩间夹粉砂质泥质灰岩手标本

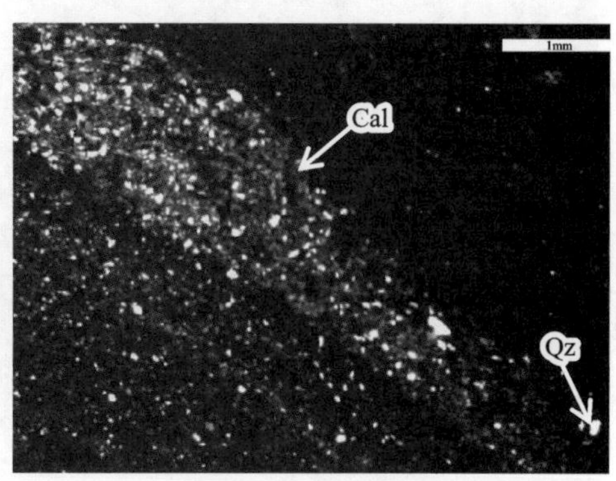

b. 粉砂岩纹层地面波状起伏,钙质胶结 2.5×(+)

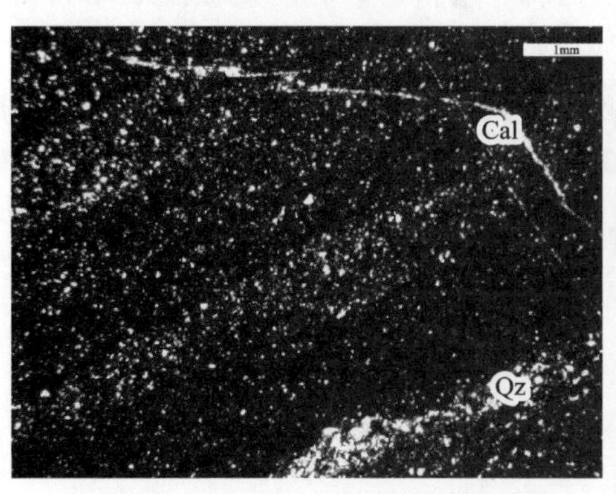

c. 由粉砂岩、凝灰岩纹层交互而成 2.5×(+)

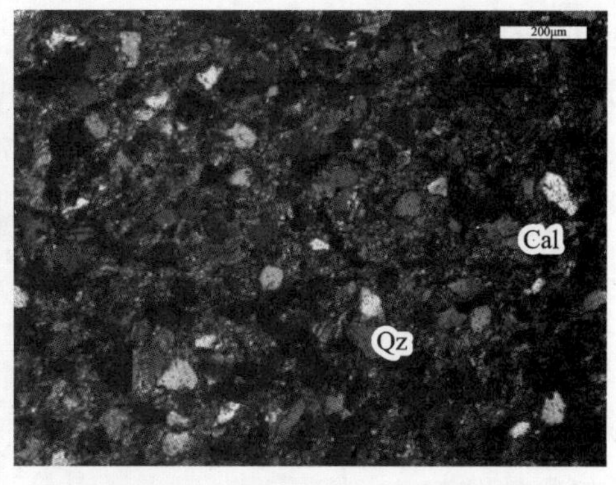

d. 岩石具粉砂质泥质灰岩过渡性纹层 10×(+)

e. 纹层状钙质粉砂质泥岩间夹钙质细砂岩粉砂质泥质灰岩手标本

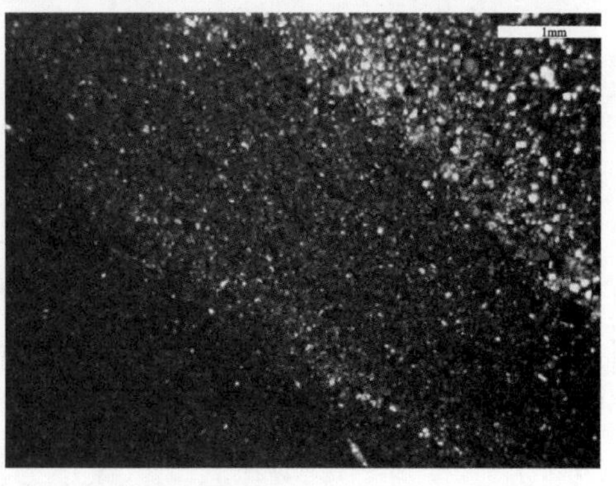

f. 纹层状构造 2.5×(+)

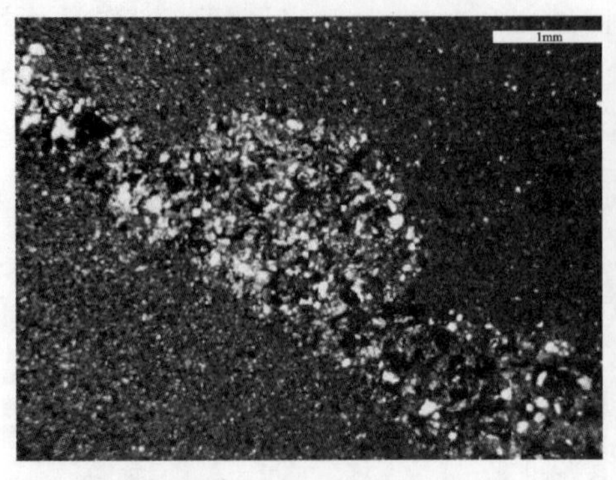

g. 钙质细砂岩纹层的冲刷构造 2.5×(+)

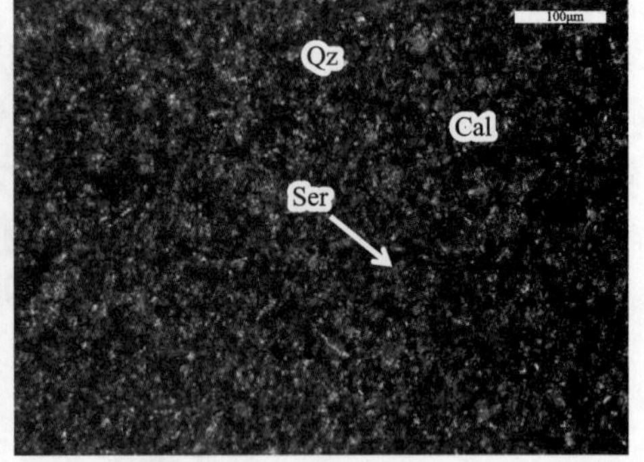

h. 含粉砂泥质灰岩纹层 20×(+)

图 7-29　纹层状钙质粉砂质泥岩

浅灰色、浅灰白色条带状交复，条带厚 5～25mm，浅灰色、灰白色条带相对较厚，无明显风化现象，稀疏出现石英细脉、方解石细脉。薄层-纹层状构造。总体为粉砂-凝灰结构，浅色纹层为粉砂结构，深色纹层为凝灰结构。除方解石脉、石英脉和凝灰质组分外，肉眼(借助放大镜)可见矿物主要是粒径为 0.05～0.2mm的碎屑状石英及不均匀稀疏浸染、粒径为 0.2～0.3mm 的自形立方黄铁矿。其中，碎屑石英在浅色薄层粒度较粗，含量比例高；在深色层粒度微细，含量比例低，黄铁矿在浅色薄层也相对多见。镜下可见岩石由粉砂级碎屑及泥质胶结物组成，两类结构组分的相对含量比例在浅色、深色层有明显差别：灰色层凝灰质为主，粉砂次之；浅灰白色粉砂为主，凝灰质作为填隙物含量比例极低；浅灰色层两类结构组分的含量比例介于灰色和浅灰白色纹层之间。矿物种类以金属矿物总含量小于 0.5%，仅见黄铁矿。非金属矿物总含量大于 99.5%，主要为石英(65%～75%)、隐晶质(25%～35%)，极少量长石(1%)、绿帘石及方解石(<0.5%)(图 7-30)。

5. 次火山岩相

该类岩石位于火山喷发韵律的下部。岩石类型分别为绿泥石化透闪石化变辉绿岩、硅化绿帘石化辉绿玢岩。

a. 粉砂岩-粉砂质凝灰岩

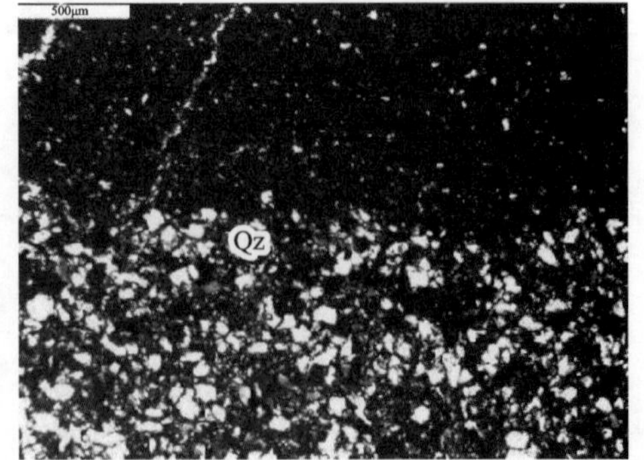

b. 粉砂岩、粉砂质凝灰岩 5×(+)

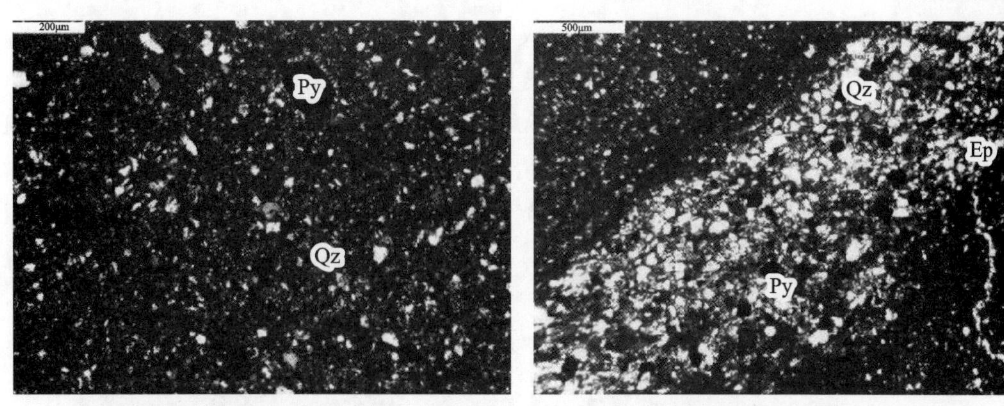

c. 粉砂质凝灰岩的粉砂凝灰结构 10×(+)　　d. 粉砂岩中的黄铁矿、绿帘石 5×(+)

图 7-30　紫红色纹层状含铁泥质岩

(1)绿泥石化透闪石化变辉绿岩：新鲜面暗灰绿色，无明显风化现象，稀疏出现方解石细脉、石英细脉，细粒结晶结构，块状构造，肉眼(借助放大镜)可见组成矿物主要是粒径为 0.5～1.5mm 的斜长石、辉石及其退变质纤柱状矿物。岩石透闪石化、绿泥石化明显，方解石化较强，脉状蛇纹石化、脉状硅化可见。镜下可见矿物种类为金属矿物总含量小于 0.5%，为黄铁矿；非金属矿物总含量大于 99.5%，主要为斜长石(45%)、透闪石化绿泥石化辉石(25%)、透闪石(10%)、绿泥石(3%)、方解石(2%～3%)、蛇纹石(1%)，少量绿帘石(<0.5%)、石英(<0.5%)(图 7-31)。

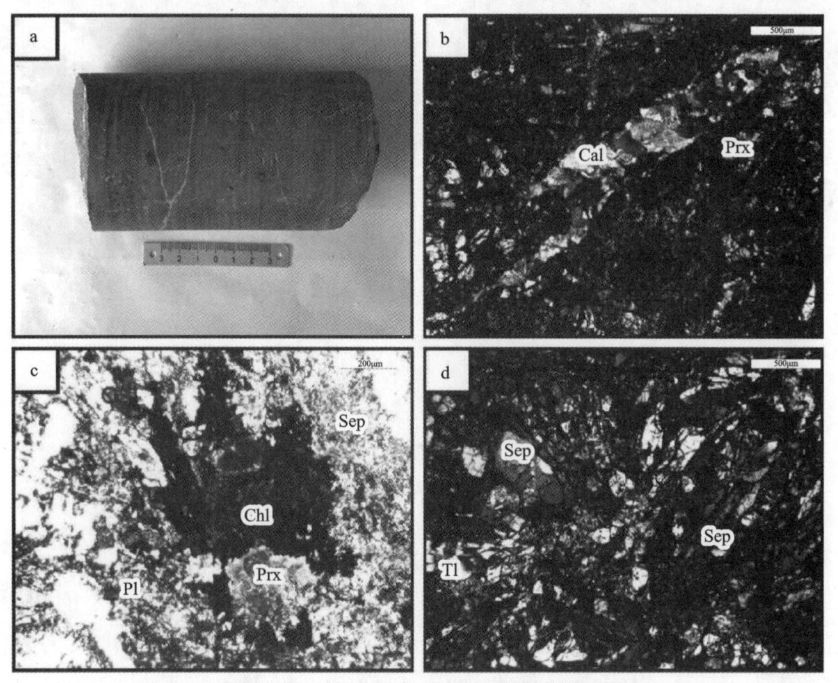

图 7-31　绿泥石化透闪石化变辉绿岩

a. 绿泥石化透闪石化变辉绿岩手标本特征；b. 方解石脉状穿插辉绿岩 5×(+)；
c. 辉石绿泥石化 10×(-)；d. 岩石由斜长石和辉石及其蚀变矿物组成 5×(+)

(2)硅化绿帘石化辉绿玢岩:岩石脉状侵入玄武岩(细碧岩),新鲜面黄绿色,无明显风化现象,稀疏出现绿帘石脉,不规则网状微细石英脉较发育,细粒结晶结构,块状构造,肉眼(借助放大镜)可见组成矿物主要是粒径为0.15～0.25mm的斜长石、辉石及星点状黄铁矿,可见粒径0.5～0.6mm的斜长石晶粒稀疏分布。岩石细脉状硅化、绿帘石化较明显,局部方解石化。镜下可见金属矿物总含量小于0.1%,为黄铁矿;非金属矿物总含量大于99.9%,主要为斜长石(45%)、辉石(50%)、绿帘石(3%～4%)、石英(2%～3%),少量透闪石(0.3%)、绿泥石(0.5%),极少量方解石、黄铁矿(图7-32)。

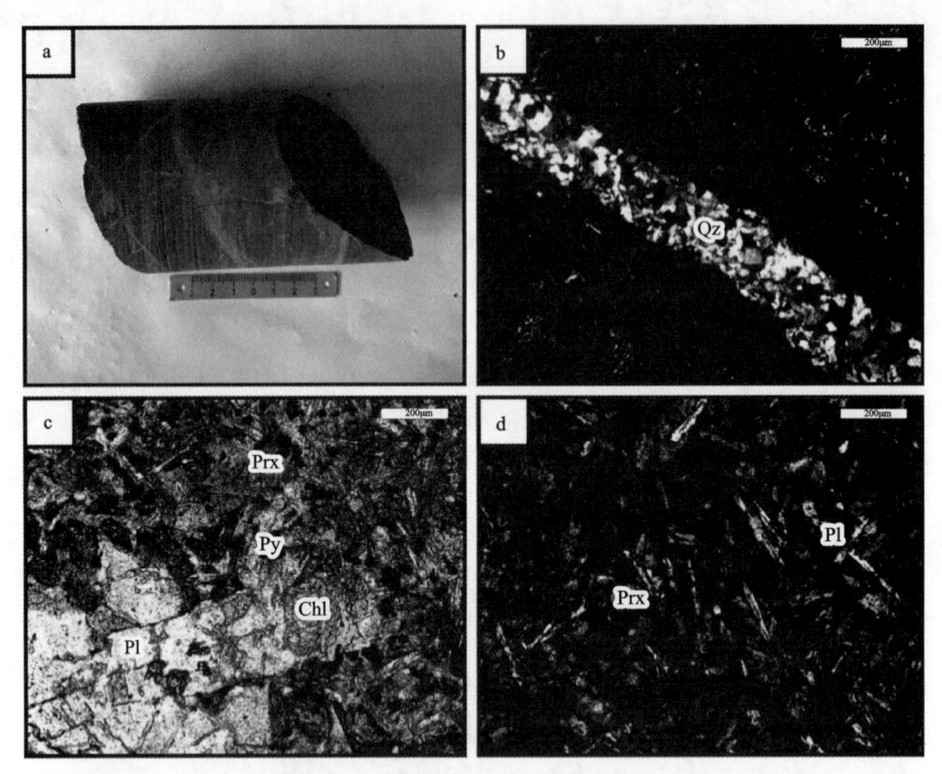

图7-32 绿泥石化透闪石化变辉绿岩

a.绿泥石化透闪石化变辉绿岩手标本特征;b.变辉绿岩脉旁细碧质熔岩石英脉穿插10×(+);c.辉绿玢岩绿泥石化、黄铁矿化10×(-);d.透闪石化辉绿岩变余辉绿结构10×(+)

第二节 含矿火山岩系旋回韵律特征

地质学科中把火山活动喷发强弱的变化过程,且有一定规则层序的现象称为火山旋回(Xing et al.,2021)。一般一个旋回对应多个亚旋回,一个亚旋回对应多个韵律,因此不同的亚旋回内各韵律必然保持一定的空间规律性(于小健,2013)。精确的火山旋回划分可快速锁定目标区和含矿层,不仅可以有效降低勘探成本,而且可以避免采矿风险。国内外学者认为火山旋回具有3个关键点(Jackson,1997;王力圆等,2013;冀国盛等,2002):①属于一套规则的岩石序列,应具有一定的叠置关系或规律性;②火山内部变化且遵循一定规律的外部表象;③同一类火山旋回的物质,来源于同一类岩浆源。杨万铜矿含矿火山岩旋回韵律的划分最终目的是指导进一步的矿床勘探工作，因此选择最合适的划分方案是十分重要的。火山活动特征是旋回韵律划分必须考虑的问题，通常火山喷发活动具有一定规律，一般是由强变弱的活动，风化壳层、沉积夹层、侵出相的出现代表着一次火山喷发活动的结束。火山岩的喷发期次是具有连续性的火山活动，喷发强度及物质成分在纵向上会有一定的规律性变化（王玲等，2009；司学强等，2012）。同一火山喷发旋回的不同喷发期次之间，包括岩性、地球化学特征等各有不同，如火山岩粒度变化、地球化学特征变化、火山岩岩性变化等，是在火山喷发旋回内部划分期次的基础（蒋飞，2017；向梓，2021）。本次研究主要以云南省麻栗坡杨万铜矿含矿火山岩岩石地层及地球化学特征规律性变化为重点，拟采用旋回-亚旋回-韵律 3 级方案，完成各地层的火山旋回韵律划分。对于杨万铜矿火山岩型铜矿床，厘定其赋矿围岩的火山旋回韵律及其成矿就位规律至关重要。

一、钻孔地球化学数据选取

根据已有钻孔地质情况，选择了深度较大、穿层较多、具有空间代表性的 4 个钻孔 ZK401、ZK3101、ZK8007 和 JJZK001 进行了系统地球化学采样，每 10m 为 1 个混合样，共采集完成了 163 个岩石样的主微量元素分析。由于地球化学 X 射线荧光光谱分析有 60 余种元素分析结果，特别是微量稀土元素含量均为 10^{-6} 级别，直接利用的意义不大，必须选择有意义的元素比值，以及有意义、有差异的主量元素分析钻孔地球化学剖面与火山旋回期次的关系。鉴于此，本次研究最终选择了 21 种元素或元素比值进行分析。

由表 7-1 可知，4 个钻孔 163 个样品中 SiO_2 含量范围在 35.37%～85.87%之间，平均值为 46.35%，标准差为 5.92，包括玄武岩、凝灰岩、火山角砾岩、辉绿岩、硅质岩及硅质碎屑杂岩等一套完整的火山岩系。Fe_2O_3 含量范围在 2.47%～21.07%之间，平均值为 9.71%，标准差为 1.87；Al_2O_3 含量范围在 5.25%～20.13%之间，平均值为 15.43%，标准差为 1.87；标准差在一定程度上反映了该元素或比值在该地区的差异性，标准差越大，差异性越大，表示该元素为主要异常元素。Cu 含量范围在 $(9.2 \sim 4\ 692.0) \times 10^{-6}$ 之间，平均值为 140.67×10^{-6}，标准差为 431.81，而 Cu 在地壳中的克拉克值为 50×10^{-6}，其平均值的富集系数为 2.8，其最大值的富集系数为 93.84，说明杨万火山岩系整体富含铜矿。Zn 含量平均值为 76.03×10^{-6}，标准差为 109.76，在地壳中的克拉克值为 75×10^{-6}；Pb 含量平均值为 4.71×10^{-6}，标准差为 7.69，在地壳中的克拉克值为 75×10^{-6}，因此杨万火山岩系并不富含铅、锌矿。其他元素不再赘述。

表 7-1　钻孔地球化学数据统计

元素或元素比值	最小值	最大值	平均值	标准差
SiO_2/%	35.37	85.87	46.35	5.92
Fe_2O_3/%	2.47	21.07	9.71	1.87
Al_2O_3/%	5.25	20.13	15.43	1.94
CaO/%	0.33	21.97	9.12	3.17

续表 7-1

元素或元素比值	最小值	最大值	平均值	标准差
MgO/%	1.31	12.81	7.58	2.15
K_2O/%	0.04	4.55	0.63	0.81
Na_2O/%	0.72	4.87	3.09	0.82
As/($\times10^{-6}$)	2.49	34.30	9.14	5.19
Cu/($\times10^{-6}$)	9.2	4 692.0	140.67	431.81
Pb/($\times10^{-6}$)	1.28	78.50	4.71	7.69
Zn/($\times10^{-6}$)	22.8	1 284.0	76.03	109.76
Au/($\times10^{-6}$)	3.7	29.1	14.57	5.01
SiO_2/Al_2O_3	2.13	16.36	3.17	1.58
Na_2O/K_2O	0.25	121.75	14.23	16.95
Co/Ni	0.14	1.65	0.49	0.19
Rb/Sr	0.00	2.40	0.11	0.34
Ba/Sr	0.25	25.44	3.59	3.42
∑REE/($\times10^{-6}$)	48.5	270.4	92.64	37.61
LR/HR	1.57	10.57	2.54	1.59
La/Sm	0.75	7.03	1.56	1.19
Sm/Nd	0.17	0.38	0.31	0.04

二、因子分析

由于本次地球化学分析主要用于火山旋回划分，为使样本尽量反映原始火山岩地球化学特征，在采样过程中未采集后期热液干扰及局部矿化蚀变的岩样作为混合样，因此实际矿化异常在本曲线中有所减弱，特此说明。

鉴于研究区整体以玄武岩为主，且凝灰质玄武岩、玄武岩、辉绿岩和辉长岩的地球化学数据差异性不大，且分析对比的元素和元素比值较多，为达到降维作用，本次研究引入了多元统计因子分析。

因子分析是把一些数量众多但关系复杂的研究对象，比如样品或变量，归纳总结为少数几个主要因子的一种多元统计方法，常常被用于解决较为复杂的地质成因及矿化叠加问题，对叠加地球化学场也有较好的分解作用(董庆吉等,2008)。因子分析能够从元素的内在联系上,确定与成岩或成矿有关的元素共生组合,而其对应因子得分图可以从空间上揭示出组合异常与地质体(地层、岩体、矿体)的关系(Agnew,2004)。因子分析可分为R型和Q型两种类型,R型因子分析的研究对象是变量,而Q型因子分析的研究对象是样品。

在多元素地球化学数据处理过程中,因子分析的作用主要表现为2个(赵少卿等,2012):①对多元素进行降维,构建公共因子,一般采用主成分分析方法提取公共因子,每个因子指示出某种地质体上的元素共生组合及成因关系,表现出较为明确的地质意义,不同的元素组合可能反映不同的成矿作用,或反映主要成矿过程的不同成矿阶段;②根据因子得分值对样品代表的类型进行分类,一般将样品划分到其因子得分最大的公共因子类型中去,以便于确定不同公共因子所代表类型的位置和边界,实现研究区的地球化学分区,并反映一定的地质意义。

本次工作对4个钻孔样品进行了基于主成分变换的R型因子分析,KMO值(Kaiser-Meyer-Olkin,用以比较变量间简单相关系数与偏相关系数的指标)为0.721,Bartlett球度检验通过,以特征值大于1为阈值,提取了6个因子(表7-2),累计方差贡献达到79.427%,并对因子负荷矩阵进行了方差极大旋转(表7-3)。

表7-2　研究区R型因子分析特征

因子	提取载荷平方和			旋转载荷平方和		
	总计	方差/%	累积/%	总计	方差/%	累积/%
F1	7.608	36.227	36.227	5.758	27.420	27.420
F2	2.862	13.628	49.855	3.268	15.564	42.984
F3	2.095	9.976	59.831	2.610	12.429	55.413
F4	1.850	8.810	68.641	2.443	11.632	67.045
F5	1.220	5.811	74.452	1.551	7.386	74.431
F6	1.045	4.975	79.427	1.049	4.996	79.427

由表7-3可以得出,F1～F6各因子的组成如下:F1主成分为SiO_2、LR/HR、$\sum$REE、La/Sm、Rb/Sr、Sm/Nd、CaO、K_2O;F2主成分为SiO_2、Al_2O_3;F3主成分为Na_2O、K_2O;F4主成分为Cu、Zn、Fe_2O_3;F5和F6仅体现个别元素,意义不大。其中F1因子的方差贡献率为36.227%,为研究区占绝对主要地位的因子,该元素组合为研究区的主要化学元素及比值组合,体现了主要的火山岩旋回韵律作用过程,可以作为研究区火山旋回韵律的综合指示。

根据因子得分系数矩阵(表7-4),将F1系数带入标准化后的地球化学数据,即可得出各钻孔综合因子F1的曲线。

表 7-3　研究区 R 型因子分析旋转后的因子载荷矩阵

元素或元素比值	因子					
	F1	F2	F3	F4	F5	F6
LR/HR	0.885					
∑REE	0.881					
La/Sm	0.844	0.372				
Rb/Sr	0.811		0.459			
Sm/Nd	−0.802					
CaO	−0.755				0.480	
As	0.556			0.448		
Ba/Sr	0.493		0.485	0.374		
SiO_2/Al_2O_3		0.921				
Al_2O_3		−0.905				
SiO_2	0.621	0.684				
Na_2O			−0.818			
Na_2O/K_2O			−0.794			
K_2O	0.617		0.638			
Cu				0.781		
Zn				0.689		
Fe_2O_3		−0.549		0.673		
Co/Ni			−0.350	0.514	0.479	
MgO					−0.659	
Pb					0.578	
Au						0.914

注：提取方法为主成分分析法；旋转方法为凯撒正态化最大方差法，旋转在 7 次迭代后已收敛。

表 7-4 因子得分系数矩阵

元素或元素比值	成分					
	F1	F2	F3	F4	F5	F6
SiO_2	0.081	0.198	−0.058	−0.061	−0.137	0.013
Fe_2O_3	0.001	−0.134	−0.022	0.252	−0.001	0.053
Al_2O_3	0.113	−0.348	0.067	−0.092	−0.094	−0.024
CaO	−0.198	0.020	0.023	−0.070	0.394	−0.044
MgO	0.015	−0.010	0.006	0.092	−0.423	0.015
K_2O	0.107	−0.198	0.225	−0.068	0.054	−0.048
Na_2O	0.071	−0.062	−0.363	−0.112	0.075	0.022
As	0.094	0.050	−0.052	0.177	−0.051	0.070
Cu	−0.050	0.023	0.071	0.338	0.084	−0.033
Pb	−0.029	0.018	0.042	0.076	0.374	−0.140
Zn	−0.021	0.082	0.050	0.294	−0.118	−0.193
Au	−0.016	0.004	0.037	−0.051	−0.064	0.872
SiO_2/Al_2O_3	−0.055	0.335	0.000	0.036	−0.082	0.005
Na_2O/K_2O	0.102	0.047	−0.376	0.010	0.008	−0.091
Co/Ni	0.018	−0.075	−0.208	0.203	0.423	0.292
Rb/Sr	0.143	−0.114	0.114	−0.042	0.045	−0.030
Ba/Sr	0.012	0.080	0.179	0.179	−0.054	0.161
∑REE	0.227	−0.177	−0.161	−0.032	0.178	0.005
LR/HR	0.154	0.001	−0.009	−0.039	0.021	−0.023
La/Sm	0.140	0.031	−0.015	−0.034	0.015	−0.028
Sm/Nd	−0.166	−0.044	0.137	0.036	0.019	0.051

注：提取方法为主成分分析法；旋转方法为凯撒正态化最大方差法。

三、各钻孔地球化学数据曲线特征

由钻孔 ZK401 岩芯地球化学曲线可以看出(图 7-33)，由浅入深随岩性的变化，地球化学数据波动较大，特别是深部 570～630m 的灰黑色熔结角砾岩呈现出高 SiO_2 含量，可能源于635m 处热水沉积硅质岩的混入；此外其他元素及元素比值均出现异常波动，呈现 As、Pb、Rb/Sr、LR/HR、∑REE、La/Sm 高异常值，Sm/Nd、Na_2O/k_2O、Fe_2O_3 低异常值。430m 深度左右的火山角砾岩出现 SiO_2、La/Sm、Cu 高值异常，Sm/Nd、Co/Ni 低异常值。灰白灰绿色玄武岩整体波动较小，第Ⅰ亚旋回内 SiO_2 含量具有逐渐变小趋势，即逐渐偏向超基性方向发展。图 7-33 中的 F1 因子曲线受反映元素及元素比值曲线影响较多，反映不太直观，将其单独成于图 7-34，可以看出曲线呈现多个峰值，且整体大于 0。35m 附近由深海玄武岩转变为浅海相（或陆相）紫红色凝灰岩，F1 因子值明显变为负值，由此将此处作为第Ⅰ亚旋回与第Ⅱ亚旋回界线。在第Ⅰ亚旋回内的底部熔结角砾岩 F1 因子值均大于 2（受热水沉积硅质岩影响），而 430m 附近出现的爆发相火山角砾岩、210m 附近出现的玄武岩均呈现为波峰形态，由此分别作为第Ⅰ亚旋回内的韵律界线。综上所述，通过钻孔野外观察、岩矿鉴定、地球化学元素及元素比值、因子分析等方法，划分出了第Ⅰ与第Ⅱ亚旋回界线，且将第Ⅰ亚旋回划分为 3 个韵律。

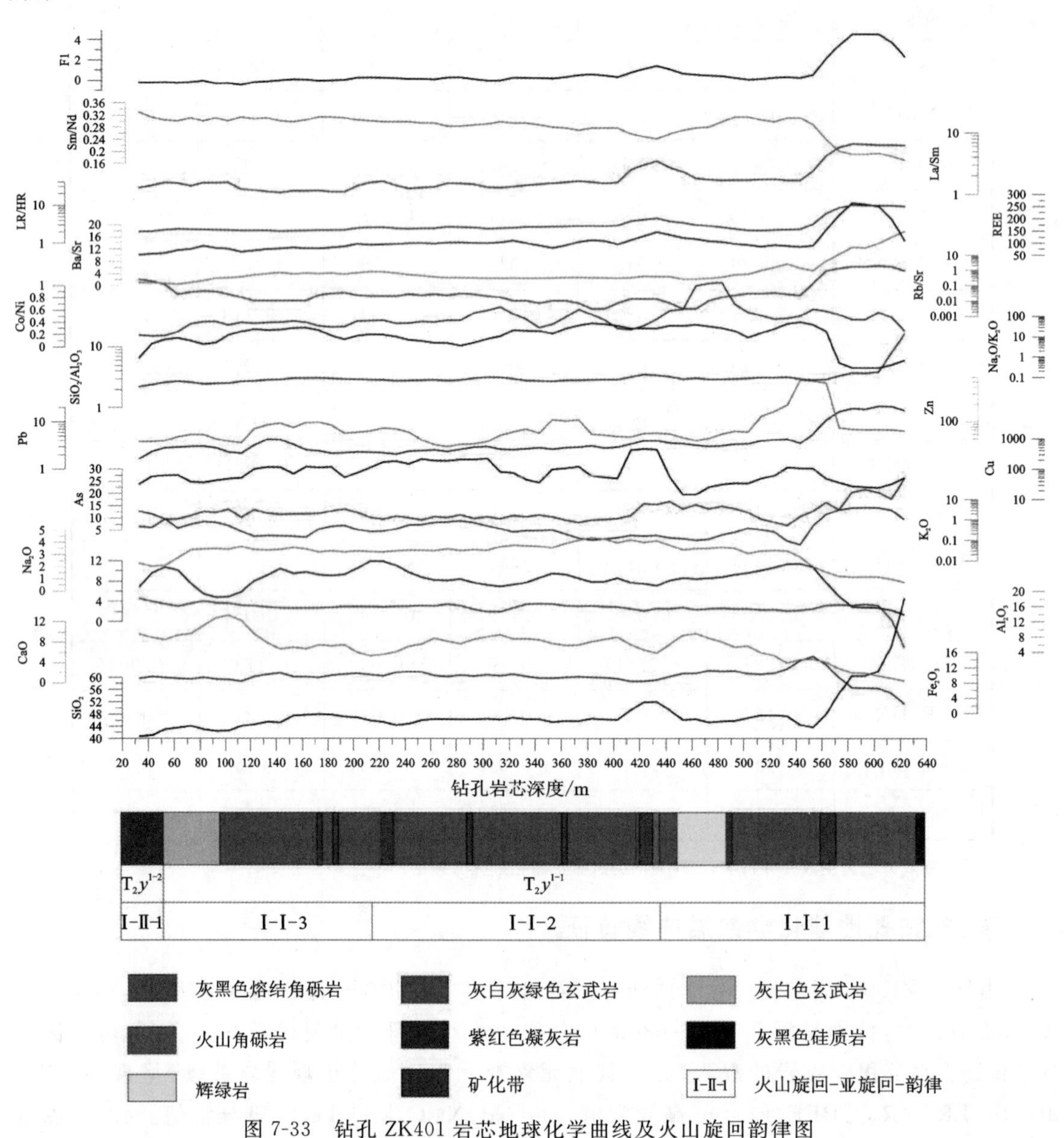

图 7-33　钻孔 ZK401 岩芯地球化学曲线及火山旋回韵律图

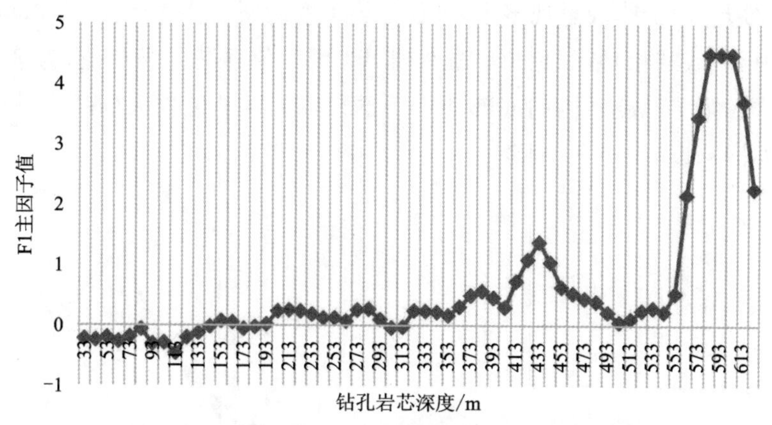

图 7-34　钻孔 ZK401 岩芯地球化学 F1 因子曲线图

由钻孔 ZK3101 岩芯地球化学曲线可以看出(图 7-35),由浅入深随岩性矿化的变化,地球化学数据波动较大,特别是 110～170m 火山角砾岩矿化蚀变带受后期热液改造充填影响,呈现出低 SiO_2 异常,高 CaO、Al_2O_3、Cu、Pb、Zn 异常。310～350m 的辉绿岩发育区间,呈现低 Fe_2O_3 异常,高 LR/HR、∑REE、La/Sm 异常。灰白灰绿色玄武岩整体波动较小,第Ⅰ亚旋回内 SiO_2 含量同样具有逐渐变小趋势,即逐渐偏向超基性方向发展。

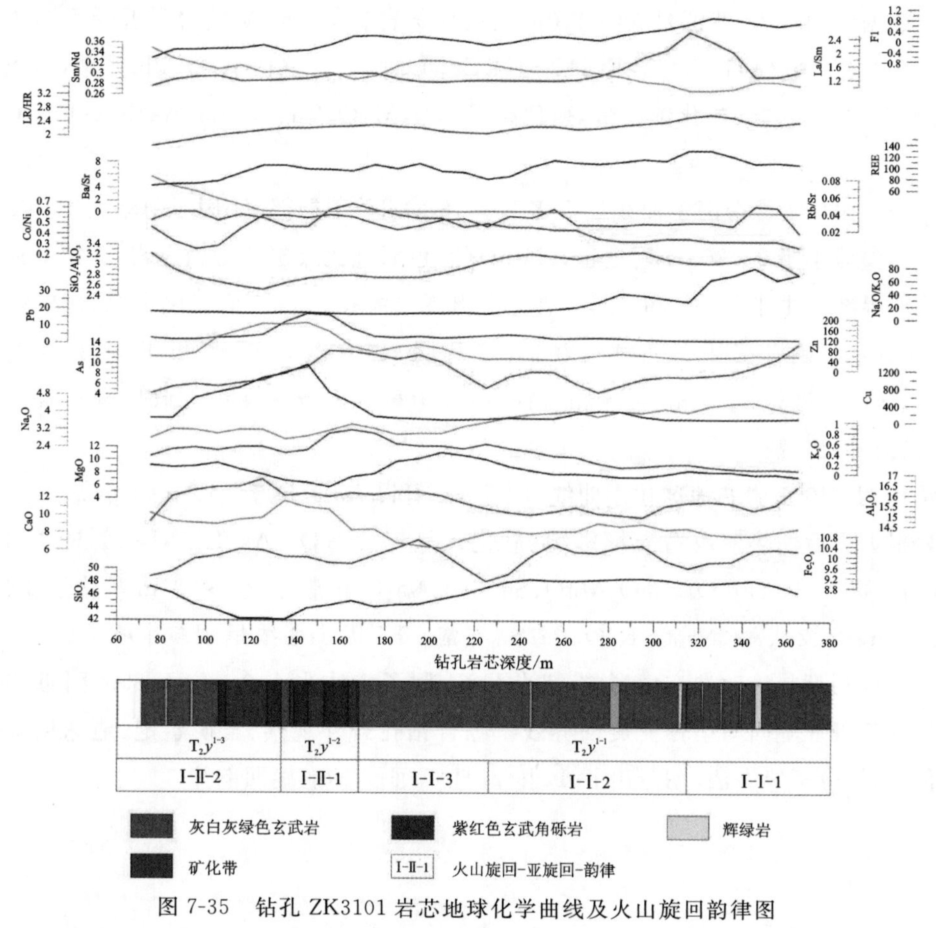

图 7-35　钻孔 ZK3101 岩芯地球化学曲线及火山旋回韵律图

图 7-36 中的 F1 因子曲线呈现多个峰值，且第Ⅰ亚旋回整体大于 0。170m 附近由深海玄武岩转变为浅海相(或陆相)紫红色角砾凝灰岩，F1 因子值逐渐变为负值，为第Ⅰ亚旋回与第Ⅱ亚旋回界线。在第Ⅰ亚旋回内的底部即Ⅰ-1 韵律，F1 因子值较大(在 0.4～0.8 之间)，同时呈现高 Al_2O_3、As、Na_2O/K_2O 现象。

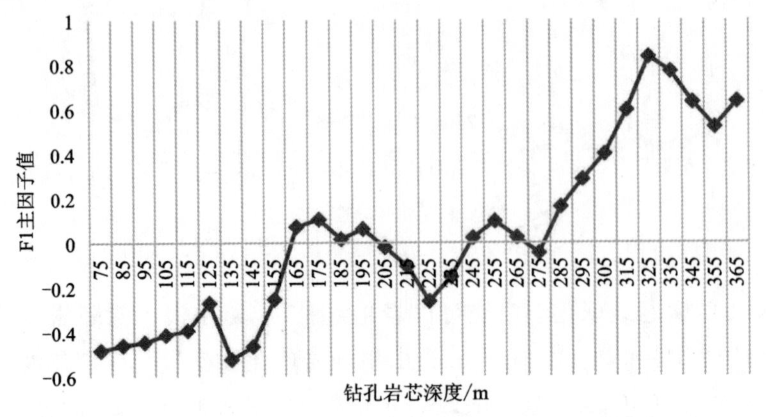

图 7-36 钻孔 ZK3101 岩芯地球化学 F1 因子曲线图

根据钻孔 ZK8007 岩芯地球化学曲线(图 7-37)，可以看出由浅入深随岩性矿化的变化，地球化学数据波动较大，特别是 60～110m 火山角砾岩和灰黄色凝灰岩附近受后期热液改造充填影响(硅化)，呈现高 SiO_2、LR/HR、∑REE、La/Sm、Al_2O_3、K_2O、Pb 异常，低 Sm/Nd、Na_2O 异常。380～400m 矿化蚀变带，呈现高 Fe_2O_3，MgO、Cu、Pb、Zn、As、Na_2O/K_2O、Ba/Sr 异常。

图 7-38 中的 F1 综合因子曲线呈现多个峰值，除Ⅱ－1 局部 F1 因子值略大于 0(最高 0.3 左右)之外，整体小于 0。265m 附近正常沉积紫红色弱硅化纹层状含铁泥岩，为第Ⅱ亚旋回与第Ⅲ亚旋回界线。由于 T_2y^{1-2} 和 T_2y^{1-3} 地层均出现浅海相(陆相)紫红色玄武岩、紫红色凝灰岩，并与灰绿色玄武岩互层，故将其归为 1 个亚旋回 2 个韵律。T_2y^{1-4} 和 T_2y^{1-5} 地层整体表现为深海爆发性-溢流相-爆发相-溢流相规律，即火山角砾岩或灰绿色玄武质凝灰岩与灰白灰绿色玄武岩相间出现。

从钻孔 JJZK001 岩芯地球化学曲线(图 7-39)可以看出，位于 140～175m 灰白灰绿色角砾凝灰岩附近受后期热液改造充填影响(硅化)，呈现高 SiO_2、As、LR/HR、∑REE、La/Sm、Ba/Sr 异常，低 Al_2O_3、Fe_2O_3、CaO、MgO、Sm/Nd、Na_2O 异常。380～400m 矿化蚀变带，呈现高 Fe_2O_3，Cu、Pb、Zn、As、Na_2O/K_2O、Ba/Sr 异常。F1 因子曲线呈现多个峰值(图 7-40)，除 140～175m 受后期热液改造充填影响(硅化)，F1 因子整体小于 0。位于 85m 附近的正常沉积杂砂岩为第Ⅲ亚旋回与第Ⅳ亚旋回界线。综合钻孔野外观察、岩矿鉴定、地球化学元素及元素比值、因子分析等方法，划分出Ⅱ-1、Ⅱ-2、Ⅲ-1、Ⅲ-2 的亚旋回韵律。

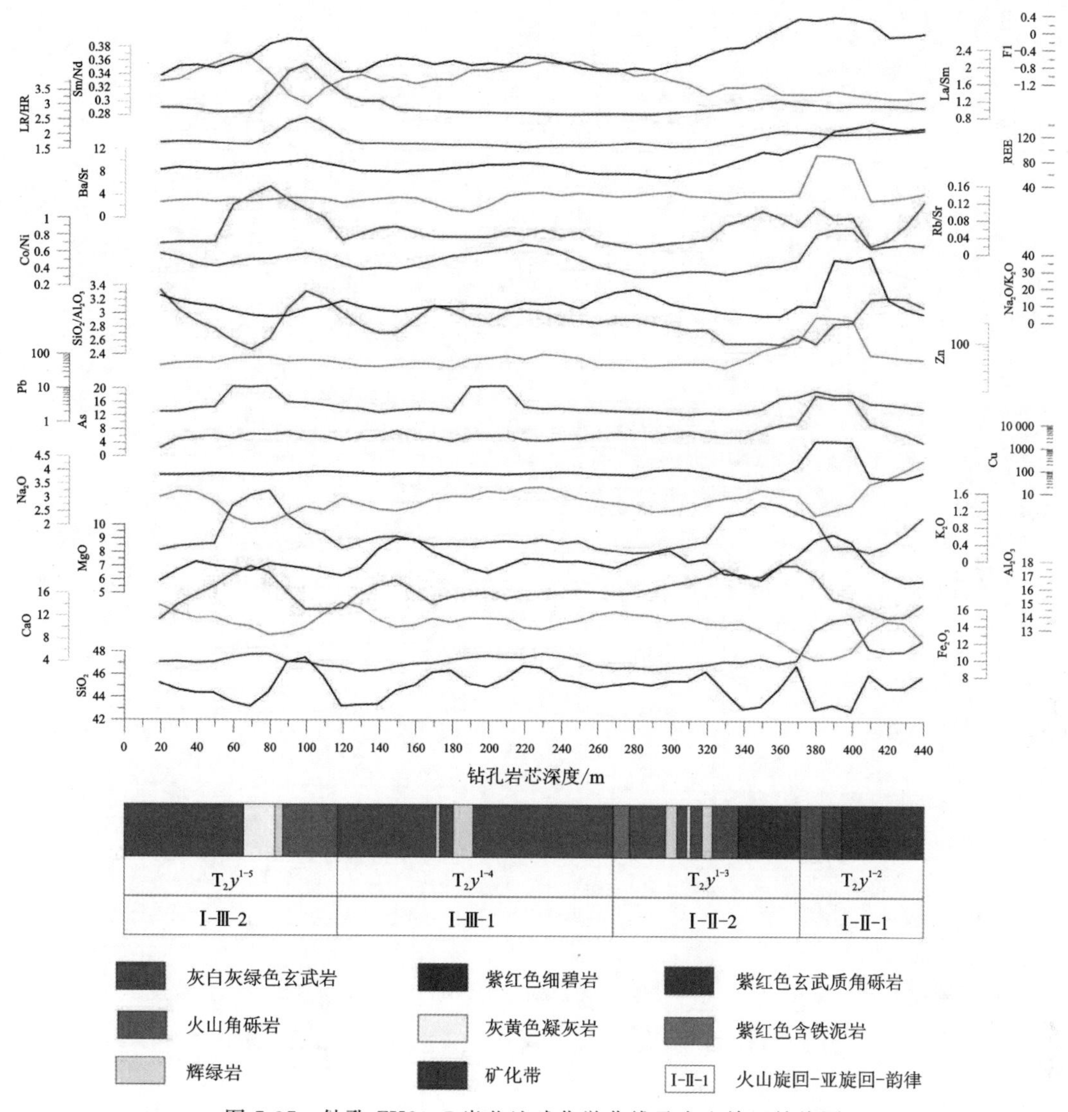

图 7-37　钻孔 ZK8007 岩芯地球化学曲线及火山旋回韵律图

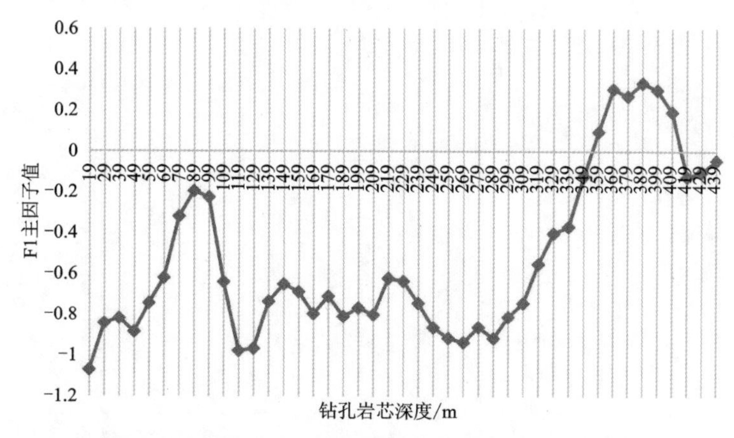

图 7-38　钻孔 ZK8007 岩芯地球化学 F1 因子曲线图

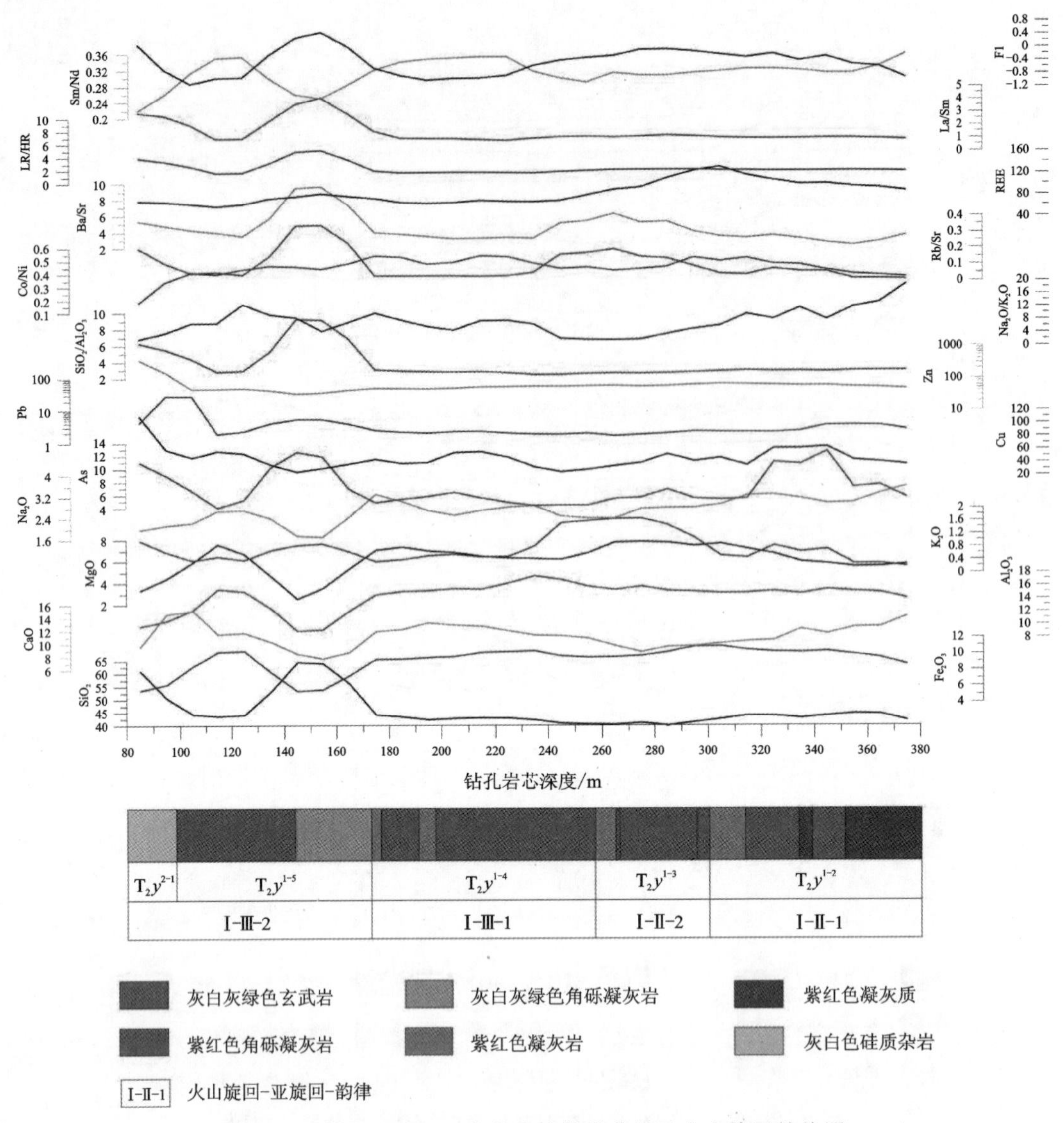

图 7-39　钻孔 JJZK001 岩芯地球化学曲线及火山旋回韵律图

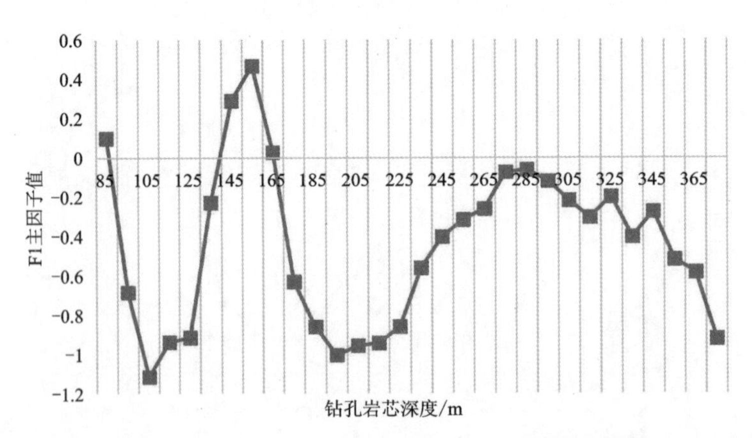

图 7-40　钻孔 JJZK001 岩芯地球化学 F1 因子曲线图

第三节　含矿火山岩系空间架构三维模拟

矿床地质模型的建立，主要目标就是通过运用收集到的地质数据资料中所提取的地质数据信息，以三维地质建模软件作为平台，对地质数据信息实现三维再建、呈现和分析。地质模型的构建主要包括两种类型的模型：一类是开放式的数字地形模型，即表面模型，是一个不完全封闭的、不规则的、类似于层状的表面实体，一般称为地表模型；另一类是封闭式的空间实体模型，是一个完全闭合的空间实体或者是空心体，一般为矿体、地质、岩层和采空区等模型。

三维模拟主要利用DIMINE数字矿山软件系统实现，该软件充分采用当今世界上先进的三维可视化技术，以数据库技术、三维表面建模技术、三维实体建模技术、国际上通用的地质统计学方法、数字采矿设计方法、网络解算与优化技术、工程制图技术为基础，全面实现了从矿床地质建模、测量数据的快速成图、地下矿开采系统设计与开采单体设计、回采爆破设计、露天矿开采设计、生产计划编制、矿井通风系统网络解算与优化到各种工程图表的快速生成等工作的可视化、数字化与智能化。DIMINE软件系统强大的三维可视化平台为地矿三维可视化编制实现提供可靠的技术支撑。

一、钻孔地质数据库建立

地质数据的完整性和可靠性，直接影响一个矿山的生产经营和决策。地质数据一般通过以下形式获得：钻探——通过钻孔，来获取基本岩性信息和取样分析数据（图7-41）；坑探——坑道取样数据；槽探——刻槽取样数据。地质数据库用于存储和提取矿山勘探工程数据，建好的数据库能够满足探矿工程的三维显示、数据统计分析、样品组合和后续估值分析的要求。

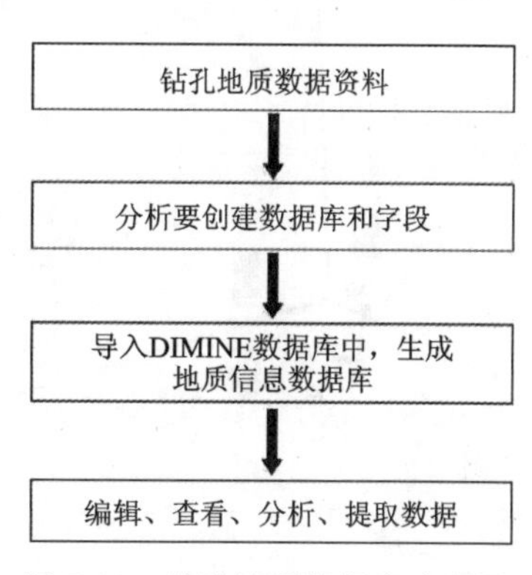

图7-41　钻孔地质数据库流程图

创建钻孔地质数据库前，首先应将孔口表、测斜表、样品表进行检测并转换成dmt文件。其具体操作为：①首先打开DIMINE软件，点击数据表格“导入”，选择导入的文件，导入孔口表、测斜表、样品表；②“选择分隔符”为逗号，含有字母或汉字等采用字符串型，有关实数类用双精度型或浮点型，如果数据类型选择错误，将影响数据的导入；③导入完成后，选择数据表格“保存”，转换成dmt格式；④对3个表中的数据进行校验，其具体操作为选择DIMINE软件中地质模块下的钻孔DMD校验工具进行校验。在校验时将前面孔口表、样品表和测斜表转换成的dmt文件导入相应的位置，校验时注意钻孔样品表的起始应为“FROM”，结束应为“TO”，否则校验时会出现错误；⑤校验成功后，点击“钻孔DMD”，依次导入前面保存的dmt格式的钻孔表、测斜表、样品表，完成地质数据库模型创建（图7-42、图7-43）。

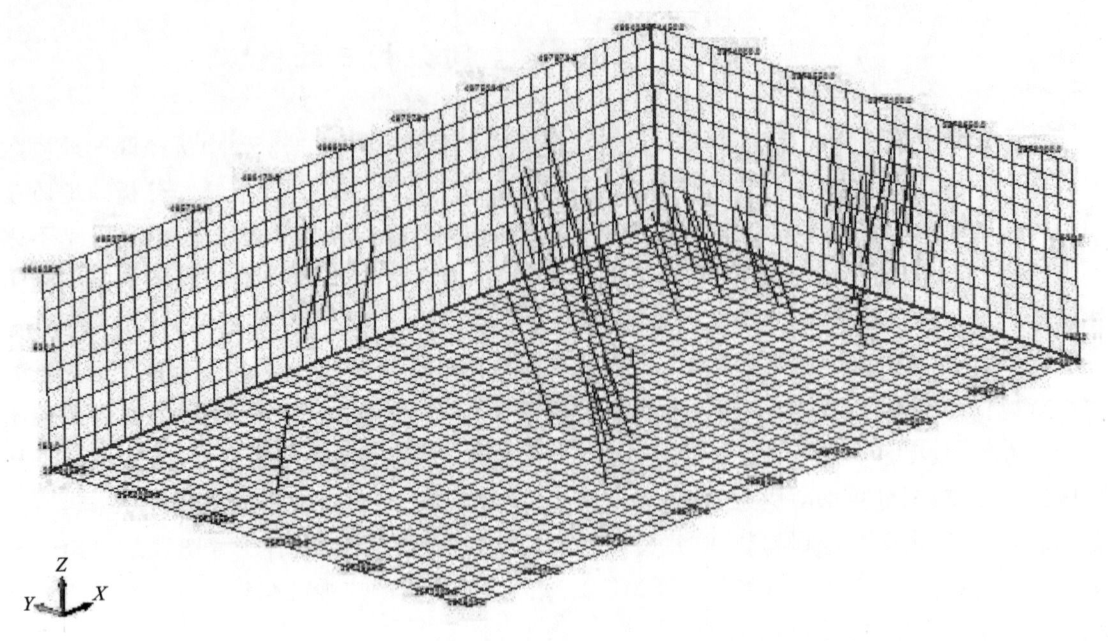

图 7-42　云南麻栗坡杨万铜矿钻孔数据建库三维效果图

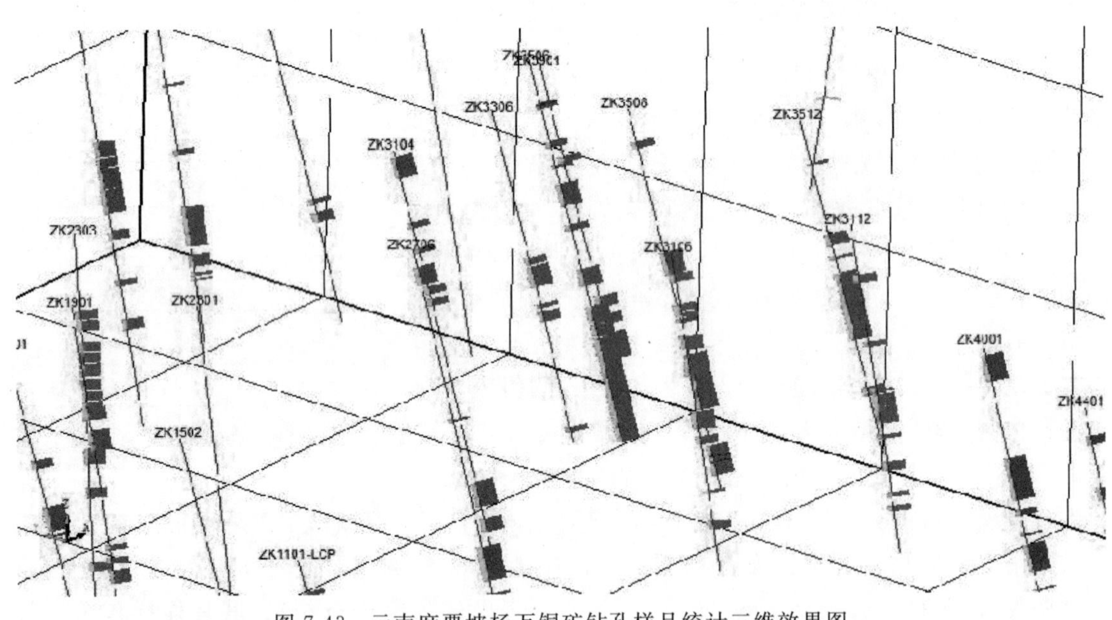

图 7-43　云南麻栗坡杨万铜矿钻孔样品统计三维效果图

二、地表实体模型

杨万铜矿地表模型是在已经矢量化的图纸的基础上，导入 DIMINE 软件中，首先经过平面转换和处理，再对等高线进行高程上的赋值，使每条等高线的高程值与实际相符，直接按照等高线生成的数字地形模型。因为数据比较少，生成的数字地形模型可能与实际不太符合。在软件系统中，将原来的地形线经过光顺处理，再通过空间插值技术在原来的等高线之间插入符合实际高程的新等值线，按照这种方法重新生成的等值线建立起来的数字地形模型会比较符合实际情况。生成的数字化地表模型如图 7-44、图 7-45 所示，本书三维图中三维轴的 X 方向均为正东，Y 方向均为正北，Z 方向均为高程（最低高程值为 0m），其他三维图件不再赘述。

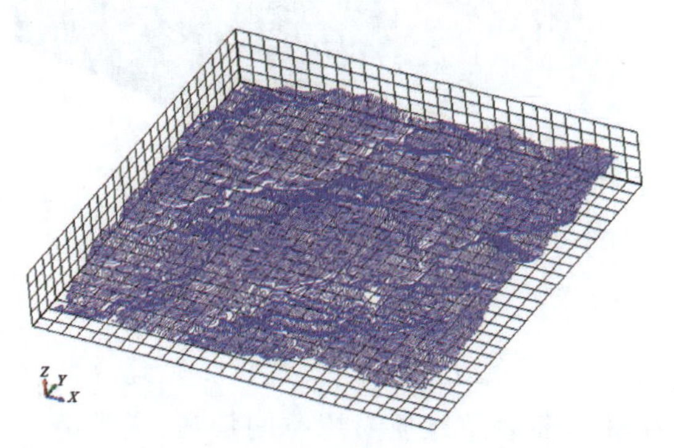

图 7-44　云南麻栗坡杨万铜矿等高线三维效果图

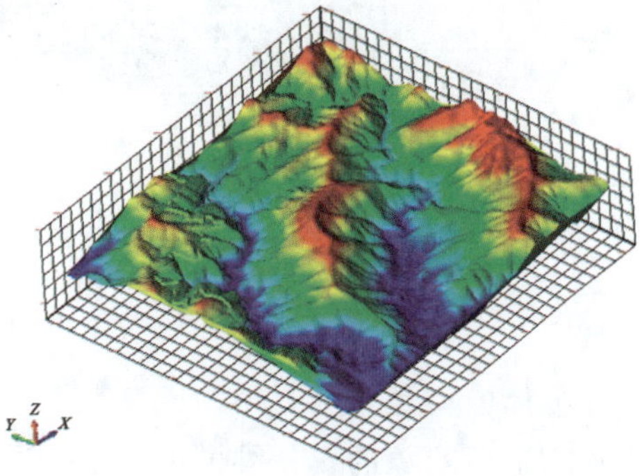

图 7-45　云南麻栗坡杨万铜矿地表模型三维效果图

三、地层界面模型

矿区内的地层界面模型是在基础地形地质图的基础上，通过进一步的数据统计后，利用 DIMINE 软件所得出的模型。首先对 MapGIS 图件的各地层界线进行点标注，坐标点严格按照地层界线的走势进行标记，对弯曲和转折的线段需要进行修饰处理，然后进行逐点坐标记录数据（X 坐标、Y 坐标、高程）。其次，选出矿区内穿越地层较多、岩性比较完整的钻孔进行地层界面深度统计，然后记录 X 坐标、Y 坐标、高程、孔深、方位角、倾角、各地层界面深度。最后，利用 Sufer 软件生成地层界面趋势面，导入 DIMINE 软件后形成最好的地层界面模型（图 7-46～图 7-50）。

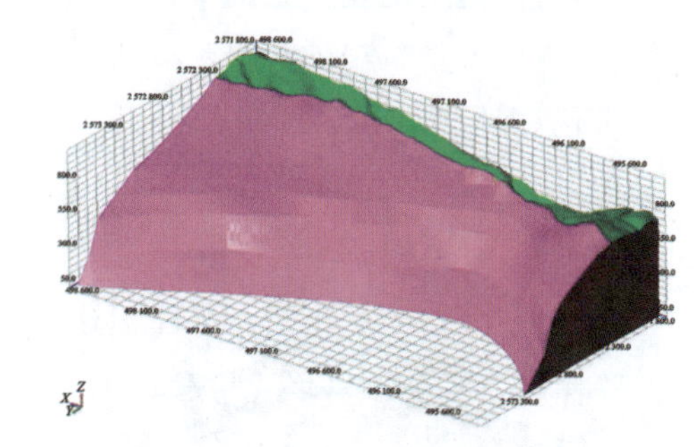

图 7-46　杨万火山岩系 T_2f 与 T_2y^{1-1} 三维界面

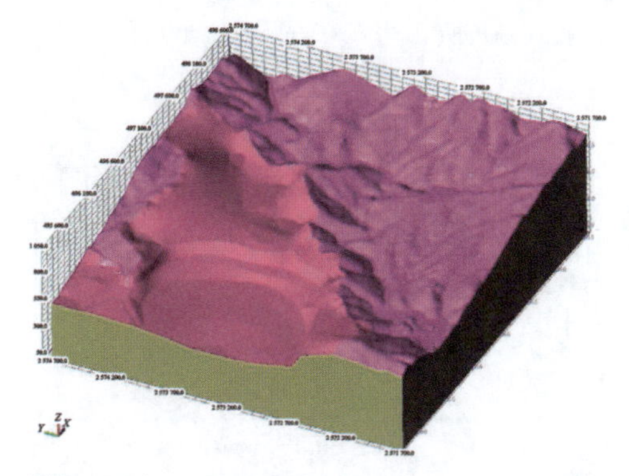

图 7-47　杨万火山岩系 T_2y^{1-1} 与 T_2y^{1-2} 三维界面

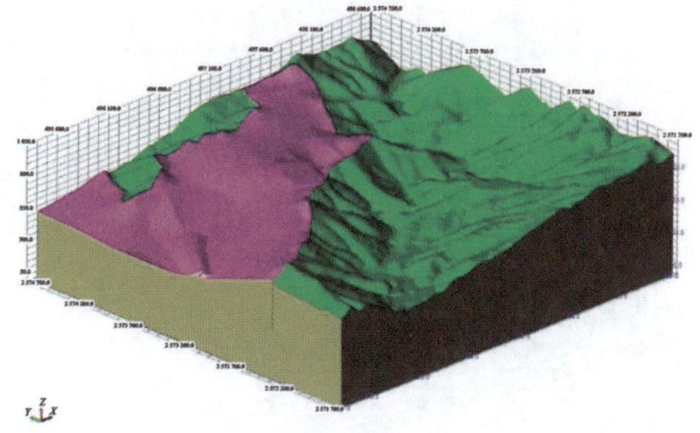

图 7-48　杨万火山岩系 T_2y^{1-2} 与 T_2y^{1-3} 三维界面

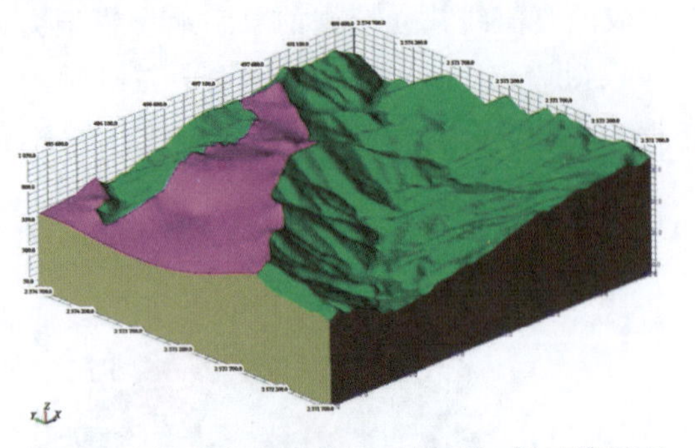

图 7-49　杨万火山岩系 T_2y^{1-3} 与 T_2y^{1-4} 三维界面

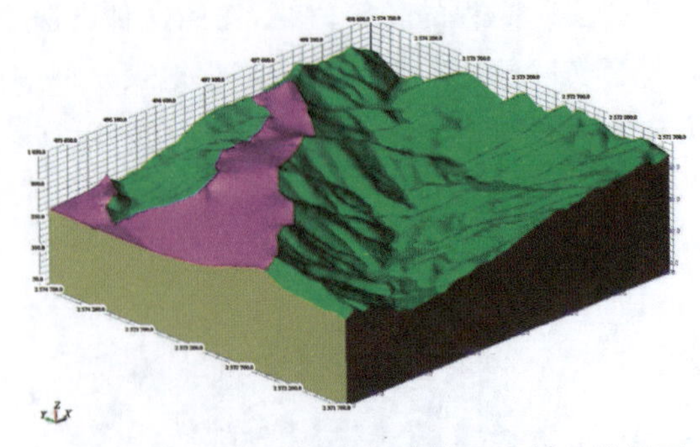

图 7-50　杨万火山岩系 T_2y^{1-4} 与 T_2y^{1-5} 三维界面

四、地质体模型

地质体模型是一个封闭的三维模型，且变化复杂，计算机三维地质建模就是建立研究范围内所有地质对象的真三维模型，这种模型要能够全面表达地质对象空间特征、属性特征和空间关系特征。要求能够使用户在二维屏幕上对二维剖面进行交互式操作，以达到解释推断的目的，就像在二维图纸上，能够对现有资料进行表达、分析、解释、推断和修改一样。

地质体模型的建立是整个模型建立过程中最重要的部分，模型主要是利用前文已经生成的地层界面模型(体)的交集互减所得。在三维视图管理器中进行模型的构建，其模型比较直观、准确(图 7-51～图 7-58)。

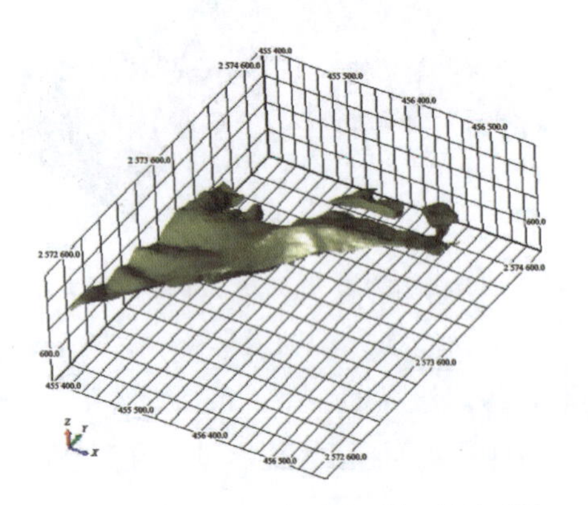

图 7-51　杨万火山岩系 T_2y^{2-1} 三维地质体

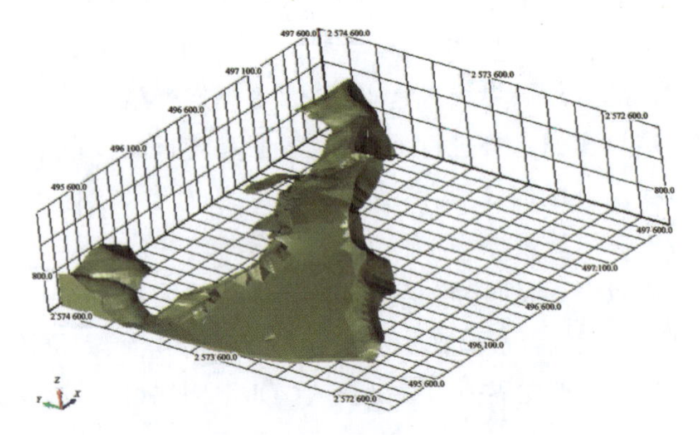

图 7-52　杨万火山岩系 T_2y^{1-5} 三维地质体

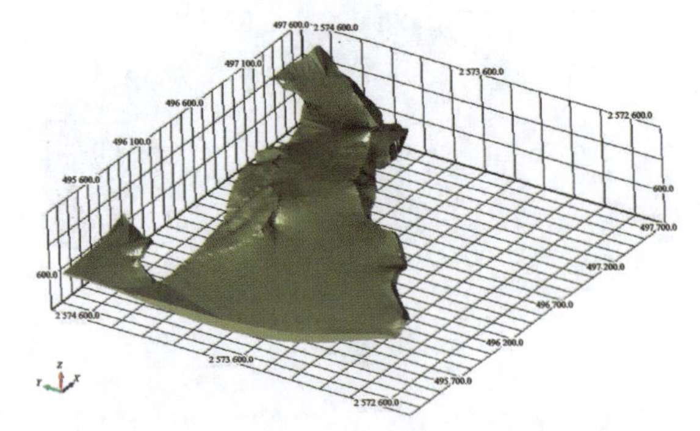

图 7-53　杨万火山岩系 T_2y^{1-4} 三维地质体

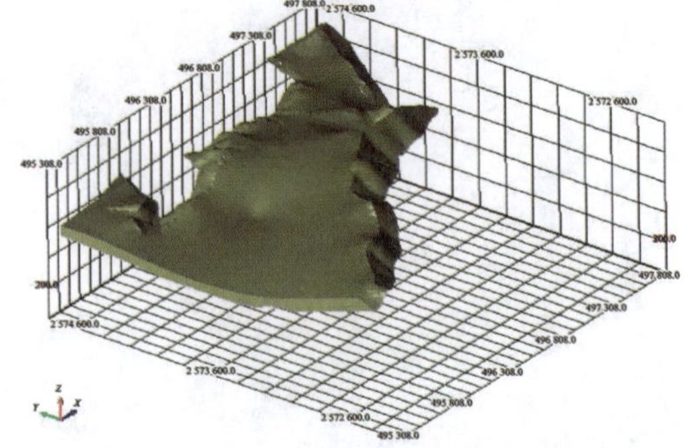

图 7-54　杨万火山岩系 T_2y^{1-3} 三维地质体

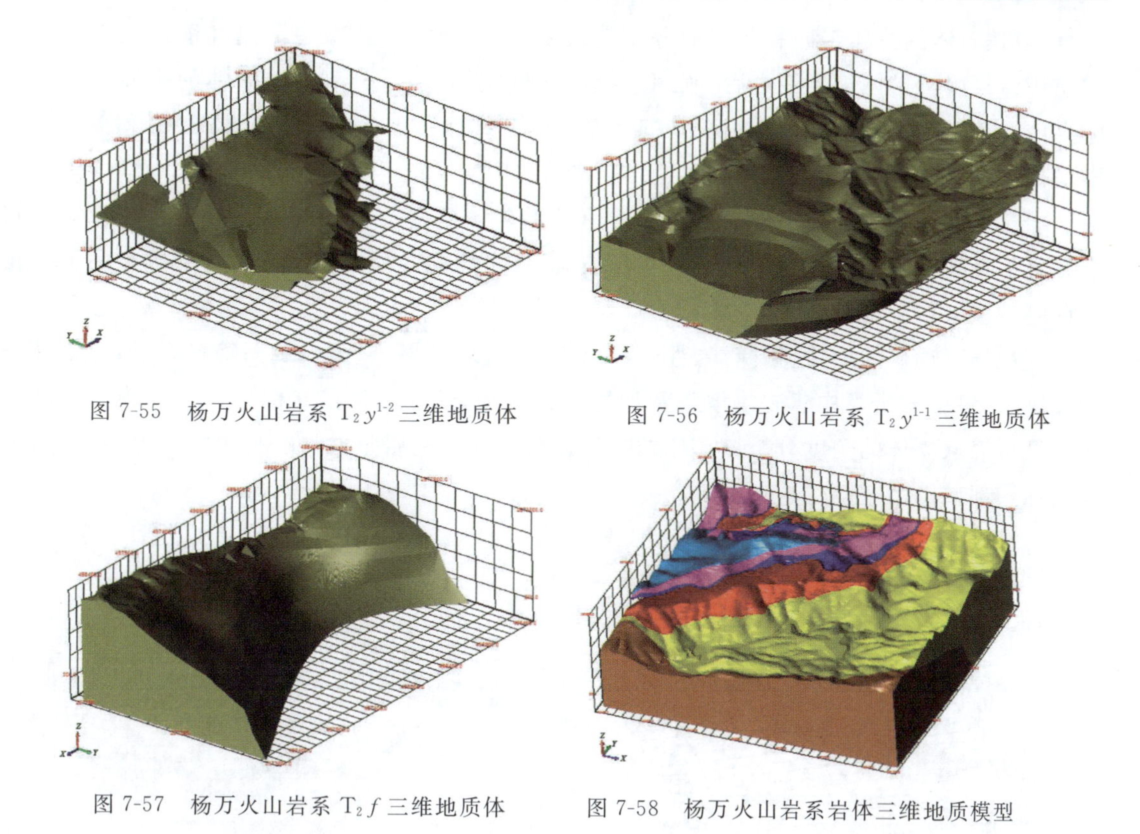

图 7-55　杨万火山岩系 T_2y^{1-2} 三维地质体　　图 7-56　杨万火山岩系 T_2y^{1-1} 三维地质体

图 7-57　杨万火山岩系 T_2f 三维地质体　　图 7-58　杨万火山岩系岩体三维地质模型

由图 7-57 中杨万火山岩系 T_2f 三维地质体可知，中三叠统法郎组（T_2f）位于研究区南部，与 T_2y^{1-1} 的接触面呈现中间较陡、东西部相对较缓的趋势。而 T_2y^{1-1}（图 7-56）岩体南部和北东区域整体较薄，且其上覆的岩体均已剥蚀；而中部凹陷部位受已有钻孔揭露深度所限（有效高程控制在 0m 标高），其底界不详。T_2y^{1-1} 地层之上的 T_2y^{1-2}～T_2y^{2-2} 地层体主要以凹陷体出露于测区中西部，且各地层体凹陷趋向西，即向西部埋深逐渐增大。

通过构建杨万火山岩系三维地质体，直观清晰地展示了各地层岩体的空间分布规律。杨万火山岩系以裂隙式玄武岩喷发为主，溢流岩浆从高处流向低洼处，导致低洼处的岩浆岩厚度增大；即三维地质模型体厚度大的部位其古地形地貌应位于低洼处，该部位是寻找层状（透镜状）黄铁矿型铜矿体的有利空间位置。根据已知层状（透镜状）黄铁矿型铜矿体赋矿层位主要位于 T_2y^{1-2} 上部，其次为 T_2y^{1-2} 下部，那么 T_2y^{1-2} 地质体厚度大的部位其古地形地貌应位于低洼处，是寻找层状（透镜状）黄铁矿型铜矿体的有利空间位置。由图 7-55 中杨万火山岩系 T_2y^{1-2} 三维地质体可知，新寨至那竜区域是寻找层状（透镜状）黄铁矿型铜矿体的有利空间位置。

五、矿体实体模型

建立的矿体模型要比较准确，前期需要做好两个工作：一是弄清楚矿体边界轮廓；二是建立好周围与矿体有空间关系的地质构造模型。当 2 个勘探线剖面间的变化不大、几何匹配性相对较好的时候，在一般情况下，只需要将两剖面之间的线直接生成矿体就能够满足要求了。但在现实中，矿体的赋存条件是非常复杂的，往往存在着断层错动现象或其他岩性侵入。这时，可以按矿体的总体走向和断层的分布特征来构建矿体模型，或者采用辅助线约束线框来构建矿体模型。矿体边界圈定后，利用系统的线框实体工具，分别选择矿体的边界线进行实体生成。针对杨万铜矿床矿体主要是统计已有的三维地质坐标点，导入 DIMINE 得到空间三维坐标体系后，再形成空间辅助线，从而进行实体建模。

通过建立杨万成矿火山岩系三维地质模型和矿体模型(图 7-59、图 7-60)，使矿床的空间形态更加直观明朗，从而能够基于火山旋回、地层、岩性构造等控矿要素进行三维空间上的找矿预测。

利用杨万铜矿的地质、钻探、岩性岩相组构特征、地层划分、火山旋回等资料，通过统计分析计算、趋势面分析等构建矿体模型和地层界面模型，建立了该矿床的三维地质模型。基于该模型可以从立体的角度分析该矿床的控矿因素和成矿地质条件，在三维地质软件平台帮助预测深边部矿体的空间位置。

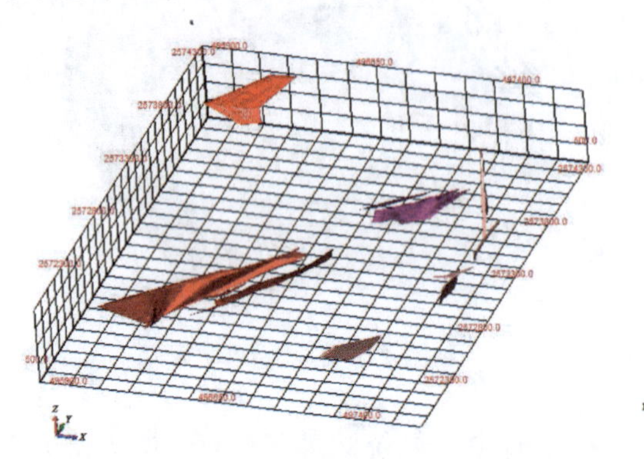

图 7-59　杨万火山岩系矿体三维地质模型

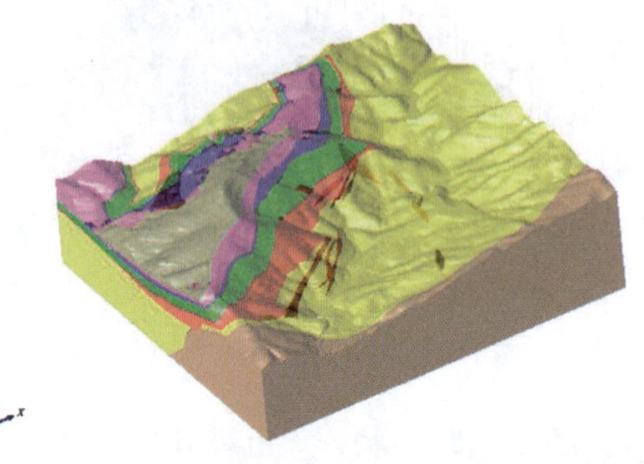

图 7-60　杨万火山岩系矿体与地层三维地质模型

(地层透视率为 40%，大红色为矿体)

第四节　火山活动旋回、火山机构及其成矿控制作用

野外观测、岩矿鉴定和岩石化学研究表明，杨万火山岩系的岩相类型包括：①火山爆发相，如凝灰角砾岩，火山角砾熔岩、凝灰岩；②火山溢流相，如斑状玄武岩、绿泥石化碳酸盐化细碧-玄武岩、蛇纹石化透闪石化变玄武岩；③火山沉积相，主要为变基性凝灰岩，弱蚀变基性角砾晶屑凝灰岩，常常为纹层状、条带状沉凝灰岩，含少量细粒长石、石英晶屑；④沉积相，包括热水沉积相和正常沉积相，前者主要为断续成层分布的隐晶-微晶石英岩(硅质岩)、杂砂岩，后者可见纹层状含铁泥岩、纹层状钙质粉砂质泥岩、钙质细砂岩、粉砂质泥质灰岩、砂岩、粗砂岩和角砾岩；⑤次火山相，该相岩石有绿泥石化透闪石化变辉绿岩、硅化绿帘石化辉绿玢岩。就分布总量而言，火山溢流相(熔岩相)和火山爆发相(碎屑岩相)是主体岩相类型，其中溢流相(熔岩相)玄武岩发育最为广泛，枕状玄武岩类分布比较局限，仅在 K6 坑道内发现大量枕状玄武岩，说明该处为火山机构的火山通道处。

根据各岩性岩相类型的产出分布规律、结合室内岩矿鉴定和剖面地质地球化学特征，综合确定了赋矿火山岩系的岩性、岩相旋回特点。杨万含矿火山岩系从下而上总体以溢流相开始至爆发相到沉积相，从 T_2y^{1-5} 到 T_2y^{1-1} 为一个火山旋回，划分出 3 个亚旋回 7 个韵律，其中 T_2y^{1-1} 为第Ⅰ亚旋回，以溢流相玄武岩为主，共划分为 3 个韵律；T_2y^{1-2} 和 T_2y^{1-3} 为第Ⅱ亚旋回的 2 个韵律，T_2y^{1-4} 和 T_2y^{1-5} 为第Ⅲ亚旋回的 2 个韵律，其亚旋回特征如下。

亚旋回界面：岩性岩相类型主要为深海相变为浅海相玄武岩或凝灰岩、纹层状含铁泥岩、纹层状钙质粉砂质泥岩、钙质细砂岩、砂岩、粗砂岩和角砾岩。热水沉积岩不单独构成亚旋回界面。

亚旋回内部：第Ⅰ亚旋回 T_2y^{1-1} 总体以溢流相玄武岩为主，夹有少量爆发相火山角砾岩和凝灰岩。第Ⅱ和第Ⅲ亚旋回溢流相到爆发相交替出现，最后到沉积相。

亚旋回间：亚旋回的岩性和岩相类型完整性以中下部亚旋回最好，自下部亚旋回到上部亚旋回，总体上火山活动强度整体逐渐降低，岩石厚度整体逐渐变小。

亚旋回韵律变化性：自下部亚旋回到上部亚旋回，亚旋回内韵律数由多变少。

为研究杨万火山亚旋回与铜矿化的关系，将 ZK401、ZK3101、ZK8007 和 JJZK001 这 4 个钻孔的地球化学数据按火山亚旋回韵律整合成综合钻孔因子图（图 7-61），其中重合的循环韵律部分取其平均值，综合后钻孔总深度 1140m，从 T_2y^{1-5} 到 T_2y^{1-1} 共为一个大旋回，划分出 3 个

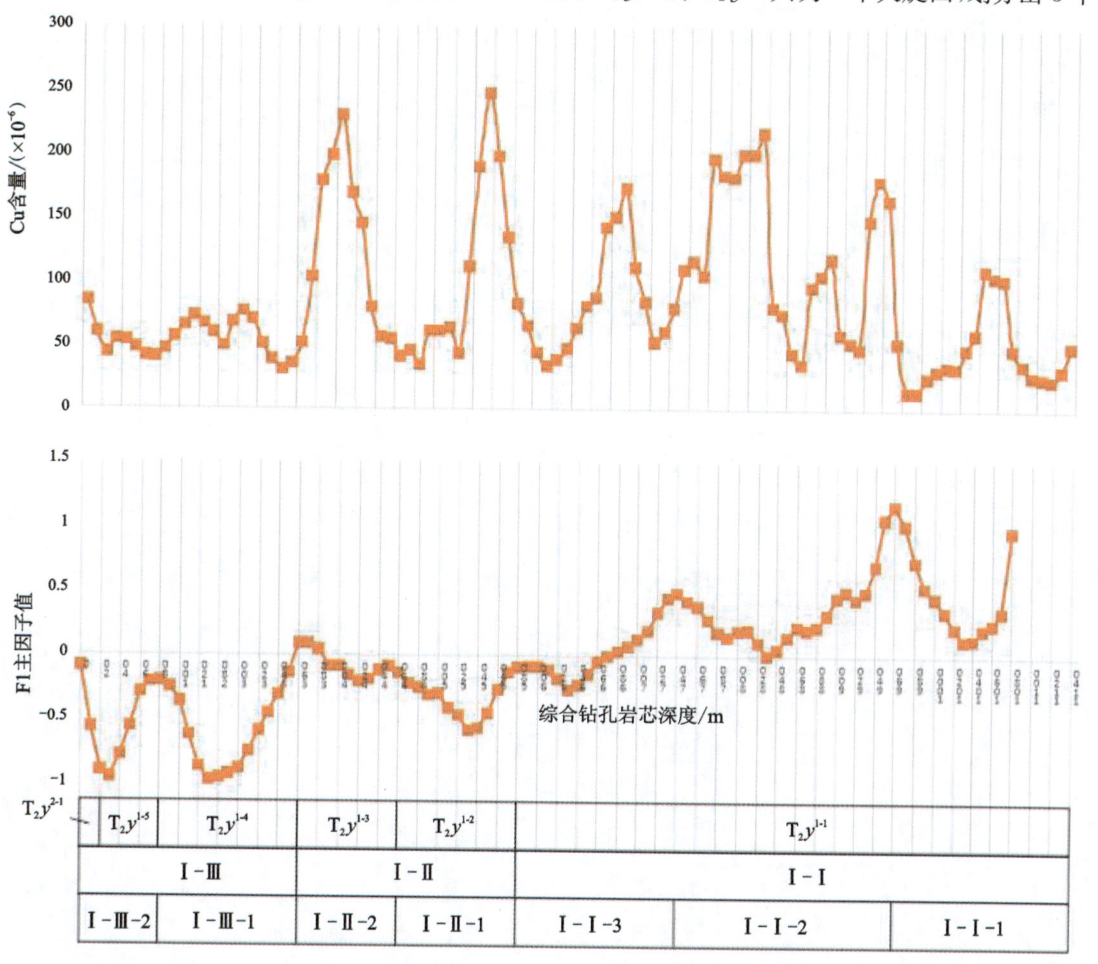

图 7-61　杨万火山岩系火山旋回与铜矿化关系图

亚旋回 7 个韵律，其中第Ⅰ亚旋回划分为 3 个韵律，第Ⅱ和第Ⅲ亚旋回分别划分为 2 个韵律。第Ⅰ亚旋回 F1 综合因子整体大于 0，第Ⅱ和第Ⅲ亚旋回则小于 0，综合因子 F1 曲线与地球化学数据、岩性变化整体一致，较好地反映了杨万火山岩系的旋回韵律规律。

同时将各钻孔 Cu 地球化学数据整合后（Cu 含量特高值进行了缩减处理，该曲线仅体现玄武岩赋矿背景异常，其含量的曲线振幅大小意义不大），得出第Ⅰ亚旋回存在 5 个铜矿富集异常带，其中Ⅰ-Ⅰ-2 韵律存在 3 个矿化富集带，Ⅰ-Ⅰ-1 和Ⅰ-Ⅰ-3 韵律各存在 1 个矿化富集带。第Ⅱ亚旋回存在 2 个铜矿化富集带，分布位于Ⅰ-Ⅱ-1 和Ⅰ-Ⅱ-2 韵律。第Ⅲ亚旋回未见明显铜矿富集异常带。其矿化对应地层主要为 T_2y^{1-3}、T_2y^{1-2}、T_2y^{1-1}。

第八章　矿床成矿规律

第一节　矿床成因

矿床成因是研究矿化规律进行成矿预测及指导找矿勘查工作的理论基础，具有重要的地质意义（刘佩欣等，2023）。根据研究区各矿体的形态、产状、规模、赋矿层位、岩性组合、控矿构造、围岩蚀变、矿物组合标志、矿石组构标志、钻孔资料及剖面成果图件等方面综合研究，杨万铜矿矿体主要有3种成矿类型，分别为层状（透镜状）黄铁矿型铜矿体、断裂充填型黄铁矿黄铜矿铜矿体、层间破碎带充填交代型铜矿体（童道达等，2023）。

1. 矿床形成环境

由赋矿岩层的火山岩系地质构造环境研究中可知，杨万火山岩属于异常型洋中脊玄武岩环境，玄武岩岩浆的平衡部分熔融作用是岩石形成的主要控制作用。

2. 矿床矿化特征

喷流沉积成矿期主要发育层状、扁平透镜状矿体，会随褶皱同步变形；矿物以黄铁矿-黄铜矿-闪锌矿为组合标志，黄铁矿为主，局部存在赤铁矿、磁铁矿、磁黄铁矿、硫砷铜矿。次火山热液成矿期主要发育（NNW向）断裂充填的脉状矿体，矿体切割火山岩地层；矿物以黄铜矿-黄铁矿-闪锌矿为组合标志，黄铜矿为主，闪锌矿极少量。变质热液成矿期主要发育层间角砾岩化带充填交代的似层状、透镜状矿体；矿物组合标志为斑铜矿-（蓝）辉铜矿-黄铜矿，以斑铜矿为主，蓝辉铜矿、辉铜矿次之，黄铜矿、黄铁矿少量，自然铜极少。

3. 矿化与构造的关系

火山喷流（气）-沉积成矿期形成的层状（扁平透镜状）致密块状黄铁矿型铜矿体主要受火山盆地内部局部凹陷构造控制，矿体就位于喷流、喷气裂隙系统及其旁侧；主火山旋回内亚旋回间歇期（T_2y^{1-3}和T_2y^{1-4}之间）次火山热液脉状充填型黄铁矿黄铜矿型高品位铜矿体主要受作为火山-次火山岩浆上升通道的近南北向基底断裂在T_2y^{1-1}～T_2y^{1-3}火山期间复活上切（右旋拉张走滑）所形成的次级右旋雁列式压剪性走滑断裂控制；区域变形变质热液活化成矿期形成的层间破碎带充填交代型辉铜矿斑铜矿矿体（含矿化体）主要受区域褶皱变形导致的层间压剪滑动破碎带控制，间接受岩性组构、岩相、主火山旋回内亚旋回及旋回韵律控制，成形矿体主要就位于 T_2y^{1-3} 内部岩性组构及岩相转换带。

4. 矿化与火山岩岩性岩相关系

火山岩系的岩相类型包括火山碎屑岩(爆发相)、火山熔岩相(溢流相)、火山沉积相、沉积相、次火山相等。就分布总量而言，火山熔岩相(溢流相)是主体岩相类型。

层状(透镜状)黄铁矿型铜矿体，主要位于灰绿色玄武岩与凝灰岩或火山角砾岩的层间界面中，矿体产出形态与岩性组构界面一致，明显受岩性岩相控制。

断裂充填型黄铁矿黄铜矿铜矿体，受近南北向断裂控制，与岩性岩相关系不大，主要产于玄武岩中。

层间破碎带充填交代型铜矿体，主要赋存于玄武岩、火山角砾岩或凝灰岩的层间破碎带内。以老厂坡矿体为代表，其中上下围岩均为紫红色火山角砾岩，上盘见绿帘石硅质条带，无矿化现象；下盘见厚约 60cm 的含矿灰绿色火山角砾岩，再过渡到灰绿色、紫红色、杂色火山角砾岩，最后为纯色紫红色火山角砾岩。表现出岩性岩相界面控矿的特征。

5. 矿化与火山旋回韵律的关系

杨万铜矿与火山岩系的旋回性关系十分密切，是研究区成矿预测及找矿的主要考虑因素。从 T_2y^{1-5} 到 T_2y^{1-1} 共为一个大旋回，划分出 3 个亚旋回 7 个韵律，其中第Ⅰ亚旋回划分为 3 个韵律，第Ⅱ和第Ⅲ亚旋回分别划分为 2 个韵律。第Ⅰ亚旋回存在 5 个铜矿富集异常带，其中Ⅰ-Ⅰ-2 韵律存在 3 个矿化富集带，Ⅰ-Ⅰ-1 和Ⅰ-Ⅰ-3 韵律各存在 1 个矿化富集带。第Ⅱ亚旋回存在 2 个铜矿化富集带，分别位于Ⅰ-Ⅱ-1 和Ⅰ-Ⅱ-2 韵律。第Ⅲ亚旋回未见明显铜矿富集异常带。其矿化对应地层主要为 T_2y^{1-3}、T_2y^{1-2} 和 T_2y^{1-1}。

6. 围岩蚀变特征

喷流沉积成矿期、次火山热液成矿期、变质热液成矿期阶段均出现方解石化、硅化、绿泥石化、绿帘石化和蛇纹石化蚀变，在喷流沉积成矿期主要以方解石化、硅化及绿泥石化为主，钠长石化只存在该成矿期次；次火山热液成矿阶段以绿帘石化、绿泥石化、硅化为主，还见有透闪石(阳起石)化；在变质热液成矿期以方解石化为主，硅化次之，见有透闪石化、滑石化。

7. 矿石矿物形成特征

各矿段代表性矿化类型、不同产出特征样品的黄铁矿的主元素、少量元素及出谱微量元素组合、含量及变化总体近似，可能表明它们源自相同源区系统，结合矿区成矿地质条件及赋存环境特点，该物源系统应为中三叠统细碧-玄武质海相、海陆过渡相火山-次火山岩浆活动产物。

各矿段代表性矿化类型、不同产出特征样品的黄铁矿的 As 含量相对较低且面分布较均匀，除受源区物质组成制约外，黄铁矿的形成温度是重要制约因素，可能反映新寨、那竜、头道河矿段的黄铁矿形成于中温环境。

各矿段代表性矿化类型、不同产出特征样品的黄铁矿 Co/Ni 质量比大于 1，说明它们均为热流体成因；头道河、新寨矿段及那竜矿段黄铁矿的 S/Fe 原子比随黄铜矿矿化叠加而由略富硫转变为略亏硫，说明黄铜矿形成期间硫逸度相对较低，部分获取了黄铁矿的硫源。

新寨矿段似层状、扁平透镜状含铜黄铁矿型矿石的块状黄铁矿矿石、块状黄铁矿黄铜矿矿石都表现为核部较边部 As、Fe 略高，Co、Cu 略低，显示它们形成期间均经历低缓升温过程，是同源同期同阶段矿化产物；但 Co 的面分布特点显示后者因为黄铜矿矿化期间经历了动力变质、重结晶及成矿流体溶蚀交代，改变了其面分布状态。

无论头道河矿段、那竜矿段或新寨矿段，黄铁矿中 Co、Ni 的面分布形式，特别是 Co 的面分布形式，明显反映黄铜矿矿化期间成矿流体与黄铁矿相互作用，Co、Ni 即向先成黄铁矿扩散，又改变了黄铁矿原有 Co、Ni 的面分布形式。

8. 成矿作用演化规律

火山主旋回中晚期：火山主旋回中晚期，海相火山熔浆喷溢活动减弱，T_2y^{1-2} 晚期喷流沉积于局部洼地形成层状（透镜状）黄铁矿型铜矿，即喷流沉积成矿期，新寨-那竜海底洼地层状（透镜状）黄铁矿型铜矿成矿期（体）。

旋回韵律间歇期：火山主旋回中晚期的旋回韵律间歇期，即 T_2y^{1-4}～T_2y^{1-5} 的间歇期次火山岩辉绿岩侵入，主要侵位于 T_2y^{1-1}，少量 T_2y^{1-2}，极少 T_2y^{1-3}，偶见 T_2y^{1-4}，而 T_2y^{1-5} 未出现辉绿岩，受基底断裂（岩浆通道）复活上切，形成 NE 向、近 SN 向的右旋走滑断裂，并充填辉绿岩脉，同时形成次级 NNW—近南 SN 的剪性—压剪性断裂，在含有挥发性组分次火山热液的作用下，携带 Cu 金属元素形成热液充填矿床。头道河和无底洞矿体均为次火山热液充填型矿床。

褶皱变形变质热液活化成矿期：晚印支期（T_2y^{2-2} 之后），八布裂陷槽关闭，褶皱变形发生区域变质，中低温变质热液萃取成矿物质，沿层间压剪滑动破碎带充填交代成矿，层间滑动压剪破碎带主要为 T_2y^{1-1}/T_2y^{1-2}、T_2y^{1-2}/T_2y^{1-3} 及 T_2y^{1-1} 内部岩性组构界面，典型矿床为老厂坡层间破碎带充填交代形成低品位黄铜矿斑铜矿辉铜矿型铜矿。受层间界面及含矿性限制，龙寿、牛厂等地 T_2y^{1-5} 地层仅有矿化现象。新寨已形成的黄铁矿型黄铜矿，由于矿体与两侧围岩刚度不同，在褶皱变形期间易形成压剪滑动破碎带，在变质热液活化作用下，使黄铁矿中的黄铜矿进一步富集，在原有黄铁矿黄铜矿矿体内或压剪压剪滑动破碎带界面附近，形成层状（透镜状）高品位铜矿体，部分黄铁矿在变质热液作用下，重结晶为显晶黄铁矿。

第二节 成矿规律

根据研究区杨万铜矿的矿床成因类型，综合分析火山机构、构造变形、火山旋回韵律、岩性岩相、围岩蚀变等控矿因素，分别对杨万铜矿 3 种矿床类型的成矿定位规律分述如下。

（1）层状（透镜状）黄铁矿型铜矿体，主要赋矿层位为 T_2y^{1-1} 底部至 T_2y^{1-2} 上部，但成型矿

体主要赋存于 $T_2y^{1\text{-}2}$ 中上部；位于第Ⅱ亚旋回的Ⅰ-Ⅱ-1 和Ⅰ-Ⅱ-2 韵律，其次为第Ⅰ亚旋回的Ⅰ-Ⅰ-3 韵律顶部。该类矿体主要控矿构造条件为火山通道旁侧局部凹陷＋喷流（气）网状、不规则状裂隙系统（底板），形成的矿体构造为层状、扁平透镜状，随褶皱同步变形。矿体围岩岩性组合以（底部玄武质熔岩＋）（含铁）硅质岩±火山角砾岩＋凝灰岩＋粉砂岩、粉砂质泥岩为主，其矿化蚀变特征为硅化＋方解石化＋绿泥石化，以及根部网状、不规则状裂隙钠长石化、硅化、黄铁矿矿化。

（2）断裂充填型黄铁矿黄铜矿铜矿体，主要赋矿层位为 $T_2y^{1\text{-}1}$，其次为 $T_2y^{1\text{-}2}$ 和 $T_2y^{1\text{-}3}$；位于第Ⅰ亚旋回，其次为第Ⅱ亚旋回的Ⅰ-Ⅱ-1 和Ⅰ-Ⅱ-2 韵律。该类矿体主要控矿构造条件为基底近南北向断裂（火山通道）复活上切形成的北北西向次级剪切断裂（尖灭再现），形成的矿体构造为（北北西向）断裂充填的脉状，矿体切割火山岩地层。其矿体围岩岩性组合以（枕状）玄武岩为主，其次为火山角砾岩及辉绿岩，其矿化蚀变特征为透闪石（阳起石）化、绿帘石化、绿泥石化、硅化、方解石化，并以绿帘石化、绿泥石化、硅化为主要蚀变组合。

（3）层间破碎带充填交代型铜矿体，主要赋矿层位为 $T_2y^{1\text{-}1}$ 顶部至 $T_2y^{1\text{-}3}$ 下部，且以 $T_2y^{1\text{-}2}$ 为主体；位于第Ⅰ亚旋回的Ⅰ-Ⅰ-3 韵律顶部至第Ⅱ亚旋回，并以第Ⅱ亚旋回的Ⅰ-Ⅱ-1 韵律为主。该类矿体主要控矿构造条件为随褶皱变形形成的层间压剪破碎带（层间角砾岩化带），由玄武岩、火山角砾岩、角砾凝灰岩、粉砂岩、粉砂质泥岩复杂组合形成层间角砾岩化带，受角砾岩化带及主控矿构造影响，矿体以层间角砾岩化带充填交代的似层状、透镜状构造为主。围岩蚀变以方解石化为主，硅化次之，蛇纹石化发育，方解石化、硅化为主要标志。

第三节　成矿模式

成矿模式是矿床成因、控矿因素、成矿条件、成矿过程的高度总结和成矿规律的抽象表达。根据杨万铜矿实际成矿特征、成矿控制因素、火山旋回韵律、岩性岩相等方面研究，基于成矿系统论的思想，建立了研究区铜矿床原生硫化物矿床的 3 阶段递进成矿模式（图 8-1）。

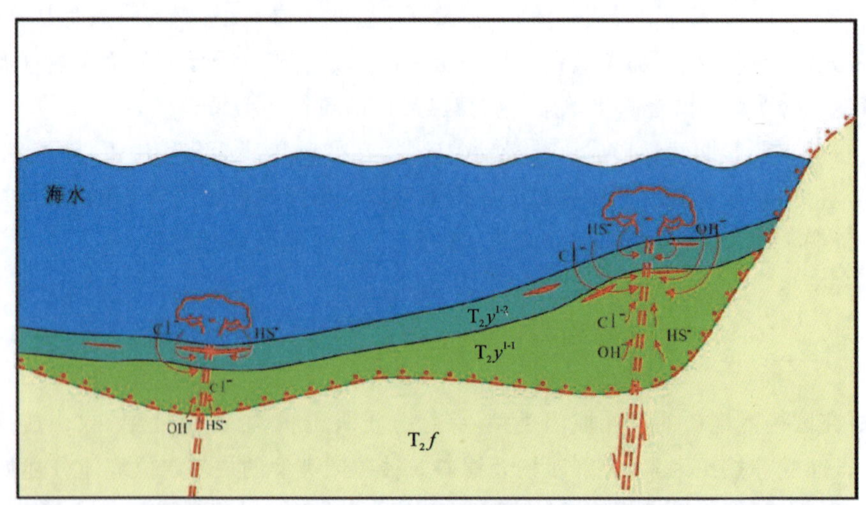

a.喷流（气）-沉积成矿期（$T_2y^{1\text{-}2}$中晚期）［层状、扁平透镜状致密块状黄铁矿型铜矿（化）体成矿期］

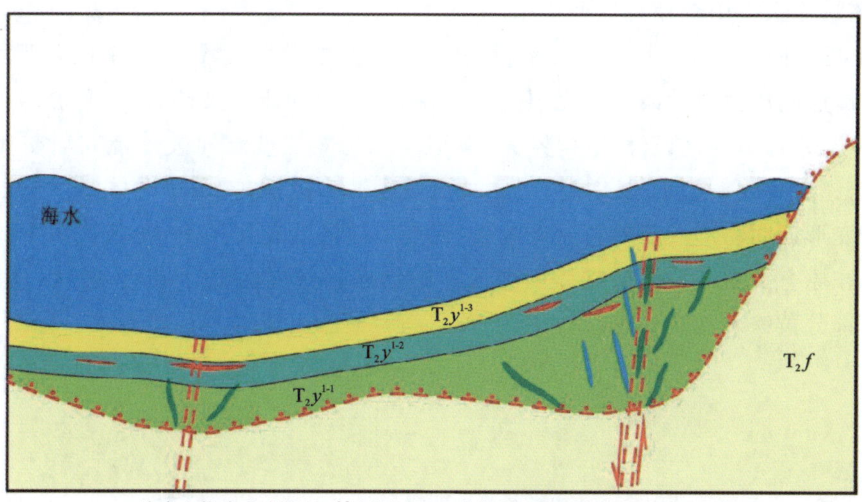

b.次火山热液成矿期(T_2y^{1-3}晚期)(NNW向断裂充填型脉状铜矿体成矿期)

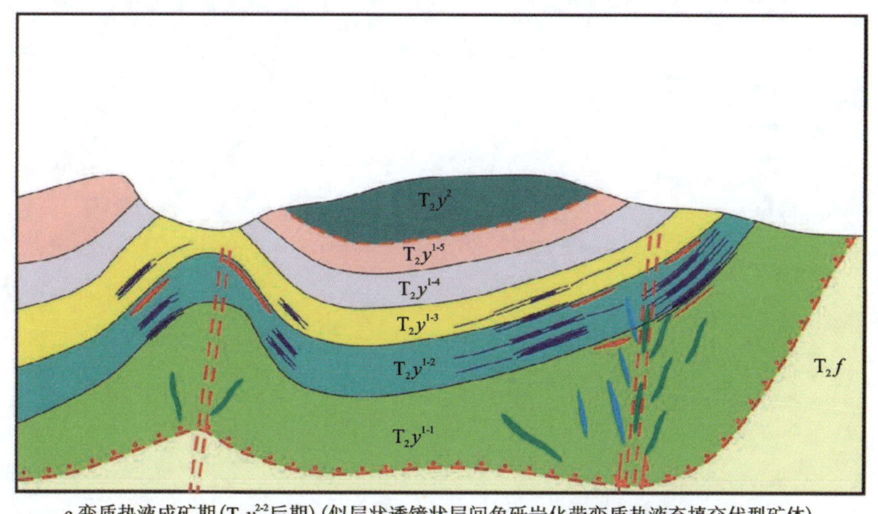

c.变质热液成矿期(T_2y^{2-2}后期)(似层状透镜状层间角砾岩化带变质热液充填交代型矿体)

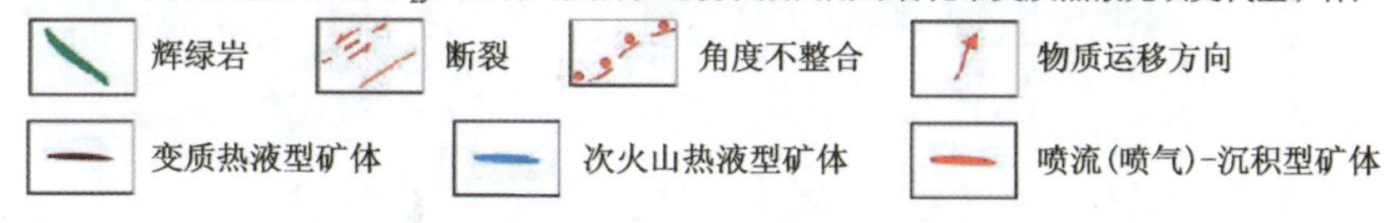

图 8-1 杨万铜矿床 3 阶段递进成矿模式图

火山主旋回中晚期,海相火山熔浆喷溢活动减弱,火山通道喷流(气)阶段将地壳深部富含铜多种金属元素喷出海底,矿液遇冰冷海水,其所含硫化物沉积于局部洼地,形成矿源层层状(透镜状)黄铁矿型铜矿,即喷流沉积成矿期,形成新寨-那竜海底洼地层状(透镜状)黄铁矿型铜矿体(向忠金等,2020)。

火山主旋回中晚期的旋回韵律间歇期,即 T_2y^{1-1}~T_2y^{1-3} 内部的小间歇期及与 T_2y^{1-4} 的主间歇期,基底断裂(岩浆通道)复活上切,形成 NE 向、近 SN 向的右旋拉张走滑断裂,以辉绿岩为代表的次火山岩侵入,并充填辉绿岩脉,同时形成次级 NNW—近 SN 向剪性—压剪性断裂,在含有挥发性组分次火山热液的作用下,携带 Cu 金属元素形成热液充填矿床。头道河和无底洞矿体均为次火山热液充填型矿床。

晚印支期，即 T_2y^{2-2} 之后，八布裂陷槽关闭，褶皱变形发生区域变质，中低温变质热液萃取成矿物质，沿层间压剪滑动破碎带充填交代成矿，层间滑动压剪破碎带主要为 T_2y^{1-1}/T_2y^{1-2}、T_2y^{1-2}/T_2y^{1-3} 及 T_2y^{1-1} 内部岩性组构界面，典型矿床为老厂坡层间破碎带充填交代形成低品位黄铜矿斑铜矿辉铜矿型铜矿。同时已形成的黄铁矿型黄铜矿，由于矿体与两侧围岩刚度不同，在褶皱变形期间易形成压剪滑动破碎带，在变质热液活化作用下，使黄铁矿中的黄铜矿进一步富集，在原有黄铁矿黄铜矿矿体内或压剪滑动破碎带界面附近，形成层状（透镜状）高品位铜矿体，部分黄铁矿在变质热液作用下，重结晶为显晶黄铁矿。

第九章　高精度磁法测量

本次高精度磁法测量所用仪器为重庆奔腾数控技术研究所生产的 WCZ 系列质子磁力仪，测量参数为地磁总场值(nT)。本次磁测共完成矿权区 1∶1 万地面高精磁法测线 39 条，网度 100m×20m，共计 5618 个物理点，面积 12km²。测线布设方位为 90°，测线号由南向北每 100m 增加一条线，测点按每向东行进 20m 为下一测点。本次磁法测量的总误差为 2.58，符合规范要求，说明原始数据是可靠的，本次野外工作达到了设计要求，质量合格。

第一节　岩矿石磁性参数特征

经对区内各类岩矿石标本的磁参数测定，发现块状磁铁矿、磁铁矿化硫化物、磁黄铁矿铜矿石具有较强磁性特征，块状含铜黄铁矿和块状铜矿石与其他岩矿石如火山岩类玄武岩、凝灰岩及法郎组砂岩具有明显磁性特征，磁性参数详见表 9-1。各岩矿石存在一定的磁性差异是本次高精度磁法探测的物性前提。

表 9-1　各类岩矿石磁性参数统计表

岩性	标本数/块	磁化率 $k/(\times10^{-5})$	
		变化范围	平均值
块状磁铁矿	3	9366～12 145	3253
磁铁矿化硫化物	4	1049～13 616	5346
磁黄铁矿铜矿石	4	93～1205	6432
块状含铜黄铁矿	6	76～187	190
块状铜矿石	6	56～103	86
玄武岩	8	26～95	43
玄武质凝灰岩	6	20～80	35
火山角砾岩	7	25～90	48
砂岩	3	6～76	33

第二节　高精度磁法解译

高精度磁法数据采用 Oasis_montaj 的 Geosoft 软件和 Model Vision 重磁专业处理软件进行日变改正、正常场改正、滤波、化极等处理，对实测磁法数据资料经一系列处理后绘制磁法平面等值线图、平剖图等，并结合地质资料信息进行解释。

一、不同地质体磁性特征

根据高精度磁法 ΔT 平面图和平剖图（图 9-1、图 9-2）异常分布特点，将异常分为 3 个部分，异常编号分别为 Q1、Q2 和 Q3，各异常特征如下。

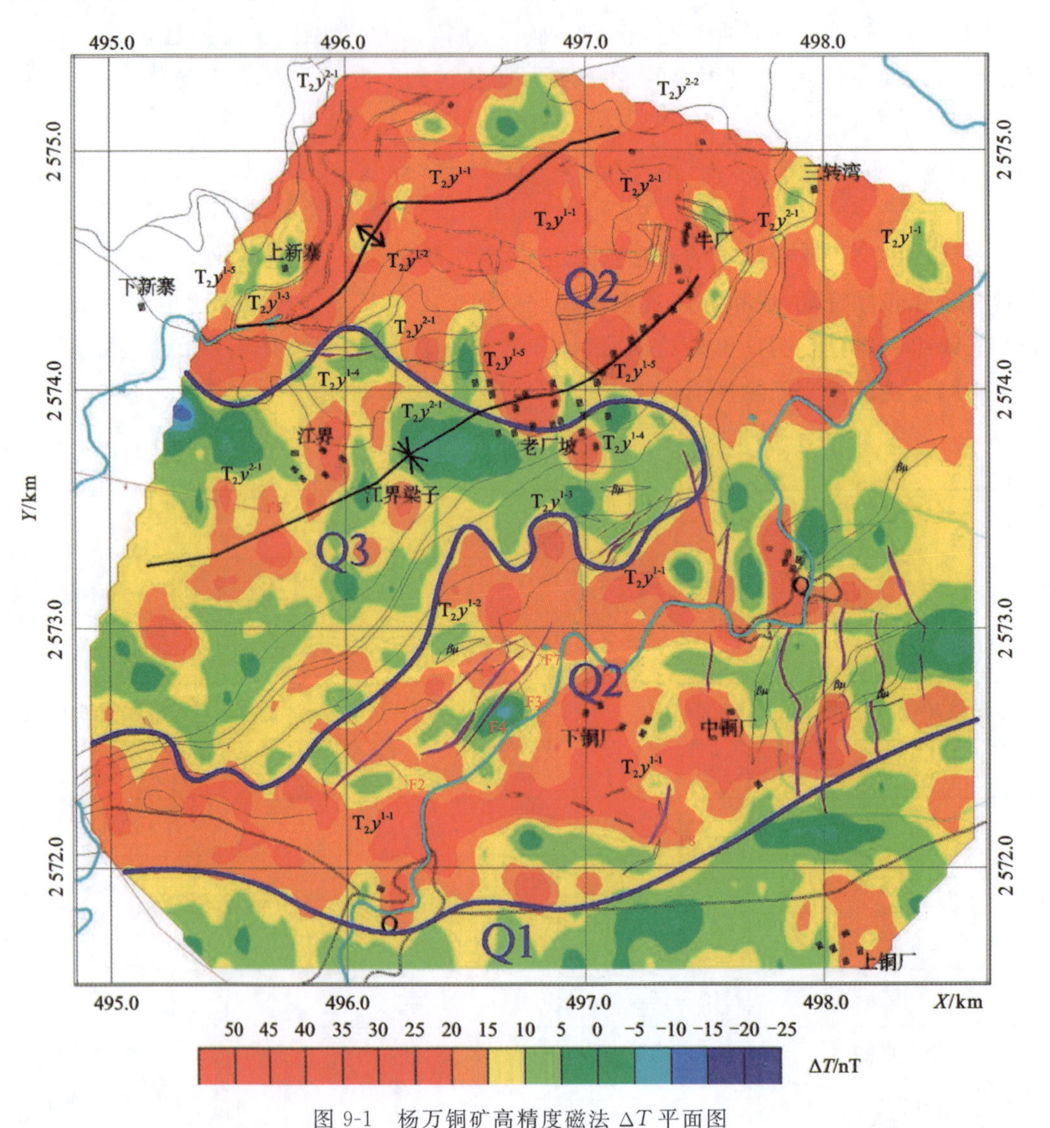

图 9-1　杨万铜矿高精度磁法 ΔT 平面图

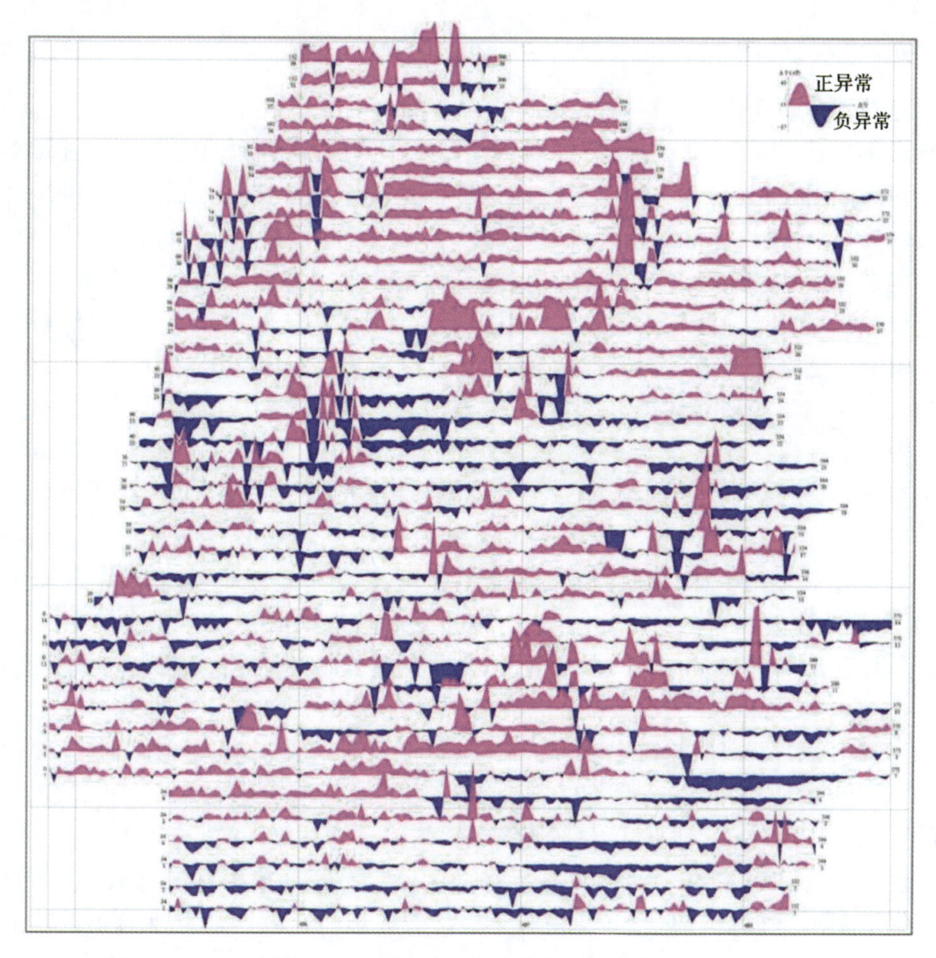

图 9-2　杨万铜矿高精度磁法 ΔT 平剖图

Q1 异常：位于测区南部，以缓变低磁异常为主，近东西向展布，ΔT 磁异常在 0～15nT 之间；主要分布于 $T_2 f$。

Q2 异常：位于测区中南部和北部，与 Q1 异常相连，ΔT 磁异常整体在 15～30nT 之间，局部受断裂构造影响呈现弱中、低相间磁异常；北部磁异常整体呈现为平缓高磁异常，中南部及东部磁异常中夹有中低磁异常。主要分布于 $T_2 y^1$。

Q3 异常：位于测区中西部，以缓变低磁异常为主，ΔT 磁异常整体在 −5～15nT 之间，异常形态整体呈扇形向西扩大展布，反映了向斜向西倾伏特征，主要由 $T_2 y^2$ 引起；中间夹有团块状、带状分布的强度相对较高的磁异常，推断为近北西向断裂受热液活动充填含磁性矿物所致。

由于磁性特征是地下综合地质体的反映，其 Q1、Q2 和 Q3 界线整体反映了 $T_2 f$、$T_2 y^1$ 和 $T_2 y^2$ 的分布。通过已知 $T_2 y^{1\text{-}1}$、$T_2 y^{1\text{-}2}$、$T_2 y^{1\text{-}3}$、$T_2 y^{1\text{-}4}$ 和 $T_2 y^{1\text{-}5}$ 地层在磁异常平面图中的分布特点，可以看出，$T_2 y^{1\text{-}1}$ 地层的磁异常值最高，而 $T_2 y^{1\text{-}2}$、$T_2 y^{1\text{-}3}$、$T_2 y^{1\text{-}4}$ 和 $T_2 y^{1\text{-}5}$ 磁异常整体较弱。

二、断裂构造推断解译

由于地磁倾角的变化，地质体的磁化方向随着纬度变化也发生变化，通过化极处理，把斜磁化的异常化为垂直磁化（化到地磁极），消除了由磁化场的倾角和偏角引起的磁异常的不对称性。为消除倾斜磁化的影响，对 ΔT 磁异常进行化极处理，得到化极 ΔZ（图 9-7），化极后，热变质磁性岩石、含磁性体的隐伏断裂的顶部位于正异常峰值部位。

断裂构造：在此基础上进行延拓处理，向下延拓处理可从测区磁异常分离出中、高频成分，主要反映规模较小、埋深较浅的磁性体引起的异常，对断层及破碎带等地质信息有较好反映。为了解测区磁场浅部的局部异常信息，对化极磁异常进行了 10m、20m 和 50m 向下延拓处理（图 9-3），由向下延拓立体图可以看出，磁异常形态以串珠状、条带状为主，各延拓深度局部异常反映位置一致。除已知 F1～F8 断裂外，共推断断裂 22 条，分别是 F9～F30（图 9-8）。推断断裂整体可分为 3 类，分别为 NE 向、近 EW 向和近 SN 向断裂，是多期次构造变形的产物。

（1）NE 向断裂，规模较大，延伸较长，推断有 F10、F15 和 F16 断裂，其中 F10 断裂破碎带（图 9-4 中 3 条平行虚线）长约 2.2km，与那竜和老厂坡层间破碎带矿体位置一致。F15 和 F16 断裂推断也是层间破碎带引起，是进一步寻找黄铁矿型和层间破碎带铜矿体的有利部位。

（2）近 EW 向断裂延伸较长的有 F22 和 F23 断裂，为后期破矿断裂，其中受 F22 截断的断裂有 F13、F14、F19、F20 和 F21；受 F23 截断的断裂有 F10、F17、F18、F19 和 F20；F26 延伸较短，截断的断裂有 F24、F25 和 F27，与新寨黄铁矿型铜矿体位置一致。

（3）近 SN 向断裂推断有 16 条，几乎覆盖全区，数量最多，规模和延伸较小，可能受前期 NE 向断裂所局限，同时受后期近 EW 向断裂错位破坏影响。磁异常主要为条带状正值高磁异常，其断裂位于正异常峰值部位，反映热变质磁性岩石、含磁性体的隐伏断裂的顶部位置。其中 F13 断裂反映了头道河矿体位置，F19 反映了 6 号和 7 号坑矿体位置，其成矿类型均为高品位热液充填型脉状铜矿体。其他近 SN 向断裂与已知矿体对应的 F13、F19 断裂磁性特征相似，是寻找该热液型脉状矿体的有利部位，而位于火山机构附近的近 SN 向断裂是最佳找矿断裂。

火山机构：向上延拓的主要作用是使异常变得更为平滑，突出了区域异常的基本特征，反映深部磁性特征。为了了解测区磁场由浅部向深部的变化趋势，对磁异常进行了 50m、100m、200m 和 400m 向上延拓（图 9-5），一般来说，延拓高度越高，反映深场源的异常越明显；反之，则反映浅场源的异常越明显。由向上延拓立体图可以看出，越往深部，区域异常连续性越好，位于研究区中部和北部经向上延拓 200m、400m 后明显呈现两处高磁异常区。从向上延拓 400m 平面图（图 9-6）可以看出，两处异常整体呈北西向近椭圆形高磁异常特征（图 9-6 椭圆），推断为局部喷流沉积凹陷中心[喷（气）裂隙密集部位]。根据 K6 号坑道地质调查发现的大量枕状玄武岩，投影到平面位置就位于推断的南部火山机构附近。

褶皱构造：由高精度磁法向上、向下延拓结果（图 9-3、图 9-5）可知，研究区中部存在一条北东向条带状低磁异常带，对比地质资料，该异常由牛厂-老厂坡向斜引起。位于矿区北部的团块状、断续条带状低磁异常，反映了龙寿背斜位置，详见图 9-8。

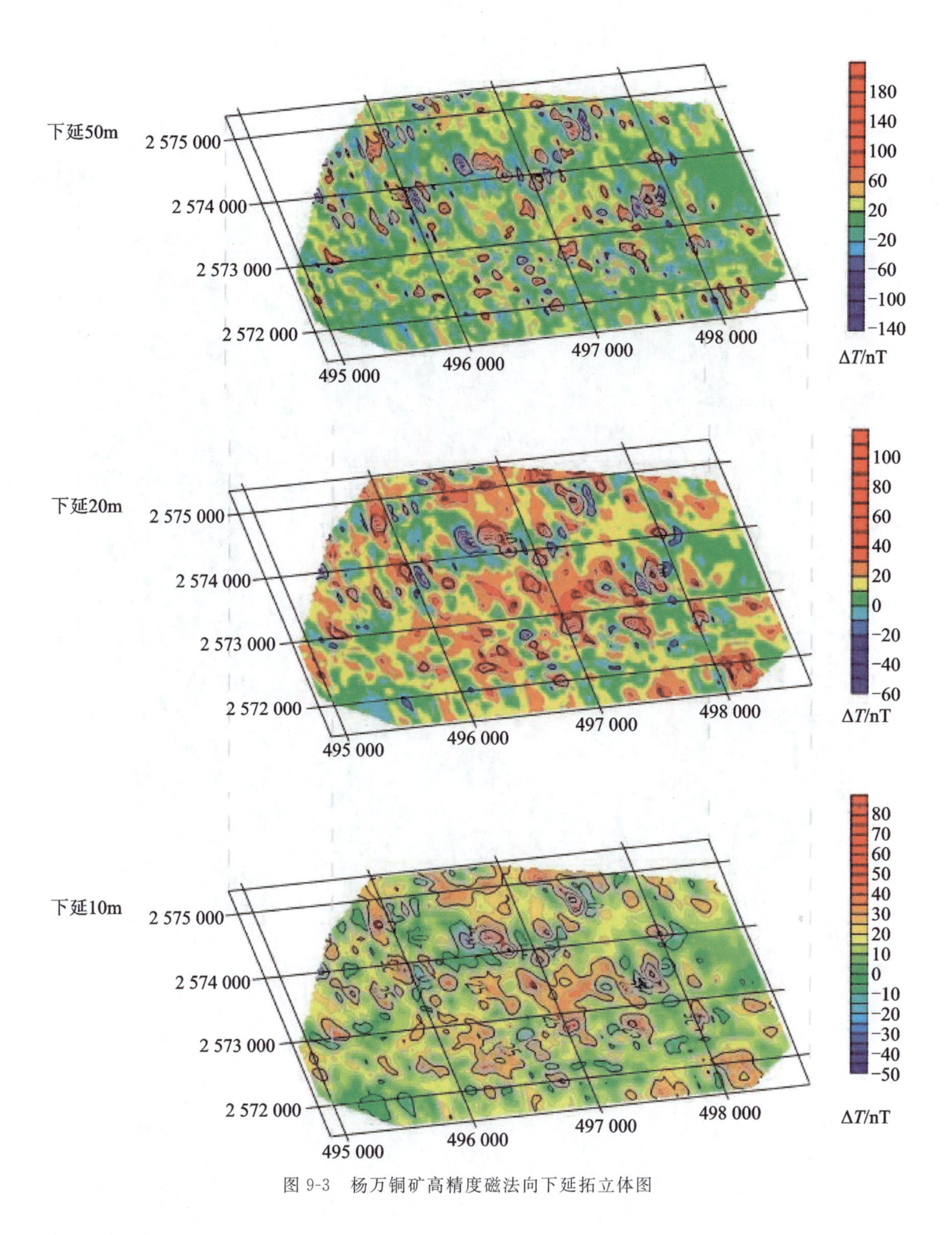

图 9-3 杨万铜矿高精度磁法向下延拓立体图

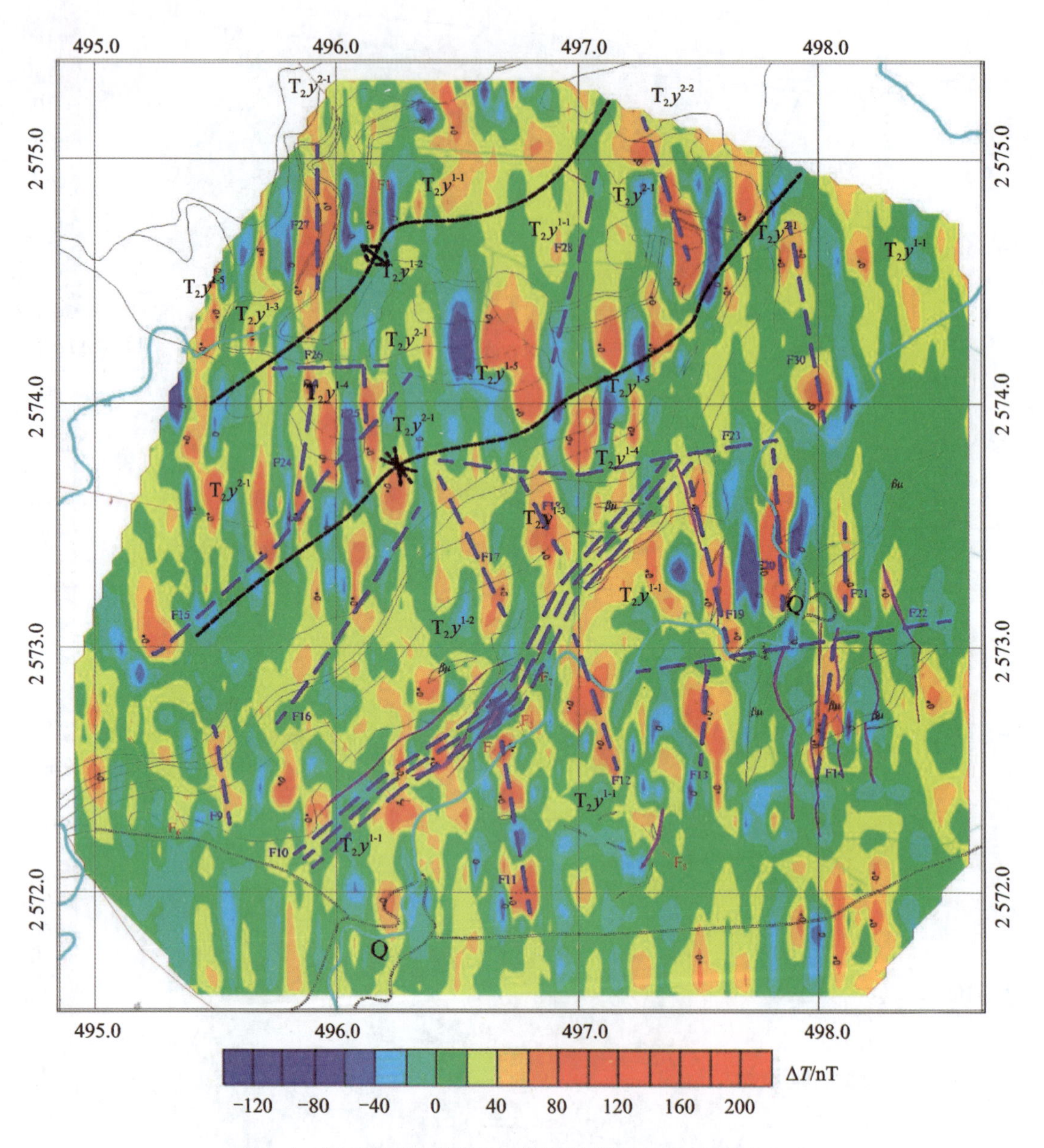

图 9-4　杨万铜矿高精度磁法推断断裂构造(向下延拓 50m)

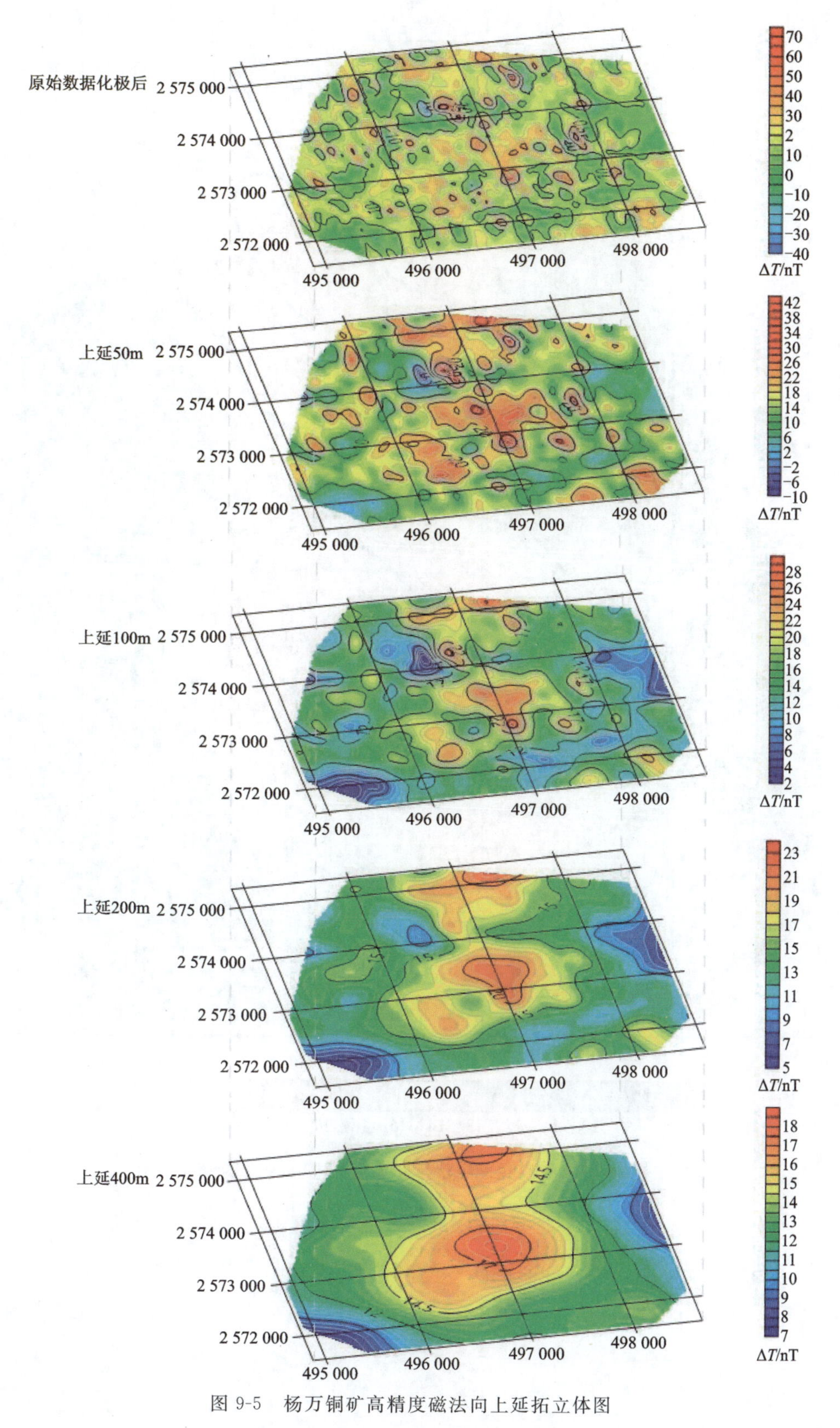

图 9-5 杨万铜矿高精度磁法向上延拓立体图

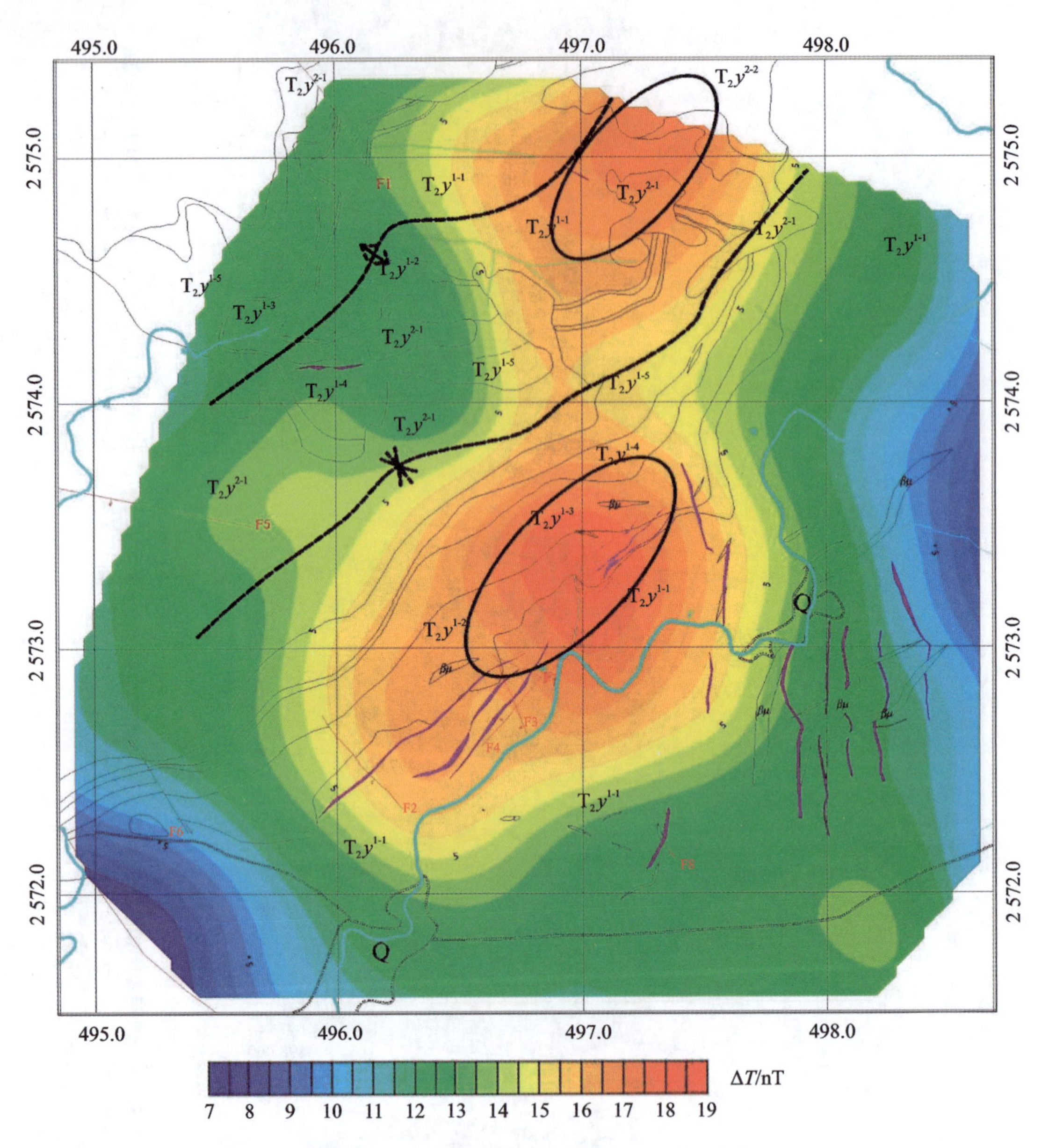

图 9-6 杨万铜矿高精度磁法推断火山机构图(向上延拓 400m)

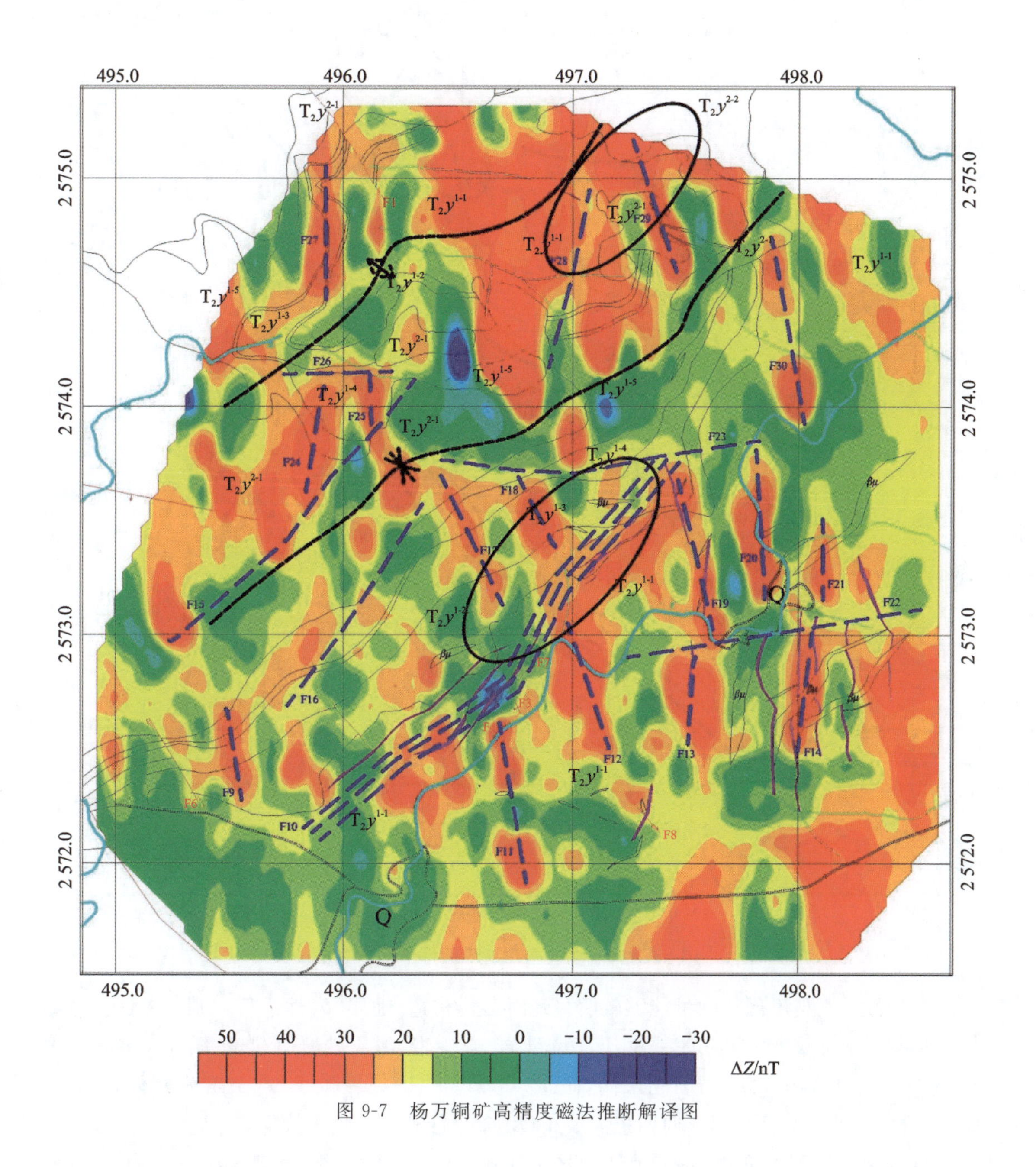

图 9-7　杨万铜矿高精度磁法推断解译图

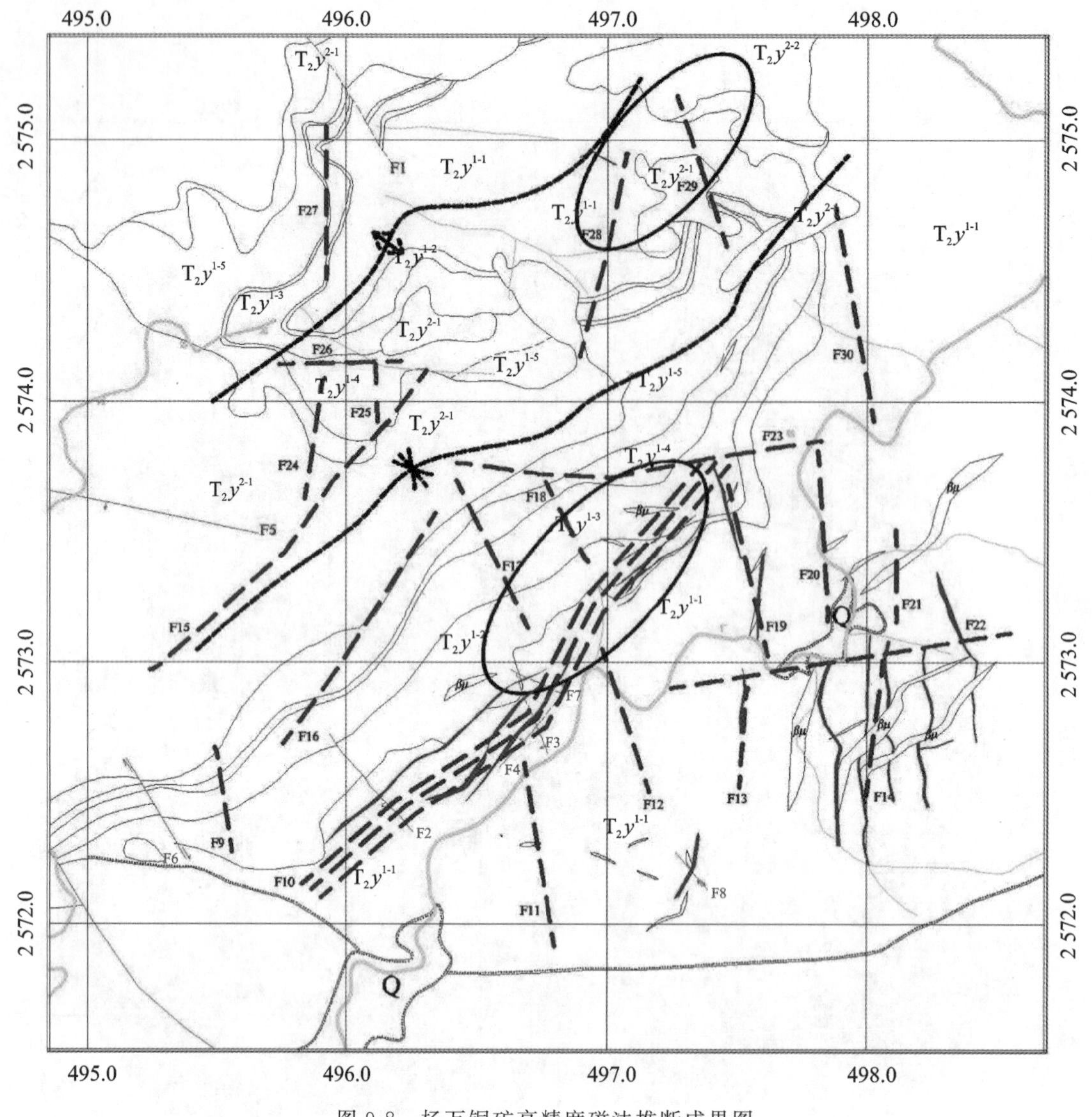

图 9-8　杨万铜矿高精度磁法推断成果图

综上所述，高精度磁法测量能够较明显地对区内构造、地层、岩性进行识别。磁法测量结果表明，测区南部缓变低磁场主要由 T_2f 的砂岩、杂砂岩、泥质砂岩引起；平缓高磁异常主要由 T_2y^1 引起，且 T_2y^{1-1} 的磁异常值最高，而 T_2y^{1-2}、T_2y^{1-3}、T_2y^{1-4} 和 T_2y^{1-5} 磁异常整体较弱；测区中西部缓变低磁异常呈扇形向西扩大展布，反映了向斜向西倾伏特征，主要由 T_2y^2 地层引起。通过本次磁法工作的解译，得到了测区不同地质体的磁性特征，褶皱构造反映明显，推断出 2 个火山机构中心和 22 条断裂。

第十章　成矿预测与找矿靶区

成矿远景区预测，是应用地质理论和科学的方法，在杨万铜矿成因类型、成矿规律和成矿模式研究的基础上，除火山机构、火山旋回韵律、岩性岩相及围岩蚀变、高精度磁法等控矿因素外，综合分析以往地球物理、地球化学等找矿信息，圈定找矿靶区。

第一节　找矿标志体系及多元信息找矿模型

一、找矿标志体系

通过本次综合研究分析，杨万铜矿矿体主要有3种成矿类型，分别为层状(透镜状)黄铁矿型铜矿体、断裂充填型黄铁矿黄铜矿铜矿体、层间破碎带充填交代型铜矿体，现从不同类型矿体的赋矿层位、旋回韵律、岩性组合、控矿构造、围岩蚀变、矿物组合、矿石组构、地球物理和地球化学等方面分述如下。

1.层状(透镜状)黄铁矿型铜矿体

赋矿层位：T_2y^{1-1}底部至T_2y^{1-2}上部，但成形矿体主要赋存于T_2y^{1-2}中上部。

旋回韵律：主要位于第Ⅱ亚旋回的Ⅰ-Ⅱ-1和Ⅰ-Ⅱ-2韵律，其次为第Ⅰ亚旋回的Ⅰ-Ⅰ-3韵律顶部。

岩性组合：(底部玄武质熔岩＋)(含铁)硅质岩±火山角砾岩＋凝灰岩＋粉砂岩、粉砂质泥岩。

控矿构造：火山通道旁侧局部凹陷＋喷流(气)网状、不规则状裂隙系统(底板)。

围岩蚀变：硅化＋方解石化＋绿泥石化，根部网状、不规则状裂隙钠长石化、硅化、黄铁矿矿化。

矿物组合标志：黄铁矿—黄铜矿—闪锌矿(＋方解石＋石英)组合，以黄铁矿为主。

矿石组构标志：致密块状、条带块状构造＋劈理构造，显微斑状变晶结构＋交代残余结构＋微细粒结晶结构。

地球物理标志：椭圆状、团块状中高值磁异常，低电阻异常和高激化率异常。

地球化学标志：地球化学异常的铜多金属含量高值点。

2. 断裂充填型黄铁矿黄铜矿铜矿体

赋矿层位：主要为 T_2y^{1-1}，其次为 T_2y^{1-2} 和 T_2y^{1-3}。

旋回韵律：主要位于第Ⅰ亚旋回，其次为第Ⅱ亚旋回的Ⅰ-Ⅱ-1 和Ⅰ-Ⅱ-2 韵律。

岩性组合：以(枕状)玄武岩为主，火山角砾岩及辉绿岩为赋矿岩性组合。

控矿构造：基底近南北向断裂(火山通道)复活上切形成的北北西向次级剪切断裂(尖灭再现)。

围岩蚀变：透闪石(阳起石)化、绿帘石化、绿泥石化、硅化、方解石化，以绿帘石化、绿泥石化、硅化为主要蚀变组合。

矿物组合标志：黄铜矿-黄铁矿-闪锌矿(＋绿泥石＋石英＋绿帘石)组合，以黄铜矿为主，闪锌矿极少量。

矿石组构标志：块状构造，脉状构造，细粒自形—半自形晶粒结构，他形晶粒结构，交代溶蚀结构，细脉－网脉交代结构，定向乳滴状、叶片状固溶体分离结构。

地球物理标志：条带状、串珠状高值磁异常，主要反映近南北向断裂异常。低电阻率异常和中高极化率异常。

地球化学标志：地球化学异常的铜多金属含量高值点。

3. 层间破碎带充填交代型铜矿体

赋矿层位：主要在 T_2y^{1-1} 顶部至 T_2y^{1-3} 下部，且以 T_2y^{1-2} 为主体。

旋回韵律：主要位于第Ⅰ亚旋回的Ⅰ-Ⅰ-3 韵律顶部至第Ⅱ亚旋回，并以第Ⅱ亚旋回的Ⅰ-Ⅱ-1 韵律为主。

岩性组合：由玄武岩、火山角砾岩、角砾凝灰岩、粉砂岩、粉砂质泥岩复杂组合形成的层间角砾岩化带。

控矿构造：随褶皱变形形成的层间压剪破碎带(层间角砾岩化带)。

围岩蚀变：以方解石化为主，硅化次之，蛇纹石化发育，以方解石化、硅化为主要标志。

矿物组合：斑铜矿-(蓝)辉铜矿-黄铜矿(＋方解石＋石英)组合，以斑铜矿为主，(蓝)辉铜矿次之，黄铜矿、黄铁矿少量，自然铜极少。

矿石组构标志：规则脉状、细脉状构造，团块状、斑点状构造，细脉-网脉交代结构，文象交代结构，交代残余结构，交代溶蚀结构。

地球物理标志：面状、团块状中高值磁异常，且异常与层间压剪破碎带反映一致；低电阻率异常和中高极化率异常。

地球化学标志：地球化学异常的铜多金属含量高值点。

二、多元信息综合找矿模型

根据研究区铜矿床原生硫化物矿床的 3 阶段递进成矿模式、成矿理论和多元信息综合预测方法为建模指导思想，建立研究区多元信息成矿定位预测模型。

多元信息成矿定位预测模型的构成要素包括：①成矿流体、金属元素、矿化剂元素源区及传输系统；②赋矿地层岩性组构系统；③成矿流体卸载沉淀空间系统；④矿化分布于火山旋回韵律规律；⑤矿化分布与矿体就位空间规律；⑥矿体形态、产出规模；⑦找矿地质标志系统；⑧找矿地球物理标志系统；⑨找矿地球化学标志系统。

基于上述模型构成要素，建立杨万铜矿多元信息成矿定位预测模型（图 10-1）。A：主要目标对象为断裂充填型脉状矿体；B：主要目标对象为层间破碎带充填交代型脉状矿体；C、D：主要目标对象为层状、扁平透镜状喷流沉积型矿体。

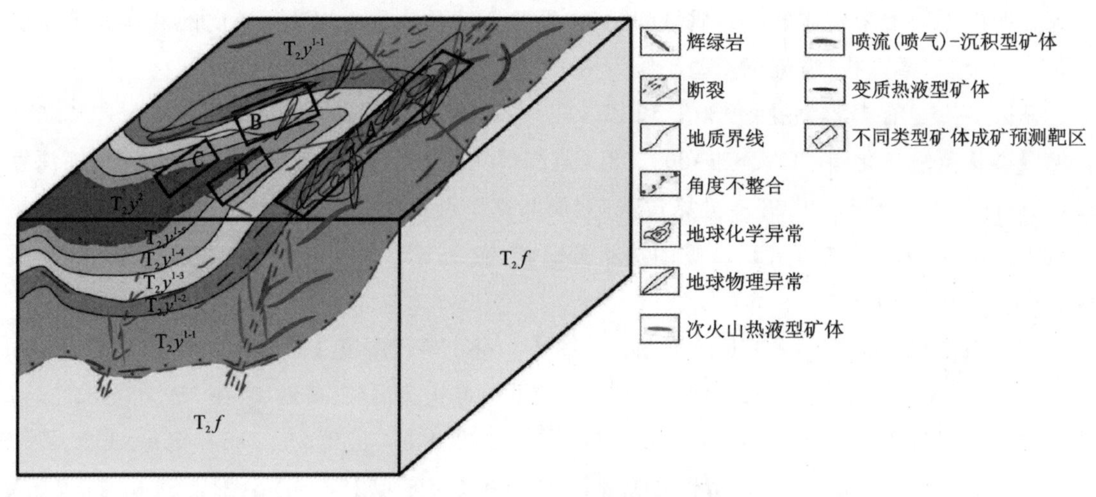

图 10-1　杨万铜矿多元信息找矿模型

第二节　找矿靶区圈定

本次研究找矿靶区的圈定主要建立在研究区火山机构、构造变形、火山旋回韵律、岩性岩相、围岩蚀变、高精度磁法及其与矿化关系认识的基础上。

一、成矿预测的主要依据

以研究区铜矿成因类型、成矿规律、成矿模式和定位预测模型为指导，依据火山机构、构造变形、火山旋回韵律、岩性岩相、围岩蚀变、高精度磁法等，综合进行铜多金属找矿靶区圈定。

二、预测靶区分级标准

预测靶区分级依地质成矿条件有利程度、电法、地球化学、高精度磁法异常强度与规模等进行综合确定。根据矿床类型不同，A 代表断裂充填型脉状矿体；B 代表层间破碎带充填交代型脉状矿体；C 代表层状（透镜状）喷流沉积型矿体。根据各优势组合不同，将预测靶区分为3个等级，Ⅰ级为最有利靶位，标准是地质成矿条件组合优越，靠近火山机构，火山旋回、岩性岩相、高精度磁法异常等都有较强显示，相互套合程度高。Ⅱ级为有利靶位，标准是地质成矿条件组合、高精度磁法异常相对优越，但个别地质成矿控制因素欠佳。Ⅲ级为较有利靶位，标准是成矿地质条件组合相对优越，但个别地质成矿控制因素欠佳。

三、预测靶区圈定

根据上述成矿预测靶区圈定依据和分级标准，在杨万含矿火山岩系共圈定了17个找矿靶区(图10-2)，各找矿靶区的综合预测信息列于表10-1。其中多个靶区已有钻孔揭露。考虑到杨万铜矿不同类型矿体的矿石质量问题，布设验证钻孔应优先以近SN向的断裂充填型脉状矿体和层状(透镜状)喷流沉积型矿体为主。

靶区A-3已有揭露钻孔ZK3512和ZK3901。ZK3512(深度318.28m)在156.67～157.67m处见浸染状黄铜矿化；在197.83～209.88m范围偶见星点状黄铁矿、黄铜矿。ZK3901(深度317.33m)在220.95～229.99m处见黄铁矿，局部见星点状黄铁矿；在238.68～258m处见星点状黄铜矿、黄铁矿；在260.11m见团块状黄铜矿；在261.61～279.18m处见黄铁矿，偶见黄铜矿呈细脉状、浸染状。

靶区A-4已有揭露钻孔ZK1501和ZK1905。ZK1501(深度400.18m)在177～177.2m处见黄铁矿、黄铜矿密集；在252.48～252.78m处见星点状黄铜矿、黄铁矿；在339.06～339.76m处黄铁矿密集；在325.88～326.70m、350.05～350.85m、352.75～354.55m、358.07～358.37m、365.39～366.39m处黄铜矿密集。ZK1905(深度471.60m)在217.54～217.74m、218.64～218.84m处黄铜矿密集；在367.90～368.90m处见星点状、小团块状黄铜矿；在387.79～389.09m处见星点状、小团块状、细脉状、浸染状黄铜矿、黄铁矿；在391.75～393.25m处见黄铜矿；在404.09～407.09m处黄铜矿、黄铁矿密集；在428.36～432.77m处见星点状、细脉状黄铜矿；在283.20～284.40m、453.03～455.84m处见星点状黄铜矿。

靶区A-5已有揭露钻孔ZK2307、ZK1901和ZK2303。ZK2307(深度346m)在202.18～212.13m处见星点状、块状、细脉状黄铁矿、黄铜矿；在219.79～222.02m处见星点状、团块状、网脉状辉铜矿及星点状黄铜矿。ZK1901(深度312.93m)在115.29～132.85m处见团块状、星点状黄铜矿、黄铁矿；在241.80～243.70m处偶见星点状黄铜矿；在256.03～256.53m处可见块状脉状黄铜矿。ZK2303(深度420.54m)在33.47m、47.43m处见星点状黄铜矿；在77.24～77.74m、79～79.62m处自然铜较为密集；99.66～125.12m、134.32～170.44m处可见星点状、薄膜状黄铜矿、蓝铜矿、斑铜矿、辉铜矿；233.43～241.34m可见星点状、小团块状黄铁矿，偶见黄铜矿；在312.90～313.10m处黄铜矿密集；363.64m见浸染状黄铜矿(深度0.02m)；372.66～372.56m见黄铜矿小团块状、星点状，偶见浸染状；在388.92～390.13m处见小团块状、细脉状、浸染状黄铜矿。

靶区A-6已有揭露钻孔ZK401、ZK1201、ZK404、ZK801、ZK1203和ZK001(小梅丹)。ZK401(深度307.73m)在14.30～81.21m处可见星点状、细脉状黄铜矿；在97.11～97.91m、

103.13～104.13m、276.82～278.00m 处见星点状黄铜矿；在 124.93～126.13m、181.97～188.93m 处可见星点状黄铁矿、黄铜矿；在 160.26～161.46m 见星点状、小团块状黄铜矿；在 165.62～167.08m 处见星点状、小团块状、浸染状黄铜矿。ZK1201(深度 334.81m)在 45.10～46.10m、133.90～134.61m 处见黄铜矿；在 124.76～127.82m 处可见星点状、少量浸染状黄铜矿。ZK404(深度 296m)在 29.20～31.20m、51.58～52.58m、83.44～83.86m、87.45～88.45m、99.04～100.81m、167.20～169.17m、180.86～183.31m、225.04～227.04m、228.35～229.75m、231.07～232.27m、246.43～247.43m、249.34～249.79m、265.61～268.13m 处可见星点状黄铜矿；在 136.18～138.37m 处可见星点状、细脉状黄铜矿；203.95～204.95m 处可见星点状局部小团块状黄铜矿；在 211.99～216.20m 处可见星点状局部细脉状黄铜矿。ZK001 小梅丹(深度 234.12m)在 31.08～32.89m、37.32～38.32m、61.16～63.41m、70.44～77.47m、83.49～89.52m、93.54～94.24m、119.21～119.86m、156.30～157.10m、196.56～197.83m、204.10～204.65m 处可见星点状黄铜矿；在 96.55～99.55m、113.53～115.83m 处可见星点状、局部偶见细脉状黄铜矿。ZK801(深度 360.201m)在 60.97～61.97m、79.90～81.06m 处偶见星点状黄铜矿；在 87.4～91.33m 可见黄铜矿呈细脉状、浸染状产出，偶见呈团块状；在 274.61～275.61m、279m 处见星点状黄铜矿；在 321.25～321.55m、354.68m 处见星点状黄铜矿-矿化。ZK1203(深度 212.97m)在 26.17～30.18m 沿裂隙面可见星点状黄铜矿，岩石局部可见细脉状黄铜矿；在 57.05～59.80m 处可见星点状黄铜、黄铁矿，局部可见细脉状黄铜矿；在 62.32～96.46m 处可见星点状、细脉状、小团块状、浸染状黄铜矿。

靶区 B-3 已有揭露钻孔 ZK102、ZK302 和 ZK006。ZK102(深度 651.90m)在 290.2～290.8m 处见团块状黄铜矿；在 395m～614m 处见脉状黄铜矿。ZK302(深度 410.04m)在 96.57～98.40m 处可见星点状黄铜矿、自然铜；在 140.34～143.45m 处可见星点状黄铜矿；在 246.97～252.53m 处见星点状、细脉状、小团块状黄铁矿化；在 257.64～263.70m 处见星点状、细脉状黄铜矿，黄铁矿化；在 83.93～285.05m 处见星点状黄铁矿、黄铜矿；在 286.94～289.93m、289.93～290.95m 处见黄铁矿、黄铜矿；在 377.40～378.10m 处见星点状黄铜矿。ZK006(深度 376.78m)在 93.68～94.08m 处见星点状黄铜矿；在 134.74～145.26m 处见黄铁矿颗粒较大，见少量星点状黄铜矿；在 270.75～271.75m、274.50～275.76m、289.62～290.82m处见星点状黄铜矿；在 317.93～332.79m 处可见星点状、浸染状黄铜矿；在 342.03～343.03m 处见星点状、浸染状黄铜矿，以及少量自然铜。

靶区 C-2 已有揭露钻孔 ZK1201 和 ZK1601。ZK1201(深度 297.02m)在 53.71～76.29m 处可见星点状、细脉状黄铁矿；在 76.29～81.13m 处偶见星点状黄铁矿；在 101.89～103.90m 处可见团块状、脉状黄铁矿，偶见星点状黄铜矿；在 117.95～137.64m 处可见团块状黄铁矿、星点状黄铜矿；在 138.51～140.70m 处可见团块状黄铜矿，偶见星点状斑铜矿；在 223.75～297.02m 处见少量星点状黄铜矿，局部偶见星点状、小团块状黄铁矿。ZK1601(深度 249.07m)在 125.80～224.36m 处可见星点状小团块状黄铁矿。

图 10-2　杨万铜矿多元信息定位预测找矿靶区图

表 10-1　杨万铜矿多元信息定位预测找矿靶区信息表

矿床类型	序号	靶区编号	火山旋回韵律	岩性岩相	火山机构	构造	物探	化探	等级
断裂充填型脉状矿体	1	A-1	+++	++	+++	+++	+++	++	Ⅰ
	2	A-2	+++	++	+++	+++	+++	—	Ⅰ
	3	A-3	+++	+++	+++	+++	+++	—	Ⅰ
	4	A-4	+++	+++	+++	+++	+++	—	Ⅰ
	5	A-5	+++	++	+++	+++	+++	++	Ⅰ
	6	A-6	+++	++	+++	+++	+++	—	Ⅰ
	7	A-7	+++	++	++	+++	+++	++	Ⅰ
	8	A-8	+++	++	+++	++	+++	—	Ⅱ
	9	A-9	—	++	—	++	+++	—	Ⅲ
	10	A-10	—	++	—	++	+++	—	Ⅲ
层间破碎带充填交代型脉状矿体	11	B-1	+++	+++	+++	+++	+++	—	Ⅰ
	12	B-2	+++	+++	+	++	++	—	Ⅱ
	13	B-3	++	++	+	++	++	—	Ⅲ
层状（透镜状）喷流沉积型矿体	14	C-1	+++	+++	++	+	+++	—	Ⅰ
	15	C-2	+++	+++	++	+	++	—	Ⅰ
	16	C-3	++	++	+	+	++	—	Ⅱ
	17	C-4	++	++	+	+	+	—	Ⅱ

注：+++ 强；++ 弱；+ 存在；— 不存在。

第三节　成矿远景评价

（1）通过本次研究工作，系统查明了杨万铜矿的成因类型、成矿地质条件、控矿因素组合及成矿时空规律，构建了原生硫化物矿床的 3 阶段递进成矿模式，厘定了杨万铜矿成矿作用类型，即喷流（气）沉积成矿作用、次火山热液成矿作用和变质热液成矿作用，以及表生淋滤（淋积）成矿作用。突破了以往以层间破碎带充填交代型矿体为主要勘探对象的找矿思路，为研究区下一步探明近 SN 向的断裂充填型脉状矿体和层状（透镜状）喷流沉积型矿体指明了方向，同时也证明杨万铜矿新增储量潜力巨大。

（2）新寨—那竜一带是层状（透镜状）喷流沉积型矿体的主要赋矿部位，通过前期工程施工验证，证实深部存在较大工业矿石，矿体储量大，找矿前景巨大。

（3）本次研究工作圈出 2 个火山机构中心和 22 条断裂。2 个火山机构中心推断为局部喷流沉积凹陷中心[喷(气)裂隙密集部位]。已有地质资料显示,F13 断裂反映了头道河矿体位置,F19 反映了 6 号和 7 号坑矿体位置,由此靠近火山机构的近 SN 向断裂是寻找热液脉型铜矿体的有利位置。本次共圈定断裂充填型脉状矿体靶区 10 个,与已知 V3 等同类型矿带有着相同的成矿及找矿条件、磁异常形态和断裂异常特征,并有多个异常靶区已有钻孔揭露,见有多条铜矿化带,断裂充填型脉状矿体黄铜矿品位高,开采和选矿成本低,是研究区优质铜矿类型,具有较大的储量远景。

主要参考文献

陈国达,彭省临,戴塔根,1998.云南铜-多金属壳体大地构造成矿学[M].长沙:中南大学出版社.

陈建平,张莹,王江霞,等,2013.中国铜矿现状及潜力分析[J].地质学刊,37(3):358-365.

崔东豪,2019.滇东南都龙锡多金属矿床矿化富集规律研究[D].昆明:昆明理工大学.

崔军文,1987.哀牢山变质岩的原岩建造及其构造意义[J].中国区域地质(4):349-358.

崔银亮,2007.云南省金平县龙脖河铜矿火山成矿作用及综合信息成矿预测[D].昆明:昆明理工大学.

崔银亮,2008.云南金平龙脖河铜矿成矿规律及综合信息研究[M].昆明:云南科技出版社.

董庆吉,陈建平,唐宇,2008.R型因子分析在矿床成矿预测中的应用——以山东黄埠岭金矿为例[J].地质与勘探(4):64-68.

杜胜江,温汉捷,张锦让,等,2022.滇东南老君山矿集区马卡钨铍稀有金属矿床花岗岩年代学归属[J].矿物学报,42(3):257-269.

韩世礼,张术根,柳建新,等,2012.地球化学小波分析在火山旋回韵律厘定中的应用——以埃塞俄比亚北部施瑞地区为例[J].中南大学学报(自然科学版),43(11):4388-4394.

冀国盛,戴俊生,马欣本,等,2002.金湖凹陷闵北地区阜一、火山岩地层划分与对比二段[J].石油大学学报(自然科学版),26(4):5-8.

蹇龙,2016.云南蒙自白牛厂超大型银多金属矿床叠加成矿系统及成矿模式[D].昆明:昆明理工大学.

江鑫培,1990.蒙自白牛厂银-多金属矿床特征和成矿作用探讨[J].云南地质,9(4):291-307.

蒋飞,2017.松辽盆地王府断陷火石岭组火山地层、储层与天然气成藏研究[D].长春:吉林大学.

李良,孙建平,2013.金平龙脖河铜矿床新莲矿段地质特征及找矿预测[J].矿物学报,33(4):573-578.

李睿昱,覃小锋,王宗起,等,2024.滇东南板仑磁铁矿集区矽卡岩矿物学、地球化学特征及其形成机制[J].岩石学报,40(4):1205-1230.

李庭柱,1987.关于火成岩定量矿物分类命名及有关图解的讨论[J].四川建材学院学报(Z1):27-42.

刘佩欣,张金岩,张义东,2023.云南省麻栗坡县杨万铜矿矿床成因机制分析[J].世界有色金属(3):79-81.

刘仕玉,刘玉平,叶霖,等,2021.滇东南都龙超大型锡锌多金属矿床黄铁矿 LA-ICPMS 微量元素组成研究[J].岩石学报,37(4):1196-1212.

刘书生,2009.云南麻栗坡南温河地区钨锡多金属矿产综合信息成矿预测[D].北京:中国地质科学院.

刘婷,2013.国内外海相火山岩型铜矿床研究——以日本 Sunrise 黑矿型矿床为例[J].科技信息(7):400+428.

刘焰,钟大赉,1998.东喜马拉雅构造结地质构造框架[J].自然科学进展(4):124-127.

刘忠,2022.滇东南老君山片麻岩穹隆的构造-热演化与剥露过程[D].武汉:中国地质大学(武汉).

路红记,2008.个旧东区基性火山岩型铜矿床地质特征和成因探讨[J].有色金属(矿山部分)(1):21-33.

罗权生,聂朝强,文川江,等,2009.新疆三塘湖盆地牛东地区卡拉岗组火山旋回和期次的划分与对比[J].现代地质,23(3):515-522.

蒙光志,2003.麻栗坡杨万火山喷流沉积热液改造型铜矿[J].云南地质(1):89-96.

莫向云,崔银亮,姜永果,等,2013.滇东南海相火山岩型铜矿成因及找矿方向探讨[C]//云南省有色地质局建局 60 周年学术论文集.

莫宣学,路凤香,沈上越,等,1993.三江特提斯火山作用与成矿[M].北京:地质出版社.

秦金虎,何丽萍,彭小虎,等,2023.云南金平龙脖河铜矿区新莲矿段矿床地质及成因[J].世界有色金属(22):120-123.

司学强,王鑫,陈薇,等,2012.三塘湖盆地马朗凹陷哈尔加乌组火山岩喷发旋回和期次划分[J].地质科技情报,31(6):74-79.

宋焕斌,金世昌,1987.滇东南都龙锡矿的控矿因素及区域找矿方向[J].云南地质,6(4):298-304.

童道达,韩世礼,王升,等,2023.云南麻栗坡县杨万铜矿区黄铁矿电子探针研究[J].中国金属通报(2):101-103.

王力,2004.个旧锡铜多金属矿集区成矿系列、成矿演化及成矿预测研究[D].长沙:中南大学.

王力圆,高顺宝,李伟良,等,2013.西藏林周盆地林子宗群火山岩喷发旋回期次划分[J].辽宁工程技术大学学报(自然科学版),32(8):1027-1033.

王玲,靳久强,张研,2009.松辽盆地徐家围子断陷营城组一、三段火山喷发期次划分及意义[J].中国石油勘探,14(2):6-14.

王升,2022.云南省麻栗坡杨万铜矿区含矿火山岩地球化学及旋回韵律特征研究[D].衡阳:南华大学.

王中杰,谢家莹,尹家衡,等,1989.浙闽赣中生代火山岩区火山旋回火山构造岩石系列及演化(研究报告)[C]//中国地质科学院南京地质矿产研究所文集.

王中杰,杨琴芳,阮宏宏,1988.浙闽赣中生代火山岩区构造格局及火山构造发育基本特征[J].中国地质科学院院报(0):49-72.

韦文彪,刀学强,赵迁,等,2016.滇东南都龙锡锌多金属矿床一种新的铜矿化类型[J].矿物学报,36(4):455-462.

吴帆,李昊,李栋,2020.滇东南地区主要矿产分布规律及找矿方向简析[J].云南地质,39(4):447-452.

向样,2021.滇东南老君山花岗岩矿物地球化学特征及其成岩成矿意义研究[D].昆明:昆明理工大学.

向忠金,闫全人,夏磊,等,2020.滇东南八布杨万铜矿床硫化物 Re-Os 同位素年龄及其地质意义[J].岩石矿物学杂志,39(5):583-595.

谢家莹,1996.试论陆相火山岩区火山地层单位与划分——关于火山岩区填图单元划分的讨论[J].火山地质与矿产(Z2):85-94.

薛传东,2002.个旧超大型锡铜多金属矿床时空结构模型[D].昆明:昆明理工大学.

杨昌平,2012.云南麻栗坡新寨锡矿床地质特征及成矿预测[D].昆明:昆明理工大学.

杨光树,毛致博,覃龙江,等,2020.云南大红山铁铜矿床碳、氧同位素和微量元素地球化学特征及成矿意义[J].矿物岩石地球化学通报,39(5):945-960.

杨维,施银茂,周迅,2018.麻栗坡县杨万铜矿老厂坡矿段地质特征及成因[J].云南地质,37(4):435-441.

姚金炎,吴明超,1985.个旧花岗岩成因和成矿作用[J].有色总公司矿产地质研究院学报,3:1-5.

叶雷,高江,杨月霞,2020.对文山-麻栗坡断裂中段红石岩矿田成矿地质特征[J].中国矿业,29(S2):231-233.

叶勤富,张所清,刘云峰,等,2019.云南省马关县都龙花石头矿区钨锡矿化特征与成矿远景[J].矿物学报,39(1):117-125.

衣健,单玄龙,唐华风,等,2011.盆地埋藏火山机构的地质-地球物理二维精细解剖——以松南腰英台地区营城组一段为例[J].地球物理学报,54(2):588-596.

于小健,2013.辽河盆地东部凹陷火山岩地层序列及其对储层分布的影响研究[D].长春:吉林大学.

云南省地质局第二区域地质测量大队,1976.1:20万马关幅区域地质调查报告[R].

张磊,2014.滇东南薄竹山花岗岩体西南侧矽卡岩型钨锡多金属矿成矿地质条件分析[D].昆明:昆明理工大学.

张旗,李达周,张魁武,1985.云南省云县铜厂街蛇绿混杂岩的初步研究[J].岩石学报(3):1-14.

赵少卿,魏俊浩,高翔,等,2012.因子分析在地球化学分区中的应用:以内蒙古石板井地区1:5万岩屑地球化学测量数据为例[J].地质科技情报,31(2):27-34.

赵野,2012.三塘湖盆地马朗凹陷石炭系火山岩旋回期次特征研究[D].大庆:东北石油大学.

周德进,沈丽璞,张旗,等,1995.滇西古特提斯构造带玄武岩 Dupal 异常[J].地球物理学进展(2):39-44.

周建平,徐克勤,华仁民,等,1998.滇东南喷流沉积块状硫化物特征与矿床成因[J].矿物学报(2):158-168.

朱玉书,1982.川西小相岭早震旦世火山岩底层划分及喷发环境的探讨[J].地层学杂志,6(2):101-106.

曾胜强,2021.北羌塘盆地晚三叠世末—早中侏罗世沉积序列与盆地转换研究[D].成都:成都理工大学.

AGNEW P D,2004. Applications of geochemistry in targeting with emphasis on large stream and lake sediment data complications[C]. SEG Conference,Sydney.

ALLÈGRE C J,MINSTER J F,1978. Quantitative models of trace element behavior in magmatic processes[J]. Earth and Planetary Science Letters,38(1):1-25.

IRVINE T N,BARAGAR W R A,1971. A guide to the chemical classification of the common volcanic rocks[J]. Canadian Journal of Earth Sciences,8(5):523-548.

JACKSON J A,1997. Glossary of Geology[M]. 4th ed. Alexandria:American Geological Institute.

LEBAS M J,MAITRE R W,STRECKEISEN A,et al. ,1986. A chemical classification of volcanic rocks based on the total alkali-silica diagram[J]. Journal of Petrology,27:745-750.

WRIGHT J B,1969. A simple alkalinity ratio and its application to questions of non-orogenic granite genesis[J]. Geological Magazine,106(4):370-384.

PEARCE J A,1982. Trance element characteristics of lavas from destructive plate boundaries[M]. New York:John Wiley Sons.

SUN S S,MCDONOUGH W F,1989. Chemical and isotopic systematics of oceanic basalts:Implications for mantle composition and processes[M]//SAUNDERS A D,NORRY M J. Magmatism in the ocean basin. London:Geological Society Special Publications.

MIDDCEMOST E A K,1972. A simple classification of volcanic rocks[J]. Bulletin Volcanologique,36(2):382-387.

XING G F,LI J Q,DUAN Z,et al. ,2021. Mesozoic-Cenozoic volcanic cycle and volcanic reservoirs in east China[J]. Journal of Earth Science,32(4):742-765.

附 表

矿物代码表

矿物代码	矿物名称	矿物代码	矿物名称
Ab	钠长石	Or	正长石
Bn	斑铜矿	P	磷
C	石墨	PI	斜长石
Cal	方解石	Po	磁黄铁矿
Cc	辉铜矿	Prx	辉石
Chl	绿泥石	Py	黄铁矿
Cla	黏土矿物	Qz	石英
Co	辉铜矿	Sep	蛇纹石
Cp	黄铜矿	Ser	绢云母
Cu	铜	Si	硅质岩
Dig	蓝辉铜矿	Si-Bri	硅质岩角砾
Eng	硫砷铜矿	Sp	闪锌矿
Ep	绿帘石	Sph	闪锌矿
Fs	铁辉石	Sulf	硫化物
G1	玻璃质	Talc	滑石
Gn	高岭石	Tl	透闪石
Mt	磁铁矿	Tuf	凝灰质基质
Ofe	铁氧化物		